LOCUS

U0009535

LOCUS

from

vision

from 19 6個人的小世界

Six Degrees

作者： 鄧肯・華茲(Duncan J. Watts)
譯者：傅士哲 謝良瑜
責任編輯：湯皓全
美術編輯：謝富智
法律顧問：全理法律事務所董安丹律師
出版者：大塊文化出版股份有限公司
台北市105南京東路四段25號11樓
www.locuspublishing.com
讀者服務專線：0800-006689
TEL：(02) 87123898 FAX：(02) 87123897
郵撥帳號：18955675 戶名：大塊文化出版股份有限公司
版權所有 翻印必究

Six Degrees: The Science of a Connected Age
Original English Language Copyright ©2003 by Duncan J. Watts
Chinese (Complex Characters) Translation Copyright ©2004
by Locus Publishing Company
This translation published by arrangement with
W. W. Norton & Company, Inc.
through Bardon-Chinese Media Agency,
博達著作權代理有限公司
ALL RIGHTS RESERVED

總經銷：大和書報圖書股份有限公司 地址：台北縣三重市大智路139號
TEL：(02) 29818089 (代表號) FAX：(02) 29883028 29813049
排版：天翼電腦排版印刷有限公司 製版：源耕印刷事業有限公司
初版一刷：2004年2月
二版一刷：2009年9月

定價：新台幣 380元
Printed in Taiwan

Six Degrees

6個人的小世界

Duncan J. Watts 著
傅士哲 謝良瑜 譯

目錄

我從某處得知，在地球上，
人與人之間只被六個人隔絕。
六度的分隔，
正是這個星球的人際距離。

——舞台劇《六度分離》（*Six Degrees of Separation*）

前言

「我幾乎不曾抵達初始之目的地，但經常駐足於必須停泊的地方。」

——道格拉斯・亞當斯（Douglas Adams），《靈魂的長黑下午茶》

事情演變的過程經常是耐人尋味的。想來這還是不到十年前的事。當時，我盯著康乃爾的長廊，懷疑自己爲何不顧一切，將過去的生活置之腦後，飛越大半個地球，來到這個驀然視之，宛如監獄般的地方，學習一種依然晦暗不明的學科。然而，就在這短短的時間內，世界已經轉變了好幾回，而我的生活也隨之更迭。網際網路如流星般眩人耳目地竄起，從亞洲到拉丁美洲一連串叫人無法承受的經濟風暴，還有一個個讓人瞋目以對的種族暴力和恐怖事件，無論是中非還是紐約市中心皆無法避免。人們終於痛苦地體認到，整個世界是緊密地連結在一起，至於連結的方式，鮮少人事先預見，更遑論充分的明瞭。

此時，在寂靜的學術長廊之中，一項新興的科學正悄悄地潛入——直接應對人類周遭發生的大事。由於找不到更好的用詞，我們姑且稱這門學科爲**網路科學**（the science of networks）。不像物理中處理細微的次原粒子或宇宙間龐大的星系結構，網路科學是種眞實世界的科學——

包括人類、友情、謠言、疾病、時尚、公司行號和金融危機等眞實事物，都是探討的對象。如果要把這段世界歷史中的特別時點，以一種簡單的方式來形容的話，或許可以說，現階段人們史無前例地以更頻繁、更全面、更難以預測的方式來連結各類相關的付出與所得。若想了解這個時代——連結的時代（the connected age）——我們就必須先懂得如何對它進行科學性的描述；也就是說，要建立出一套網路的科學。

本書是關於這門新興科學的故事，但絕不是完整的故事，因爲無論如何濃縮精簡，也遠遠無法將之容納於一本小小的書；而且後續的發展，就算窮極人一生的精力也學習不盡。或許該說，本書只是相關事物的斷簡殘篇，一個悠遊於這片奇異而美麗境地者的旅行日誌罷了。不管怎麼說，**任何**故事總要有個敍說的角度與面向（無論是否明示），這篇故事將從我的角度出發。部份原因是，我親身參與了整個事件的發展，它可說是我個人事業軌道的中心；另一個更重要的理由，則攸關如何引介科學的問題。有關科學的教本，一向都是個艱澀嚇人的玩意。翻開書本盡是一條又一條冷冰冰的邏輯推理，從看來根本不可能發生的問題，推衍出似乎再簡單也不過的結論。教科書裡的科學，困難地叫人讀不下去，更別說心領神悟了。即使只是單純地記載某些科學的發現，彰顯人類的成就，其過程還是充滿難解的奧祕。從多年來修習一些物理和數學科目的記憶中，那種灰心喪志的感受，叫我相信沒有一個正常的人會去做這類的事情。

但眞正的科學不是這樣的。就如我最後終於學到的，科學一如這個紛亂、模稜兩可的眞實世界。而且，從事科學者也是凡人，與常人一樣受困於個人極限與各類疑惑。這個故事中的每個人物都是天賦異稟，努力不懈，致力成爲一個成功的科學家。但他們也是一般的人，這點毋庸置疑，因爲我認識他們。與他們一起工作有個樂趣，就是和他們一起奮戰、一起失敗，然後鼓舞自己重新出發。我們的論文被拒絕，我們的想法不可行，我們誤解了一些顯而易見的事實，大部份時間，我們都覺得頗受挫折，甚至自覺相當愚蠢。但是我們繼續奮鬥，這段過程彷彿是我們的宿命。研究科學其實眞的和做其他事情一樣，只是在這個時代，它被置入較大的時代意義。每個人在書上讀到的，通常都不可避免地經過一再修飾，呈現出發展後的成果，而非初始掙扎的開創過程。本書則不然，它所強調的是製造中的科學。

當然，沒有一件事會毫無理由，憑空發生。而我想要在本書中傳達的，就是網路科學從何而來，它是如何嵌入較大的科學體系，它又能告訴我們什麼關於世界本身的訊息。事實上，有太多事情値得一提——遠超過本書所能容納的範圍——因爲長久以來，已經有很多人對網路做過多方的思考。儘管刪減是必要的（省略的部份眞的很多），我還是希望能夠有效地表達一個重點：關於連結世代的現象，是不能納入某個單一的宇宙模型來了解，也不可能由某個單一的學科獨力探索；因爲整個問題牽涉太廣、太複雜了，坦白說，想要達到那個目的無非是緣木求魚。

同樣不可諱言地，網路科學至今也尙未尋得答案。我們免不了想要誇言研究成果，但眞實的情況是，大多數的科學總把極爲複雜的現象濃縮成極爲簡單的模型。要了解複雜之物的基本步驟，自然是從簡單處出發，從這些簡單模型引伸出來的結果，不僅強而有力，並且意趣橫生。剝解繁複的世界，避開瑣碎的細節，進而找出問題的核心，往往可以幫助我們學習到整個連結的系統，這絕對不是直接探索所能猜測出來的。然而，系統科學的代價是：使用的方法太過抽象，獲得的結果很難直接應用到實際事物。不過，爲了追求進步，這樣的代價是必要的。在工程師能夠實際製造飛機以前，物理學家必須先明瞭飛行的基本原則；同樣的道理也適用於網路系統理論。本書，我們將探索簡單網路模型實際應用的前景——想像偉大飛行機器的最終模樣。不過想像歸想像，我們還是必須誠實地區分臆測與科學的差別。科學的力量之所以如此龐大，就在於它明白指出什麼是能夠解釋的，什麼是不能解釋的；如果理論將二者混淆不清，便無法發揮功效。

網路科學現在所能做的，正是提供一種不同的思考模式，爲古老的問題指引新的方向。爲達此目的，本書可說是融合了兩個故事。首先，是關於網路科學本身的故事——它從何而來，發展到什麼程度，演進的過程又是如何。其次，是關於眞實世界的現象，比如：疾病傳染、文化時尚、財務危機、組織創新等等——這些都是網路科學試圖了解的對象。兩種故事穿插在各個章節，只是比重略有不同。第二章到第五章之間，主要是從不同理論進路探索眞實世界的網路問題，顯現各門學科是如何爲眞相的挖掘奉獻心力，同時描述了我是如何跟史帝夫．史特羅蓋茲（Steven Strogatz）合作，涉入小世界網路（small-world networks）的領域，並也論及它日後的擴延與發展。從第六章到第九章，則把焦點集中在網路式的**思考方式**，它是怎樣看世界的，怎樣應用到疾病蔓延、文化時尚、商業革新等實際問題上，而不再把網路本身當作是研究的對象。

雖然每一章節的建構都跟前面相關，但是並不需要從頭到尾逐字閱讀才能理解。第一章是本書的綱要，把故事的脈絡交代清楚；第二章則很快地介紹一些相關的背景。如果你想要跳過這些段落，直接進入這門新科學的內容，自然可行（當然總不免會遺漏了什麼）。第三、四、五章大致形成一個單元，描述各種網路系統模型的創生與意涵，特別是引領新近研究的所謂「小世界」及「無刻度」（scale-free）網路模型。第六章探討疾病與電腦病毒的散佈問題，只有少部份引用到前面章節的內容。第七和第八章處理社會性的感染現象，一個跟病毒散佈相關但又獨立的主題，內容包括文化時尚、政治動亂、投機性的商業泡沫等。第九章討論組織的堅韌性及其對現代企業的啓示。最後第十章則把故事做個總結，概觀未來的走向。

如同書中開展的故事一般，本書的誕生也有自己的歷史，牽扯到許多相關人士。過去幾年來，學術界的同僚和實際共事過的伙伴——特別是鄧肯・凱拉維（Duncan Callaway）、彼得・多茲（Peter Dodds）、多英・法莫爾（Doyne Farmer）、約翰・金納寇羅斯（John Geanakoplos）、亞倫・柯曼（Alan Kirman）、約翰・克萊恩柏格（John Kleinberg）、安德魯・羅（Andrew Lo）、馬克・紐曼（Mark Newman）、喬克・塞博（Chuck Sabel）、和吉爾・史特蘭（Gil Strang）等人——一直是激盪觀念、鼓舞動力的來源，讓我在工作中也能獲得相當的喜悅。沒有他們，這本書很難問世，因爲一切便將乏善可陳。然而，再好的主題也是不夠的。如果沒有出版界的傑克・瑞普雀克（Jack Repcheck）和阿曼達・庫克（Amanda Cook）鼓勵我動筆，本書不可能開始；沒有諾頓（Norton）書商的編輯安琪拉・馮德利普（Angela von der Lippe），長期給予適切的指引，本書也不可能完成。我並且要感謝許多慷慨相助的人士——凱倫・巴吉（Karen Barkey）、彼得・拜爾曼（Peter Bearman）、克里斯・寇胡恩（Chris Calhoun）、布蘭達・寇林（Brenda Coughlin）、普瑞西拉・佛格森（Priscilla Ferguson）、赫布・甘斯（Herb Gans）、大衛・吉布森（David Gibson）、彌米・蒙森（Mimi Munson）、馬克・紐曼、帕維亞・羅沙帝（Pavia Rosati）、喬克・沙伯、大衛・史塔克（David Stark）、喬克・提利（Chuck Tilly）、道格・懷特（Doug White），特別是湯姆・麥卡錫（Tom McCarthy）——他們自願閱讀我的手稿，並給予寶貴的意見。書中有許多圖表，得力於蓋爾吉・寇席內茲（Gueorgi Kossinets）的協助；複本的拷貝工作，則歸功於瑪莉・巴布卡克（Mary Babcock）精細周延之手。

另外在比較概括的層次上，我深深地感謝哥倫比亞大學的許多人——彼得・拜爾曼、麥克・庫歐（Mike Crowe）、克里斯・修茲（Chris Scholz）、大衛・史塔克和哈里遜・懷特（Harrison White）——還有聖塔菲學院（the Santa Fe Institute）的莫瑞・基爾曼（Murray Gellmann）、艾倫・勾柏格（Ellen Goldberg）、艾瑞卡・潔恩（Erica Jen），以及加州理工學院的安德魯・羅，他們給予我相當大的自由度及支持，讓我得以追求個人的利益，雖然有時候或許對他們也有些好處。國家科學基金會（The National Science Foundation，獎助計畫〇〇九四一六二）、英特爾公司（Intel Corporation）、聖塔菲學院，以及哥倫比亞地球學院（The Columbia Earth Institute），也提供了關鍵性的財力資助，讓我在教學研究上無後顧之憂，並能在聖塔菲與紐約舉辦一系列具有開創性的研習會。在許許多多幫助我的個人和團體中，我必須特別提出兩者：一是史帝夫・史特羅蓋茲，他是我多年的精神導師，可敬的同事和好友；另一人則是哈里遜・懷特，是他將我帶入哥倫比亞，替我與聖塔菲學院搭上線，並且引領我進入社會學的世界。沒有他們倆——借用一句俗話，這一切就不可能發生。

最後要感謝的是我的父母親。或許推敲家庭成長的環境所帶來的影響，會顯得有些愚蠢，但是就我個人而言，某些事情是非常明顯的。我第一個認識的科學家，正是家父；也就是他，引領我品嚐做原創研究的酸甜苦辣。他以自己的方式，刺激了此書背後的思索過程。至於母親，不僅教導我如何寫作，而且在我很小的時候，就讓我了解到，任何想法，只有當人們能懂時，方得以展現其力量。因爲父母安靜而不凡的人生經歷，讓我有勇氣去嘗試那些看起來根本不可能的事。僅以此書獻給他們。

鄧肯・華茲（Duncan Watts）

1 連結時代

一九九六年的夏天燠熱難當。美國境內，所有溫度計都攀升到了新高，並且持續不退，就像對氣候的不可預測做了一次無聲的見證。此時，美國人躲在自己家中，冰箱裡塞滿各類食物，冷氣大開，而且毋庸置疑地，看了一堆毫無營養的電視節目。事實上，不論是什麼季節、什麼天氣，美國人越來越依賴各式各樣層出不窮的機器設備，將惡劣的環境轉變爲清風拂面般舒適的生活型態。如果能夠用來減輕人們工作的負荷，增加個體的自由，或是改善生理上的舒適，再多的發明和能量的消耗似乎都無可厚非。現在，從大如客廳般的車輛到小城市規模的購物中心，皆能有效地調節溫度，抵抗氣候的挑戰；面對這個難以駕馭的驕縱星球，美國現代大軍全力以赴，展開無止境的馴服任務。

勇往直前的文明列車，感覺上似乎和眼前的景觀一樣通俗自然，但卻又深層地改變了人類的生活；當中最具威力的發明，便是電能系統。蜘蛛網般地無限伸展，整個北美洲都籠罩在巨大的電力網路當中——發電廠、分電站、以及四處連接的高壓電纜。垂掛在鄉間道路的樹叢旁，橫跨阿帕契山脈險峻的脊嶺，更別說西部開闊平原中排列成行的電線桿，像極了正在行軍的大型縱隊——電能線路已經成爲我們經濟生存的命脈，文明生活的溫床。

爲了電力系統的建構，我們付出了昂貴的代價，但它卻可能是現代世界最具代表性、最不可或缺的科技產物。它比公路、鐵路還要普及，比汽車、飛機、電腦還要基本；電力可說是其他科技的根源，是工業資訊時代龐大體系的基石。如果沒有電能，我們平日做的事情、用的東西、消費的物品幾乎都將化爲烏有，要不根本無法獲取，要不變得非常昂貴、非常不便。電能是現實生活中的基本元素，我們無法想像要是失去了它會變成什麼情況；如果非得去想，結果一定是慘不忍睹——一九七七年的紐約市，就曾經體驗過二十五個小時停電的悲慘狀況。當時的社會，電腦尚未普及，汽車、工廠、家用品仰賴電能的程度遠不及現在；因爲一些無法預見的錯誤和系統的疏失，造成了紐約的黑暗，九百萬居民頓時亂了方寸，暴動掠奪層出不窮，整個城市陷入恐慌。電力恢復之後，開始收拾殘局，算一算城市受到的傷害，高達三億五千萬美元。災難的發生，讓政治人物和行政管理部門興起高度的警覺心，誓言絕不讓類似的情形再度出現，於是訂下一連串嚴峻的措施與規範，力圖確保承諾。然而，我們後來卻發現，在這複雜的連結世界裏，即使最完善的計畫，恐怕也跟在鐵達尼號（Titanic）上重新安排甲板座椅一樣無濟於事。

就像高速公路系統、網際網路等基礎建設一樣，電力供輸結構不是個單一的組件，而是在一個較大的連結架構下由數個區域性的網路拼湊而成。美國傳輸架構中最大的管理單位是西部系統調節組織（Western Systems Coordinating Council），它的輸電網包含了大約五千個工作站和一萬五千條線路。而這整個電能生產和輸送系統，便負責供應落磯山脈以西，從墨西哥邊境到北極圈內所需要的所有電力。一九九六年八月，在燠熱難擋的焚風襲擊下，家家戶戶的冷氣都開到最大動力；後院烤肉時，冰筒內裝滿了冰涼的百威啤酒，這一切都需要用到電力供應系統。夏日湧入的觀光客，因爲無法忍受酷暑而不願返回東部的家，於是流連於岸邊的城市。原本人口擁擠的洛杉磯、舊金山、西雅圖因此人滿爲患；而多年來便已緊繃的電力網路亦因之超越了極限。

或許一點也不意外，當危機在八月十日引爆之初，並沒有引起震撼，大家似乎都缺乏星星之火可以燎原的警覺性。奧瑞岡州西部波特蘭市（Portland）的北方，有一條高壓電線過度下垂，打到久未經修剪的大樹，冒出強烈的火花。這其實並不稀奇，雖然造成不便但亦非嚴重的災害，因此當波尼威爾電廠（Bonneville Power）獲知消息後，主管幾乎無動於衷。然而，接下來發生的事情，又急又兇猛，完全出乎意表。

發生問題的奇勒－歐斯頓電路（Keeler-Allston line），是從西雅圖傳送到波特蘭的並聯線路系統中的一支；當它出現短路時，原本負荷的電流立即轉往系統中的其他線路。不幸的是，其他線路原本就已經瀕臨極限邊緣，突乎其然的額外負擔顯然過重了。於是，一個接一個骨牌式地崩盤。首先，鄰近的波爾—奇勒電路（Pearl-Keeler line）因爲承受不了過多的電流而斷電。五分鐘過後，聖約翰—莫溫電路（St. Johns-Merwin line）也因爲繼電不良而短路。接二連三的故障，迫使咯斯開山脈（Cascade Mountains）東西兩側的電量大增，整個系統即將面臨高度危險的大幅電壓震盪。

當電路的負荷沈重時，它會發熱且膨脹。八月時分，大樹歷經漫長的夏天，個個枝葉茂盛；下午四點鐘左右時，正是驕陽發威之際，即便負荷較輕的電線也會往下垂，更別說負擔過重的羅斯—列克辛頓電路（Ross-Lexington）了。它就像兩個小時之前的奇勒—歐斯頓電路，因爲過度伸展而打到一棵大樹。這個意外，讓鄰近的麥納利電廠（McNary）無法承擔，十三個保護性的繼電裝置陸續短路，整個系統完全失去了應變的能力，於是初期的電壓震盪開始發生。七十秒過後，加州—奧瑞岡州的三組電路環結——接通整個西岸的瓶頸——全部故障。

關於電能的一個基本原則是，它非常困難儲存。你可以利用電池，讓你的手機或筆記型電腦維持電力幾個小時；但是至今尚未發展出一種技術，可以讓電池供應整個城市的電能。因此，電力的產生必須完全依照需求來走：**什麼時候**需要用電，電才會產生；**什麼地方**需要用電，電就往那裡去。而這條規則的另一個面向是，一旦電產生了，就一定得送往某處。嚴重的問題來了，原本流向北加州的電受到阻礙，它卻不能就此打住，非得找尋出路不可。當加州的電路環結一個一個故障，電流就從華盛頓州東部湧向南方，波濤般地橫掃愛達荷州、猶他州、科羅拉多州、亞利桑納州、新墨西哥州、內華達州、以及南加州，導致幾百條線路及發電機故障，整個西部系統被分割成四塊孤立的島嶼，停電的範圍涉及七百五十萬人。當晚，舊金山市的空中輪廓是一片黑暗。幸運地，並沒有發生任何暴動（或許這也說明了舊金山與紐約的不同）。不過，電力供給確實受到嚴重的損害，總計一百七十五個發電機不能發揮功能，其中有好幾個是核子反應爐，必須等待數日才能重新啓動，估算的損失高達二十億美元。

這一切，到底是怎麼發生的？從某個意義而言，我們確切明瞭是怎麼回事。波尼威爾電廠及西部系統調節組織的工程師立刻進行勘查，十月初就把完整的肇事報告整理出來。基本的問題是：太多人在供應不足的情況下需求太高。除此之外，報告中還把意外歸罪於幾個因素，包括維修草率、警覺性不夠等等。運氣不佳，也是原因之一。有些電力單位，原本可以用來緩衝系統的傷害，卻因爲進行維修或因應環保規範（在孕育鮭魚的河流當中，減少水力發電的量能）而關閉。最後，肇事報告還指出，對於系統的相互依賴性，存在著錯誤的評估與了解。

我們應該注意的關鍵點其實是最後一項——雖然它夾雜於許多明確而容易掌握的控訴之間，顯得不甚起眼。一個重要的問題由此而生：系統本身究竟是哪裡造成了失敗？而正是這種意義下的問題，是我們渾然不解的地方。像電路之類的系統問題十分麻煩，因爲它們是由許多個別份子組合而成，儘管組成份子的個別行爲可以掌握（產生電能的物理學，早在十九世紀就已經被摸熟了），但是合在一起的集體行爲——像是足球觀衆、股票市場的投資者——卻難以捉摸：有時候顯得井然有序，有時候卻雜亂無章、令人困惑，甚至具有破壞性。一九九六年八月十日重創西部的電力危機，並不是由一連串隨機而獨立的個別事件累積而成：它們是連續性的，第一個失敗提升了下一個失敗的機率，如此蔓延下去。

當然，說起來容易，但要眞正的了解卻是另外一回事：到底在怎樣的情況下，容易引發一開始的失敗？又在怎樣的情況下，搭配怎樣的失敗，會釀成如此的災難？我們不僅要思考單一失敗的後果，更要探索多重失敗組合在一起的影響，而這就讓問題變得相當複雜。不過，這還不是最麻煩的地方。關於電力串連的問題，最困難的面向（也正是八月十日災害突顯出來的癥結）或許在於：藉由保護性繼電裝置的安裝——有效降低電路系統中個別成員重創的可能性——設計者無意間讓系統整體更有可能發生八月十日這類全面崩盤的慘狀。

衍生

我們該如何了解上述的問題呢？事實上，到底是什麼原因讓複雜的連結系統這麼難以掌握？到底是怎樣的過程，讓大群個別份子組合成一個**系統**之後就產生了質變，與個別份子鬆散的集合截然不同？螢火蟲的發光、蟋蟀的叫聲、以及心律細胞的跳動，是如何在沒有中央指揮官的情況下，自動調節出同步的頻率？幾個單一的病例，是如何衍生爲大規模的傳染病？新穎的觀念，如何造就時尚？理智的個別投資者是如何引爆出大量的投機泡沫，它對於財務系統的傷害又是如何擴散的？面對隨機的意外或甚至刻意的攻擊，大型的基礎網路（電路、網際網路等）是如何地脆弱？規範習俗是如何在人類社會開展維繫的，它們又是如何被推翻或甚至取代的？在極端複雜的世界裡，我們如何不藉由中央資訊系統，找尋出所要的個人、資源或解答？一個企業當中，如果沒有單一個體具備足夠的資訊來解決或甚至充分明瞭公司所面對的問題，整個公司如何有效地革新、成功地轉型？

這些問題表面上看來各有不同，但其實只是底下問題的不同版本：**個別行為如何集結成群體行為？**簡簡單單的問題，卻是各門科學一個最基本、最普遍的探索目標。舉例而言，人腦可說是上兆個神經細胞連結而成的一大塊電子化學物；但是，對於我們這些有大腦的人而言，腦子絕不僅如此，它還展現出意識、記憶，和人格特性，而這些性質是沒辦法用單純的神經原集合來解釋。

如同諾貝爾獎得主菲利普・安德森（Phillip Anderson）於一九七一年發表的著名論文〈更多就會產生不同〉（More is Different）中所言，物理已經成功地將基本粒子分門別類，並準確地描述其個別行為及互動情況，鑽研的對象細微到單一原子的層級。但是，如果把一堆原子聚集在一塊，整個故事就完全變了樣。這也正是為什麼化學是一門獨立的學科，而非物理學的一支。順著組織層級攀升，分子生物學不能簡單地化約成有機化學，而醫學也遠遠超越分子生物學的直接應用。再往更高的層級——互動的有機體——我們發展出衆多的專業領域，從生態學和傳染病學到社會學和經濟學，每一門學問都有自己的原理法則，無法回歸於單純的生物和心理知識。

經過幾百年來的抗拒，現代科學終於願意用這種方式來觀看世界。皮耶·拉普拉斯（譯按：Pierre Laplace，十九世紀偉大的法國數學家）的夢想——宇宙可以完全化約成基本粒子的物理來理解，更可透過足夠強力的電腦處理一切問題——在上個世紀的科學舞台上掙扎，就像莎翁劇中嚴重受創的演員，於倒地之前發出最後的告白。問題是，取代拉普拉斯夢想的新視野到底爲何，並不明確。一方面，我們很清楚地知道，把一堆東西集結在一塊，會製造出超越單一物體總合的事物；但是另一方面，我們朝這個方向努力，卻仍然不見大幅度的進步，可想而知，這是多麼艱困的事業。

讓問題變得如此困難、讓複雜系統變得如此複雜的地方在於：集結整體的部份，並不是以任何簡單的方式加總起來。他們彼此之間會產生互動，而透過互動的過程，即便是非常簡單的組成份子，也可能出現令人錯愕的行爲。近來人類基因學的研究顯示，所有人類生命的基本密碼只包含了三萬個基因——比任何學者所猜測的都少很多。那麼，人類生物學上的複雜性究竟從何而來？顯然，它不是從基因體（genome）的個別元素而來，因爲那其實是非常簡單的；也不是從數量上而來，因爲就數目而言，它並沒有比最低階的有機物大多少。眞實的情況是，基因特質鮮少由個別基因來展現。雖然基因像人一樣，是可辨認的個體，但是它們的**功能**卻是由互動產生，而相對應的互動模式卻有可能極端複雜。

那麼，人類構成的系統又是如何呢？如果基因的互動就已經把生物學家優秀的心靈搞得團團轉，我們又如何冀望去理解組成份子更爲複雜的系統（比如：社會中的人、經濟體系中的公司）？如果個體本身就已經相當複雜，那麼個體互動所產生的複雜度勢必更難以捉摸。幸運地，雖然個人顯得如此特異且無法預測，但是有時候我們卻能忽略許多複雜的細節，直接理解基本的組織性原則。這就是複雜系統的另一個面向。儘管我們不一定能夠藉由個體行爲的規則推測出群體的行爲，我們卻有**可能**在不知道很多個體特性及其他細節的情況下，預測出相同的群體行爲。

一個深具啓發性的故事如下：幾年前，英國的電力工程師一直感到困惑，不知道爲什麼會發生同步性的大量需求，讓國家電路系統的很多單位同時不堪負荷，造成電力供給上的問題，雖然每一次又都只維持幾分鐘而已。經過探查之後，終於發現電力短缺最嚴重的時候都是發生在足球冠軍賽進行之際，家家戶戶都守在電視機旁。到了中場時間，全國的足球迷紛紛從沙發起身，燒杯熱茶來喝。雖然就個人而言，英國人跟其他國家的人一樣複雜，但是你卻毋需了解每一個人的特別狀況，就可以發現電力負荷沈重的原因——很簡單，他們喜歡看足球，喜歡喝茶。

由此我們可以明瞭，有時候個體的互動在龐大系統當中會產生比個體本身還要複雜的現象，有時候卻比較簡單。無論如何，互動的特殊模式會深深影響到集體現象的衍生——從群體遺傳到全球同步到政治革命——新的現象可以發生在群組、系統，或整體的層級。然而，就像前述的電路串連一樣，說是一回事，確切的明瞭又是另一回事。明確一點來說，在龐大系統當中，我們究竟該把注意力放在哪一種的個體互動模式？答案還不清楚，但是最近幾年來，已經有愈來愈多的研究員，投入一個前景光明的方向。這方面的研究是跨領域的，融合了幾乎每一門學科，從物理學到社會學的理論和實驗成果都派上用場，由此產生嶄新的網路科學。

網路

從某方面而言，沒有其他東西比網路來得簡單。說得露骨一點，網路不過是一堆彼此相連之物的集合。但是另一方面，**網路**一詞籠統含糊，很難精準地掌握住其中的內涵，這也正是網路科學爲什麼重要的原因之一。我們可以說，一群人處在朋友或大型組織的網路之中，也可以把網路套用在電腦網際的交流，或者是神經細胞在腦部的刺激反應。這些系統全是網路，但卻又有各自的特質，由某些角度來看，是截然不同的事情。藉由語言的建造，讓網路一詞變得精準，不僅能夠正確地描述網路是什麼，也能區分世界中存在的各類網路——這就是網路科學的功效，爲網路概念增添了實質的分析力量。

然而，爲什麼說它是新興的學科呢？數學家會告訴你，早在一七三六年就有人把網路當作數學研究的對象，並稱之爲**圖形**（graphs）。當時的普魯士城哥尼斯堡（Königsberg）建造了七座橋，將整個城市連成一體，人們便想出了一個問題：是否能夠一次走遍七座橋，而不重複行走任何一座橋？里奧納德·尤拉（Leonhard Euler）——歷史上最偉大的數學家之一——面對這個問題，採用了「圖形」的方式來解決。（他證明出不重複地通過哥尼斯堡的七座橋是不可能的，並衍伸爲圖形理論的第一個定理。）自尤拉以降，圖形理論持續發展，成爲數學的一個主要領域，並將觸角擴至社會學、人類學、工程學、電腦科學、物理、生物，以及經濟學上面。於是，每個領域都有各自的網路理論，就好像每個領域都會用自己的方式，探討如何整合個體行爲的問題一樣。那麼，還留下了什麼基本的東西需要追究呢？

關鍵點在於，過去的研究都把網路當作是一種「純然的結構」（pure structure），其特性是**靜止固定的**。但是這些假設，與眞實的情況相距甚遠。首先，眞實的網路代表的是一群**操作中**的個別份子——能夠產生力量、傳遞資料，或者甚至立下決定。雖然個別份子之間的關係結構確實意趣橫生，但是**其重要性**主要來自於它對個體或系統整體行爲的影響。再者，網路是個動態的實體，不僅因爲網路系統中會有事情發生，更因爲網路本身會隨著時間演化，會被組成份子的行動或決定影響，而有所改變。因此，在這連結的時代裡，**什麼會發生**、**如何發生**，**都與網路息息相關**。而網路本身的變化，也仰賴於先前發生的事情。網路是一種持續演化、自我型塑的整合性系統——這樣的觀點，才是網路科學新穎之處。

以這種更爲普遍的模式來理解網路，其實是極端困難的任務。不僅僅是因爲其內在的複雜性，還因爲必須仰賴各種不同的專業知識——在學術分工的情況下，這些知識被切割開來，成爲獨立的學科領域。物理學家和數學家擁有擴展心靈的分析和演算技巧，但是通常不會花時間思索個體行爲、制度性動機，或文化規範等問題；相反地，社會學家、人類學家，和心理學家則對後者多所著墨。前半個世紀以來，他們比其他學者更深層、更謹慎地思考網路和社會的關係——認爲這個關係牽扯到非常寬廣的層面，從生物學到工程學都涵蓋其內。然而，由於欠缺數理科學耀眼的利器，幾十年下來，社會科學家偉大的計畫始終無法有突破性的進展。

因此，如果想要成功，網路新科學必須把所有學科的相關概念和有識之士湊合在一起。簡短而言，網路科學必須有效地實踐本身探究的主題，也就是形成一個由各類科學家組合的網路，共同解決一個個體或個別學科無法獨力解決的難題。這自然不是件容易的事情，尤其長久以來，學術界壁壘分明，各自爲政，很難想像整合的可能。每一門學科都有自己慣用的語言，溝通上形成了很大的問題。再加上，彼此研究的進路南轅北轍，不僅要想辦法明瞭對方所說的話，還得試圖了解對方是如何思考的。但是困難歸困難，整合的面貌還是出現了。近年來，愈來愈多人投入這門新興科學，世界各地的研究有著爆炸性的成長，大家奮力追尋一個新的典範，能夠描述、解釋，並理解這個連結的時代。目標尚未達成（還差得遠呢），但是隨著故事的開展，你會發現我們的進步是叫人興奮的。

同步性（synchrony）

我的故事和其他許多故事一樣，多少有些意外的成份。事情發生在紐約州的北方小鎮伊色佳（Ithaca），以希臘神話中奧德賽斯（Odysseus，即攸里西斯〔Ulysses〕）的故鄉爲名，似乎很適合作爲一個故事的起點。然而，當時的我在康乃爾大學擔任研究生，唯一認識的奧德賽斯是隻小蟋蟀——實驗研究的對象，牠還有兩個兄弟，分別叫做普羅米修斯（Prometheus）和赫克力士（Hercules）。我的指導教授是史帝芬・史特羅蓋茲，他雖然是個數學家，但更熱衷於把數學應用到生物、物理，甚至社會學上，而不是單純地研究數學本身的問題。早在一九八〇年初，當他還是普林斯頓的大學生時，史帝夫就無法抑止自己從事數學的應用。在社會學的課堂裡，他說服任課老師讓他以數學計畫取代正規的期末報告。教師同意了，但不免感到疑惑，究竟是怎樣的數學可以用在社會學概論上面？結果，史帝夫的報告是關於人與人之間的羅曼蒂克關係，把羅密歐與茱莉葉的愛情互動化成一組簡單的方程式，並試圖提供解答。聽起來簡直不可思議，但是十五年後在一場米蘭的學術會議中，我遇到一位義大利的科學家，他就對史帝夫的方程式表現出高度的興趣，正打算將其應用於義大利浪漫電影的研究當中。

史帝夫後來贏得了馬歇爾的獎助金（Marshall scholarship），負笈前往劍橋大學深造，攻讀數學學位，當中有項艱困的優等考試極富盛名，在偉大數學家哈代（G. H. Hardy）的《一個數學家的辯解》（*A Mathematician's Apology*）裡多所描述，留下永垂不朽的地位。史帝夫並不喜歡劍橋，巴不得趕快打道回府，追尋自己眞正願意奉獻心力的課題。幸運地，他遇上了阿瑟・溫福利（Arthur Winfree），一位數理生物學家，開啓生物振盪子（biological oscillators）的研究——週期性韻動的實體，比如：腦神經細胞的刺激反應、主導心律的細胞跳動，以及穿梭樹叢閃閃發光的螢火蟲。很快地，溫福利（他恰巧也是康乃爾大學的畢業生）便將史帝夫納入旗下，共同參與研究計畫，解析人類心臟渦型波動的結構。渦型波動是種電波，由心律細胞放出，傳佈於心臟肌肉，刺激並調節心跳的頻率。這方面的研究十分重要，因爲有時候波動會停止或失去控制，進而產生心律不整的嚴重現象。對於心臟的動態研究，阿瑟・溫福利可說是第一把交椅；雖然史帝夫後來離開了這項研究計畫，他卻依舊著迷於振盪和週期的問題，特別是在生物系統之中。

史帝夫在哈佛的博士論文，便是針對人類的睡眠週期進行詳盡而繁瑣的資料分析，企圖解開二十四小時律動的密碼，解釋長途旅遊的時差經驗（以及其他現象）。結果並未成功，但是失敗的經驗讓他決心用更數學的語言探究比較簡單的生物週期。此時，他開始與波士頓大學的數學家瑞恩・米羅婁（Rene Mirollo）合作。受到日本物理學家藏本由紀（Yoshiki Kuramoto）作品的啓發（藏本的靈感則來自於阿瑟・溫福利），史特羅蓋茲和米羅婁寫了好幾篇深富影響力的論文，探討一種非常簡單的振盪子——很適切地稱之爲「藏本振盪子」——描述其數學特質。他們和許多學者一樣，特別關切一個基本問題——同步性的問題：在什麼情況之下，一群振盪子會開始同步振盪？和本書中提及的許多問題一樣，它基本上是關於個體互動所衍生出的整體行爲。不過，振盪子的同步反應可說是衍生現象中比較簡單且定義清楚的形式，也因此獲得了相當程度的理解。

設想一群跑者，繞著跑道一圈一圈地跑著（圖1-1）。不論個別的狀況爲何——星期天下午當地的民衆在運動場健身慢跑，或者運動明星正參加奧林匹克的決賽——參與成員的運動天賦各有高下。也就是說，如果他們個別奔跑，每一圈所花費的時間有長有短。由於天生能力的差別，你或許會猜想，跑者將相當平均地散佈在跑道的各個位置，然後三不五時速度快的跑者會超越慢的跑者一圈。不過，從經驗上我們都知道情形不皆如此。均勻的分布是發生在參與者不理會其他人的情況，比如像是星期天下午民衆的慢跑，分散程度就會相當地高（如同圖1-1左方圖形所顯示的那樣）。但是如果情形像是奧林匹克的競賽，每個跑者都會想要拉近與領先者之間的距離（領先者也不會太早衝刺，消耗掉全部的體力），彼此注意對方的速度，因此會形成群聚的畫面（如同圖1-1右側的圖形）。

用振盪子的語詞，群聚圖形代表著**同步的狀態**(synchronized state)，而一個系統是否同步，將取決於**內在頻率**的分布情形（個別跑者的速度）和彼此之間的**連結強度**（對其他成員賦予多

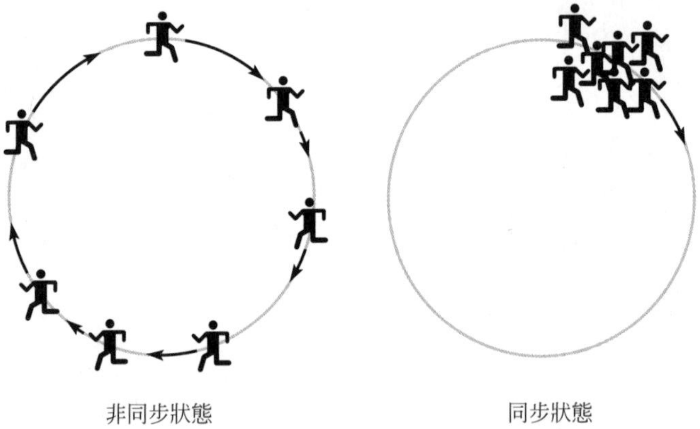

圖 1-1
成群的振盪子可以用跑者繞圈的圖形進行摹想。如果振盪子之間的連結性強，就會呈現同步的狀態（如右圖）；反之，系統將傾向於非同步的狀態（如左圖）。

大的注意力）。如果每個成員的能力相同，並在同一時間起跑，則無論連結性如何，都將維持同步的狀態。如果能力的差異很大，比如像是在一萬公尺競賽的最後一圈，即使參與者多麼想要跟上腳步，群聚的狀態也會瓦解，同步性頓時消失。這種簡單的模型，可以有效地代表許多生物學上的系統，包括心律細胞的運作、螢火蟲的發光，以及蟋蟀的叫聲等等。除此之外，史特羅蓋茲還探索物理系統的數學模型，比如超導約瑟芬接合（superconducting Josephson junctions，非常快速的轉換機制，或許有一天會藉此開發出新一代的電腦）的數學陣列。

當史帝夫於一九九四年來到康乃爾時，已經是耦合振盪動力學（coupled oscillator dynamics）中的佼佼者，撰寫好幾本關於非線性動力學和混沌理論的教科書，並且實現了他青少年時期的夢想，在頂尖大學取得終身俸職。多年來，他贏得好幾項教學及研究的大獎，也曾經任職於幾個世界最好的大學——普林斯頓、劍橋、哈佛，和麻省理工學院——才三十多歲，就已經擁有非常傲人的履歷。然而，他卻感到有些無聊。倒談不上不快樂，只是十年來所做的事都大同小異。他覺得自己在學界已經掙出一番天地，於是很想嘗試新的探索——但是，該往哪裡去呢？

我第一次跟史帝夫互動時，他還在麻省理工學院任教，而我則是康乃爾大學新進的研究生。就像許多研究生一樣，我曾經對學院的研究生活充滿嚮往，但是很快地就會體認到艱困而枯燥的現實，美夢頓時破滅。我心想，任何地方都會比康乃爾要好。此時，史特羅蓋茲恰巧來系上演講——我第一次感覺聽得懂的演講——於是撥個電話，詢問他是否需要新的研究助理。結果得知，他即將轉來康乃爾（他的演講其實是面談的一部份），所以，我也就決定留下來。

在我們系上，研究生於第一年末都要參加一項資格考試（稱作「Q測驗」），考試範圍甚廣，差不多所有大學及一年研究所給予之知識技能的訓練都包含在內。測驗是以口試的方式進行，學生走進坐滿教授的教室，接受密集的質問，然後把答案寫在黑板上。如果過關了，就可以順利進入博士班的課程。要是失敗了呢？嗯，根本沒有人應該失敗。想當然耳，這是個非常恐怖的經驗（雖然大部分的心驚膽跳，是發生在事前的準備階段）。我的運氣不佳，史特羅蓋茲提出的問題正是我沒有研讀過的，於是硬著頭皮在黑板前輕敲了幾分鐘，很明顯地看得出準備不周的窘態。由於教授的寬容，我沒有受到進一步的羞辱，接下來的問題跳至另一個方向。幸好，剩下的測驗我有著不錯的表現，最後還是過關了（其實沒有人不及格），心中的大石才得以落地。一、兩個星期之後，在系上的另一個研討會上，史帝夫出乎意料地走來，要我找他談談合作的事宜。

略感無聊的師傅，加上迷失方向的弟子，難說是個完美的組合，但實際上卻是如此。接下來的幾年，我們共同摸索了多種計畫，花上跟數學一樣多的時間在討論哲學——不是存在主義的那種哲學，而是實用性的哲學。怎樣的問題是有趣的，而怎樣的問題就只是困難而已，沒什麼意思？誰的作品是值得讚揚的，又爲什麼呢？與創造力和勇氣相較，技術的純熟有多重要？

一個人在踏入不熟悉的領域前，需要先知道多少別人的成果？換句話說，到底怎樣才算是意趣橫生的科學？如同其他哲學問題一樣，這些答案本身——我們努力推敲出許多的答案——其實並不比思考的過程來得重要，而我們盡心思考的過程便深深地影響了日後的研究。這段共同摸索的日子，不僅讓我們成爲很好的朋友，也讓我願意留下來完成學業。並且，我們也因此不會執著於某個已經成形的單一計畫；我們的視野變得開闊，有很長的時間去探詢自己到底想要做什麼，而不只是**能夠**做什麼。如同美麗的詩句所言，這就改變了一切。

足跡稀少的道路

當我們搖搖擺擺步入終極計畫之際，研究的重心竟然放在蟋蟀上頭。聽起來有些可笑，但主要是因爲我們觀察的蟋蟀品種——雪樹蟋蟀（snowy tree cricket）——叫聲如此規律，並且又很安份，容易控制（不像神經原或心律細胞那樣捉摸不定），可說是生物振盪器的理想實驗對象。我們試圖測試一項深奧的數學假設（由溫福利首先提出），只有某些特定的振盪子可以與之同步。由於雪樹蟋蟀的同步本領高強，因此自然地想要用**實驗**檢定牠們到底屬於何種振盪器，探究理論性的預測是否正確。

當然，蟋蟀本來就深受生物學家高度的重視，因爲牠們的叫聲跟交配繁殖的成功率密切相關，背後的機制會導引整體性的同步狀態。因此，史帝夫和我找來一位昆蟲學家提姆・佛瑞斯特（Tim Forrest）共襄盛舉。好幾個夏末的夜晚，提姆和我在康乃爾校園廣大的樹叢間尋覓適合的實驗樣本，其中包括先前提及的奧德賽斯。收集一小群蟋蟀之後，我們將牠們一隻一隻地隔離，安排在裝置喇叭—麥克風系統的隔音室內，並用提姆事先準備的電腦合成鳴聲與之對鳴。電腦的聲音刺激採取精密的時間間隔，我們觀察並記錄蟋蟀是如何地反應。牠們的自然週期會隨別的「蟋蟀」聲音（在此，其實是電腦製造出來的聲響；顯然，蟋蟀很容易就被欺騙了）做前前後後的調整，「配合性」極爲強烈。

然而，這只是簡單的部份。我們營造的情境是非常人工化的——單一的蟋蟀在隔音室內，獨自與沒有聽覺的電腦「共鳴」。眞實世界裡，絕非如此。蟋蟀之間的互動是雙向的，彼此聆聽對方的聲音，相互調整；並且，樹叢間的蟋蟀往往是好幾隻同時發出相同頻率的聲響。心中不禁納悶：**究竟是誰在聽誰的**？明顯地，並沒有一隻「老大」下達命令，然後衆蟋蟀隨之共鳴。但是，如果不是這樣，牠們怎麼能夠同步地這般美好？每一隻蟋蟀，都傾聽其他所有的蟋蟀嗎？或者，只是任兩隻之間的交流？或者，同時聽好幾隻但並非全部的聲音？群體當中，如果存在某種結構，那個結構究竟爲何？結構重要嗎？

當時的我，尙未習慣性地把眼前所有事物皆用網路來解讀；即便如此，面對互動的模式——用振盪子理論的術語而言，則爲「耦合拓撲」（coupling topology）——我還是不免把它想成是一種網路。並且，無論網路結構究竟爲何，它勢必影響總體同步的能力，因此應該是個值得探究的重要課題。當時，我就像典型的研究生一樣，認爲「耦合拓撲」是個顯而易見的問題，適當的解答應該早就出現——只要查查資料即可。然而，浸淫文獻搜尋的結果，非但找不到答案，卻又多出了一籮筐的問題。不僅幾乎沒有人探索網路結構和振盪器同步性之間的關係，就連網路跟任何一種動力學的關係都似乎無人關心。即使更基本的問題，像眞實世界中存在哪些種類的網路，也受不到任何重視——最起碼在數學界是如此。心中出現一道曙光，原來我正踏在一塊研究生夢寐以求但鮮少如願的處女地——科學上待補的坑洞，微微開出縫隙的大門，可以用嶄新的方式探索整個世界的大好契機。

差不多就在同一個時候，我記起了父親一年前跟我的談話。星期五的晚間，我們在電話中聊天，不知道什麼原因，他突然問我，是否聽聞過一種觀念：沒有人「跟總統之間超過六度的分離」。也就是說，你認識某甲，某甲認識某乙，某乙認識某丙…最後某某會認識當今的美國總統。當時的我是頭一回聽過這樣的事情，感到十分新鮮有趣。後來在往返於伊色佳和羅徹斯特（Rochester）之間的灰狗巴士上，反覆思索這個問題，想不透爲什麼可能。腦中思路沒有明顯的進展，不過我開始把問題看作是一種個人之間的網路關係。每個人都有一個交際圈——網路鄰居——而圈內的每一份子又都有各自的交際伙伴，如此共同形成一個全球性的連動模式，當中包括親朋好友、生意往來，以及社區連絡等，透過這樣四通八達的管道，就可以找到任何兩個人之間的關連。至於通道的長短，則跟人類群體之間影響蔓延的方式有關——疾病、謠言、觀念，或社會騷動等，各有不同。如果上述六度分離的性質也能套用於非人類的網路系統，比如生物振盪子等，那麼就很值得拿來探究同步現象。

突然間，父親跟我隨口提及之都市性謎題變得重要起來，我決心追根究底，好好探索一番。幾年過後，我們還停留在探底的過程。原來，這個洞實在很深，恐怕還得再好幾年才能達成任務。不過，穩健的進步持續進行。對於六度分離的問題，我們也已經挖掘出許多新穎的內容，它不再是茶餘飯後的都市謎題，而是深富歷史性的社會學研究計畫。

小世界的問題

一九六七年，社會心理學家史丹利·米爾格蘭（Stanley Milgram）主導了一場精彩的實驗。他對於一個盛傳於社會學界的未解假設深感興趣：世界可以被設想成一個巨大的社會交際網路，但是從某個意義而言，它又非常地「小」，因爲網路中任何一個人，都可以只用幾個步驟就將其串連起來。這一般被稱爲「小世界的問題」（small-world problem）。名稱來源，是在雞尾酒會中，兩個陌生人隨便聊聊，就發現有共同認識的朋友，於是驚嘆：「這世界眞小！」（對我而言，這樣的事情常常發生）。

當然，雞尾酒會中的觀察跟米爾格蘭想要探究的現象不盡相同。實際的情形是，世界中只有一小部份的人會有共同認識的朋友，但是我們感覺上經常遇到（幾乎要將其視作常態了），是因爲人總習慣把注意力放在叫他吃驚的事情上頭，於是過度渲染「巧遇」的頻率。社會網路並非如此。米爾格蘭想要呈現的是，即使我**不**認識任何一個認識你的人（換句話說，指的是不會驚嘆「世界眞小」的情形），我也會認識某甲，他認識某乙，而某乙又認識某丙，最後某某會認識到你。米爾格蘭的問題是：在這條交際鏈當中，會有多少個**某某**呢？

爲了解答這個問題，米爾格蘭設計出一套新穎的傳遞訊息技巧，被稱爲「小世界方法」（small-world method）。他從波士頓和內布拉斯加州的俄馬哈市（Omaha）中，隨機選取了幾百個人，把信件交付給他們。這些信件有個最後的目標對象，是波士頓的一個證券業務員莎朗（Sharon）。信件傳遞的規則很特別：收信者只能把信件寄給他們認識的人。當然，如果收信者原本就認識莎朗，直接寄給她即可（這是極爲不可能的事）；要不然，就先寄給某個比較接近目標的熟人。

當時，米爾格蘭正在哈佛任敎，自然把波士頓區視作宇宙的中心。而還有哪裡比內布拉斯州更遙遠呢？從波士頓的角度來看，中西部不僅地理上遙遠，社交往來上也顯得非常疏離。當米爾格蘭要人猜猜看，信件的傳遞需要幾個步驟，多數人都估計要上百步才能到達。但是實驗的結果卻不然，大約只要六個步驟即可——這可跌破了衆人的眼鏡。約翰．桂爾一九九〇年的舞台劇《六度分離》，就是以此爲名，當然靈感還來自於雞尾酒會中無限多次的「巧合」。

然而，米爾格蘭發現的結果到底爲什麼這樣出其不意？如果你習慣用數學思考，或許可以做以下的思想實驗，或者甚至畫個類似圖1-2的圖形。假設我認識一百個朋友，而每個朋友又各自認識一百個朋友。那麼在一度分離的範圍之內，我可以連結一百個人；在二度分離的範圍之內，則連結一萬個人（一百乘以一百）；三度分離時，幾乎達到一百萬人；四度分離時，接近一億人；到了五度分離時，就差不多有九十億人。換句話說，如果世界上每個人都只認識一百個朋友，在六個步驟之內，我就可以輕而易舉地與全地球的人類群體都搭上了線。所以，世界看來眞的很小。

如果你習慣於社會性的思考，應該已經發現上述推論有嚴重的疏失。或許一百個人太多了，你就先想想看十個最要好的朋友，然後再去找這十個朋友最要好的十個朋友。結果，很可能會發現許多重複的人。這樣的觀察，不僅普遍存在於社會網路上，其實一般網路也是如此。我們稱之爲「群聚性」（clustering），它所顯現的是：大多數人的朋友之間往往也是朋友。事實上，社會網路的型態比較像圖形1-3。我們結交朋友時，時常是一群一群的；而每一個「群落」（cluster）的成員，往往分享共同的經驗、地理位置，或興趣。由於各個群落結合的基礎重複交錯，個別成員也會在不同的群落重複出現。這種網路特性與小世界的問題息息相關，因爲群聚會孕育出多餘性（redundancy）。特別一點來說，你的朋友之間愈熟識，你就愈無法藉由他們傳遞訊息給不認識的人。

米爾格蘭實驗呈現出社會網路的一個弔詭現象：一方面，世界的群聚性很高——我的朋友

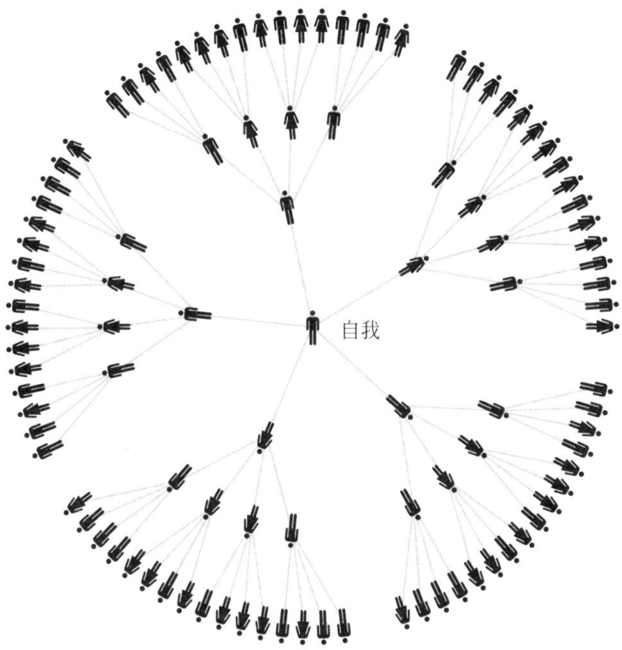

圖 1-2
一種純粹的分支網路。自我只認識五個人，但是在二度分離的範圍之內，自我可連通到二十五人；如果在三度分離的範圍之內，可連通一百零五人；以此類推。

當中，有許多彼此之間也是朋友；然而另一方面，我們又能夠連結任何一個人，平均所花費的步驟甚少。這三十年來，雖然米爾格蘭的小世界假設屹立不搖，未曾遭受嚴厲的挑戰，但是即使到今天，聽起來還是叫人吃驚。正如歐莎在桂爾的舞台劇當中所言：「在地球上，人與人之間只被六個人隔絕。六度的分離，正是這個星球的人際距離。無論是我們跟美國總統之間，或是跟威尼斯的一個船伕之間。……不僅僅名人如此，任何人皆然。熱帶雨林中的土著，南美偏僻島嶼上的居民，愛斯基摩人，統統都一樣。我跟地球上的每一個人，只需要六條小徑就能連結。這眞是耐人尋味的想法啊。」

這的確是耐人尋味。如果我們只是往某個特定的方向設想，想想跟我們有共同特性的人，那麼對於上述的結果並不會感到意外。比如說：我在大學教書，學界人士相對而言並沒有那麼多，許多人都有共通之處，因此如果要設想自己透過同僚的牽連，與全世界任何一個大學教授搭上線，似乎並不困難。同樣的道理，我也似乎可以順利地傳遞訊息給紐約地區受過大學教育的專業人士。然而，這並不是眞正的小世界現象；充其量可稱爲小群組現象（small-group phenomenon）。小世界現象的宣言更爲強烈——我能夠傳遞訊息給**任何一個人**，即使這個人跟我完全沒有共同性。如此的結論便不那麼理所當然了，畢竟人類社會依據種族、階級、宗教，和國籍所造成的分割是非常深層的。

三十多年來，雖然小世界現象已經從社會學的假設，擴延至大衆文化中的一部份，但是眞

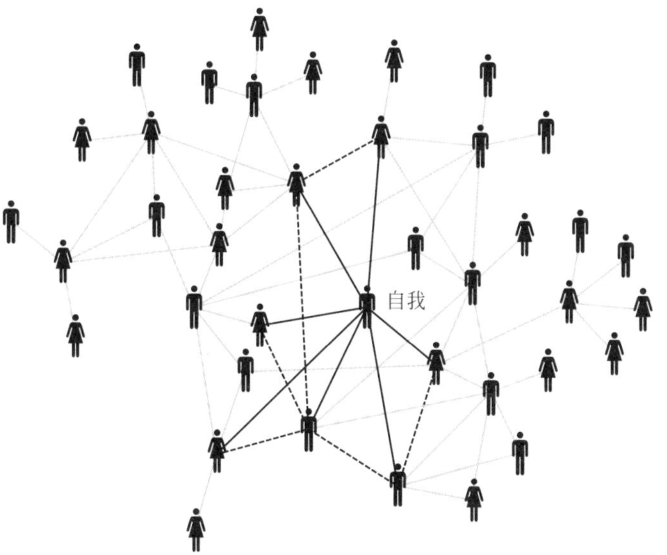

圖 1-3
眞實的社會網路會呈現群聚現象：有共同朋友的兩個人，彼此也比較容易成爲朋友。在本圖中，自我總共有六個朋友，而每個朋友至少會與另外五人中的一個熟識。

實的狀況卻尚未釐清，核心的弔詭性——明顯疏離之人其實可能非常靠近——依然存在。不過就在最近幾年，爆發出許多相關的理論和實證研究，大部分來自社會學以外的學科；它們不僅有助於解決小世界的問題，也提供了一個更爲普遍的方向，遠超過任何人所理解的。長久以來，小世界現象只受到社會學家的青睞，如今從某個意義而言，有了新的發現，衍生出更爲廣泛的網路問題，與科學、商業，以及日常生活的整體應用都產生了關連。

在科學上（甚至在日常生活中），突破困境的觀念時常由「老問題，新方向」的建構而生。原本的問題是：「我們的世界有多小？」但是，我們可以換個方向來問：「對於一個世界而言，不僅是我們的世界，而是任何一個世界，要怎麼樣才會變小？」換句話說，我們不再花工夫去精密測量所在世界的大小，而是要建構一個社會網路的數學模型，抽離實際事物，引入數學和電腦的力量。我們所面對的網路，可以用簡單的圖形來表示：一張紙上畫著許許多多的點，以及連結點跟點之間的線。正如前面所言，數學裡的圖形研究是長達幾世紀的古老問題，也已經有大量的成果出籠。而這就是突破困境的關鍵所在。雖然在簡單化的過程當中，我們不免忽略實際世界（終極關切之對象）的某些特性，但是卻可以藉由豐富的知識和技巧，達致非常具有普遍性的網路問題；而這樣的進展，如果不放棄那些混亂細節的追尋，是不可能獲得的。

2 「新」科學的起源

隨機圖形的理論

大約四十年前，數學家保羅・艾狄胥（Paul Erdös）利用一種非常簡單的方法來研究通訊網路（communication networks）。艾狄胥是個不尋常的人物，總能準確地洞悉事物，化繁爲簡。一九一三年三月二十六日生於布達佩斯，二十一歲以前都和母親住在一起。而後，便提著兩口破舊的提箱，展開一段不平凡的歲月。艾狄胥從不在一個地方待太久，也不曾有過任何固定的工作；走到哪裡，都有熱誠的學界人士殷勤招待，所要求的回報，只是能夠親身感受他敏銳而深究的心靈。艾狄胥把自己視作一台能夠把咖啡轉變爲定理的機器——這倒不是說，他曾經學習如何調製咖啡或做一些日常生活上的事；剛好相反，凡夫俗子習以爲常的技能，像烹飪、開車等，他皆一竅不通。然而，一旦談到數學，他絕對是個叫人崇拜的對象。一生發表過將近一千五百篇論文（死後才問世的尚且不算），可說是歷史上最多產的數學家，唯一能與之媲美的，恐怕只有偉大的尤拉了。

他與阿菲瑞德‧芮易（Alfred Rényi）合作發明了隨機圖形（Random Graphs）的形式理論。顧名思義，「隨機圖形」指的是由結點（nodes）構成的網路，而連結的方式是純然隨機的。我們可以用生物學家史都‧考夫曼（Stuart Kauffman）提出的類比來思考：假設我們丟了一大盒的鈕扣在地上，然後兩個兩個隨機選取，以適當長度的線將其連接在一起（見圖2-1）。如果地板面積很大，鈕扣的數量很多，而且又有相當充裕的時間，最後形成的網路將會是什麼樣子呢？更具體的說，我們可以證明出怎麼樣的特性是這類網路所共有的呢？「證明」這個字眼，讓隨機圖形的理論變得困難，而且是非常困難。只做幾個例子，看看會有什麼情形發生是不夠的。我們必須考慮在任何可能的情況下，所有會發生與不會發生的現象，並且找出一些足以保證某些結果必然出現的條件。幸運的是，艾狄胥正是個證明高手。底下所敍述的，即爲他和芮易共同證明出的一個非常有深度的結果。

再回到鈕扣的譬喻，想像你已經將固定數目（隨便什麼數目都可以）的線連接到鈕扣上面，然後隨機選取一個鈕扣，算算隨著這個釦子而起的鈕扣個數。所有隨之而起的釦子，皆屬於被選取鈕扣所在之**連結分支**（connected component）。如果我們重複這個步驟，繼續選取地上剩餘的鈕扣，則將找到一個又一個的分支，直到地上沒有釦子爲止。那麼，其中最大的分支會包含

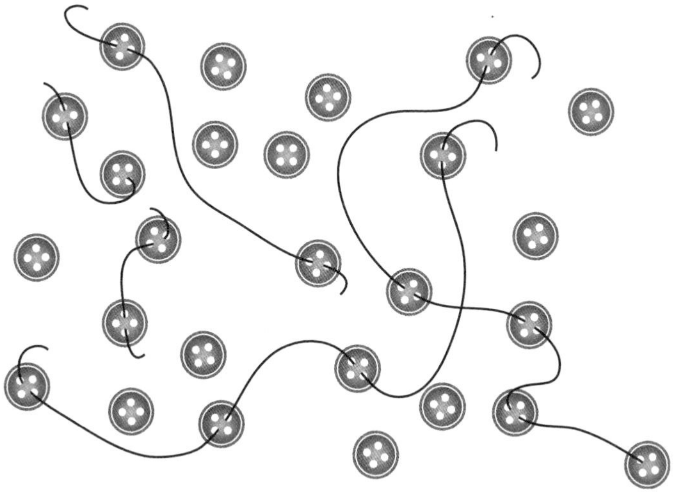

圖 2-1
一個隨機圖形，可想像爲一堆用線段連接之鈕扣。每一對結點（鈕扣）皆隨機地以線段相連。

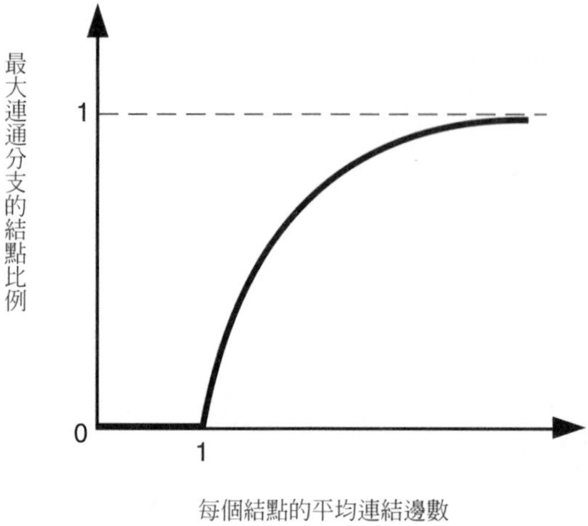

圖 2-2
隨機圖形的連通性。當結點的平均連結邊數超過1時，曲線突然有了劇烈的變化。

多少個鈕扣呢?答案自然和當初用了多少線有關，但是它們之間**詳細**的關連到底爲何?

如果你有一千個鈕扣，但是只有一條線，那最大的分支只能包含兩個鈕扣，將之除以整個網路，其值趨近於零。另一個極端的例子是，如果所有的釦子都與其他每一個釦子相連，則很明顯地，最大的分支將包含一千個釦子，或者說包含了整個網路。但是，其他可能的情形又會如何呢?圖形2-2呈現的是網路或隨機圖形中，最大連結分支之結點數所佔的比例（將最大分支所包含之結點數，除以所有網路結點的**平均**連結邊數）。正如我們預期的，當使用的連結線很少時，可以說沒有結點與其他的結點連接。因爲我們連線的方式是完全隨機的，所以幾乎每回都是連接兩個孤立的鈕扣;就算有機會連到一個已經有連結線的結點，它外接的鈕扣數量恐怕也很少。

但是，一個很奇怪的現象發生了。當連結線的數量大到可以讓每個結點的平均連結邊數達到1時，圖形中最大連結分支所佔的連結數比例會突然快速地從零增加到接近1。用物理的術語來說，這種劇烈的變化叫做「態變」（phase transition）：從不連結的狀態轉變到連結的狀態，而轉變的始點（也就是圖2-2中曲線突然上升的地方）則稱之爲臨界點（critical point）。正如我們後面所言，許多複雜的系統都會發生不同形式的態變，它可以用來解釋各種突然改變的現象，比如：磁化的開始、傳染病的爆發、文化時尚的流行等等。此處的例子裡，態變之發生是在即將接近臨界點時，只要加入少量的連結線，便立即發揮串連的功效，將許許多多非常小的「群落」結合成一個**巨大的連結分支**，它快速地吞併其他的結點，直至所有結點都連結在一起爲止。這種態變的存在及本質，正是一九五九年時艾狄胥和芮易意圖解釋的對象。

爲什麼我們要在意這個問題呢？簡單地說，如果有兩個結點不在同一分支，那它們之間便不能交流、互動，或者產生任何影響。它們其實就像分屬兩個不同的系統一樣，任何一者的行爲皆與另一者全然無涉。因此，巨大分支的存在所代表的是，網路內任何一角落所發生的事，都有可能影響到其他所有的地方；反之，如果沒有一個巨大的連結分支，則區域性的事件就只會影響當地而已。艾狄胥和芮易的研究，引發了繼續探討通訊網路的動機。他們想知道，在一組一組設計的裝置之間，需要多少連結管道，才會讓隨機選取的單一裝置，都能與整個系統產生通訊？這種銜接孤立和連結兩種狀態的關卡，對於資訊、疾病、金錢、創新、時尚、社會規範等的流通（以及任何現代社會所關切的事物），都是非常重要的。達到整體的連結，並不是循序漸進，而是突然間一觸而及。這種戲劇性的跳躍提醒了我們，世界中存在某種深沈神祕的事物——如果我們相信隨機圖形相當程度地反應出這個世界。

當然，這也正是個問題。即便隨機圖形理論是如此精巧複雜（叫人目暈神眩地複雜），它和現實世界似乎還是有段距離：幾乎所有現實世界中存在的網路，從社會網路到神經系統的網路，都顯示它們不是隨機的，或至少不像艾狄胥和芮易所言之隨機圖形。原因是什麼呢？嗯，試著想想看，如果要從全世界超過六十億人口中隨機挑選你的朋友，結果會如何呢？你的朋友來自其他洲的可能性要大過你的同鄉、你的同事、或是你的同學。然而，無論是環遊世界還是經由電子網路交流，這種情形都是荒誕不經的。如果繼續往下想，讓我們假設你有一千個朋友，而他們也各有一千個朋友，那麼在隨機的情況下，你的朋友間相識的機會卻只有大約六十億分之一！但是，日常的經驗告訴我們，自己的朋友之間，經常都是互相認識的，這就是爲什麼隨機圖形無法適切地表達眞實的社交世界。很不幸地，我們將在稍後看到，一旦剔除圖形理論中全然隨機的理想假設之後，一切證明將變得極度困難，甚至不可能。然而，如果想了解眞實世界網路的性質和行爲，非隨機架構的議題是一定得面對的。

社會網路

如果說，社會學是一門企圖以擺脫人的方式來解釋人類行爲的學問，其實並不太過離譜。相較於心理學從個人特質、經驗，甚至生理狀況來理解人類之所作所爲，社會學總喜歡把人類行爲放入決定社會環境之政治、經濟，及文化框架來分析，人們在框架之中扮演什麼角色乃影響行爲的關鍵因素。或者，就像馬克斯所言：「人類創造自己的歷史，但……並非在自我選擇的環境下創造之。」所以，社會學談論的盡是結構。也因此，從社會學（以及姊妹學科人類學）出身的網路分析理論，展現出強烈的結構主義傾向。

如果將五十年來發展的思想壓縮簡化，社會網路的分析可分爲兩大支派。第一種關心的是**網路結構**（network structure）與相對應之**社會結構**（social structure）的關係。在這裡，網路結構指的是群體（一家公司、一所學校，或一個政治組織）中成員之間的連結管道；而社會結構，則用來區分個人在社會之中所隸屬的群組或扮演的角色。多年的研究，創造出許許多多的定義與技巧，有些名詞饒舌古怪，像是**區塊模型**（blockmodels）、**階層群組**（hierarchical clustering）、**多面向尺度**（multidimensional scaling）等等。這些概念的設計，基本上都是由純粹關係性的網路資料抽取出關於社會族群階層的資訊，要不直接測量成員間的「社會距離」，要不根據網路關係的相似程度，將成員做適當地分組。從這個觀點而言，網路可說是社會身分的代表——

個體之間的關係模式，其實正是個體本身偏好與特質的索引。

第二支派，帶有比較多機械主義的味道。它將網路視爲普及知識的管道，或是影響力的傳播媒介。個體在整體關係模式中所佔的地位，將決定他所能獲取的資訊，或者他所能影響的對象。所以，一個人在社會中的角色，不僅依賴於他所處的團體，也因爲他在團體中的地位而有所差別。如同前一類分析，第二支派也發展出許多測量技巧，用來量化個體的網路地位，並將其數值拿來與可觀察之個體表現差異做交叉比對。

在這兩種概括的分析架構之外，有個特殊概念叫做「微弱的連結」（a weak tie），由社會學家馬克・葛拉諾維特（Mark Granovetter）所創（它也引導出一種新的模型，後頭面對小世界問題時會再提及）。他針對兩個波士頓社區進行大規模的研究。這兩個社區同樣動員群衆，企圖抗拒都市發展所帶來的威脅，卻產生截然不同的結果。葛拉諾維特爲此下了叫人驚訝的結論：有效的社會協調，並不是由緊密交織的「堅強」連結所生；反倒是肇因於偶發性的微弱連結，個人與個人之間並不那麼熟識，共同點也並不是那麼多。他在一九七三年撰寫的論文當中，稱這種現象爲「微弱連結的優勢」（the strength of weak ties），優美而高雅的用語從此成爲社會學中的標準辭彙。

葛拉諾維特後來繼續探索微弱連結和個人尋找工作的關連性。結果發現，找工作這檔事，並不只是要有朋友肯幫你——更重要的是，到底是怎樣的朋友在幫你。然而，非常弔詭地，最有用的人通常不是你最親近的朋友。因為好朋友認識的人跟你大同小異，獲得的資訊也差不了多少，他們很少能幫助你跳躍到新的環境，無論內心是多麼想幫忙。反倒是偶然相遇的泛泛之交，常常能夠發揮功效，因為他們會提供一些你原本無法取得的資訊。

再者，微弱連結的概念不僅可以適用於個體的層次，也同樣適用於團體之間的分析；雖然連結本身是由個體所創造出來的，但是其影響力不僅僅及於「擁有」連結的個體，還會影響到個體隸屬之群組的地位與表現。也因此，葛拉諾維特宣稱，唯有從群體的層級觀察——觀察個體嵌入的群體結構——才可能辨別出微弱或堅強的連結。葛拉諾維特在三十年前所描述的局部（個體）與整體（社群、團體、母集等等）之間的關係，或許不夠精緻（後面章節會再做討論），但是不容諱言地，它的確代表了網路新科學即將來臨的前兆。

動態分析的重要

社會網路分析師對於結構的深入了解，開啟了某些議題的大門，這些問題對純粹圖形理論而言，原本是無法觸碰的。然而，社會網路分析本身也有一個很大的問題：**完全沒有考慮動態**。他們不把網路看作是社會力量影響之下逐步演化的實體，反而傾向於將之視為這些力量造就出來的冰冷架構。在這些分析師眼裡，網路不僅僅是個讓影響力自由流通的管道，它還是影響力的直接表徵。以這種方式思考，網路結構被視為一組靜態的度量，用來彰顯所有和個體行為及影響系統行爲能力相關之社會結構所蘊含的資訊。如此一來，唯一需要做的工作就是收集網路資料，測量出有用的性質，然後期待所有美妙的結果都會奇蹟般地呈現在眼前。

但是，我們該測量哪些東西呢？測量之後，到底會顯示怎樣的內容？問題的答案，其實跟實際應用的途徑息息相關。以疾病的散播爲例，它的形態不必然和經濟危機之擴散或是科技創新之普及相同。有些網路主要是讓組織有效地收取資訊，有些網路則是要處理現有的資訊或修復突發的災變，其結構特質不盡相同。

跟美國總統之間的六度距離，可能很近，也可能很遠，完全視你想做什麼而定。或許，我們也可以套用強・克萊恩柏格（Jon Kleinberg；在第五章中，將介紹他在小世界問題上振奮人心的研究成果）說過的一段話——他向某記者解釋，自己曾經和加州大學柏克萊分校的一位學者共同撰寫論文，而這位學者跟後來微軟的總裁有過合作的經驗——「很遺憾地，」克萊恩柏格說：「這份關連，並沒有辦法讓我對比爾・蓋茲（Bill Gates）產生什麼影響力。」

由於網路純然結構性的靜態度量並不能解釋發生在網路上的動態行爲，這樣的方法也不能系統化地將測量結果轉換成有意義的陳述。讓我們打個比方，設想一所管理學校，聲稱領導力是種普遍性的技能，它的規則放諸四海皆準。學校的訴求十分明顯——標榜「管理」通則的學習，待學成之後，便可用以管理所有的事業，從工廠經營到非營利組織再到軍隊指揮——但是實際上並不那麼簡單。管理野戰部隊所需要的領導技能，和管理政府機構有著相當大的不同；

在某種環境中一個很好的領導者，到了另一處卻可能變得非常拙劣。當然，這並不代表其間完全沒有共通的性質；正確的說法應該是，共通的原理原則必須根據組織任務及工作成員的身分背景而作不同的詮釋。結構性的分析亦然。如果缺乏相對應的行爲理論——**動態分析**的理論——網路結構在本質上變得無法詮釋，也因而在實際應用上顯得相當貧乏。

有個相當重要的例子告訴我們，純粹以結構性的進路來看網路，或許會讓許多分析師覺得安心，但卻完全誤導了我們對這個世界的了解，那就是關於「中心性」(centrality) 的問題。大型的分配系統中——從社區、社團組織到大腦、生態系——有個很大的謎團，就是整體連貫性的活動，如何在缺乏中央權力或是控制中心的情形下順利運行。我們知道，在獨裁體系或是衛星呼叫系統中，爲了善用控制力，網路通常都會經過特殊的設計與安排，藉由控制中心的確立，就可以避免分散性的調節問題。然而，許多系統的控制來源（尤其是自然發展或演化而成的系統）卻隱晦不清。儘管如此，網路分析師還是擁有強烈的中心化直覺，不論探討的對象是網路上的個體還是整個網路，中心化的測量問題一直是他們關注的焦點。

這種研究的方向隱含了一種假設：在網路中，去中心化的現象並不存在。他們聲稱，如果審慎地檢視網路資料，就會發現無論多麼龐大複雜的網路，都有一小部份的成員——也許是深具影響力的參與者，也許是資訊的流通者，也許是重要資源的供應者——合起來扮演功能主導的角色，爲其他成員依恃的運作中心。這些關鍵人物不見得非常起眼，有時候用一般權勢地位的測量標準，也顯現不出他們的重要；但是，他們總是在那裡發揮功能。一旦被找了出來，就又回到熟悉的狀況——一個具有中心的系統。「中心性」的觀念，在網路研究上受到高度的重視，其中的原因非常簡單。這種理論既具實證性，亦具分析性；產生的量化結果，雖然有時也頗叫人意外（比如：一個企業中最具凝聚力的次團體，竟然是癮君子，因爲他們每天總有好幾回聚集在外頭抽煙；最關鍵的資訊仲介，其實不是老闆，而是老闆的助理），但倒不致於迫使我們吞噬完全違反直覺、難以下嚥的觀念。這個世界一直會有個中心，資訊的製造與分佈都由此而生；位於中心的份子，影響力總大於邊陲人物。

然而，萬一沒有中心存在呢？或者說，有好幾個這種「中心」，但他們之間並不協調，甚至相互衝突呢？要是某些重要的創新或發明，並非來自網路的核心位置，而是啓動於主要資訊媒介無暇顧及的邊陲地帶呢？是否有可能，一些來自於不明所以的偶發意外、隨機遭遇的細微事件，引發出大批的個別決定；這些決定並非出於什麼宏觀的計畫，卻以某種方式集結成一個任何人（**包括參與者本身**）都無法預料的重大事件？

在這些例子中，網路的中心個體（或任何一種形式的中心）都不足以解釋現象的發生，**因爲「中心」其實只是事件本身衍生出來的結果而已**。這段陳述，對於網路的理解有著多重的意涵。從經濟學到生物學上的很多系統當中，事件的發生不出於一個預先存在的中心，而是許多平等互動所產生的結果。記得你最後一次參加擁擠的音樂會嗎？響起幾個紛亂零落的掌聲後，突然間所有人都以和諧的方式一齊鼓掌。你可曾想過，爲什麼大家會按照同一個節拍鼓掌？畢竟，人們原本有各自的鼓掌頻率，開始鼓掌的時點也不盡相同。那麼，該以誰爲準呢？有時候的情形很容易——當音樂結束後，大家在低音鼓的帶領下和諧地鼓掌；或者是，主唱者舉起雙手在頭上緩緩地拍掌，而觀衆隨之而行——不過，大部分時候，並沒有這種中央的信號，也沒有人是掌聲的帶領者。

眞實的情形是，當群衆的掌聲接近同步時，會有一小部份的人率先合鳴。這些人隨機性地分散四周，沒有刻意安排，也沒有經過商議，而是恰巧地以相同的節奏鼓掌。合鳴的時間可能很短，但卻已經足夠了；因爲他們合起來的聲音蓋過其他單一的聲響，旁人很容易被引進同樣的頻率。於是更多人加入合鳴的圈子，傳遞的訊號更爲強烈，又再吸引了其他更多的人。幾秒鐘過後，滿場觀衆便以這一小撮「核心人物」爲準，組織成和諧的同步現象。但是，如果旁邊的觀察員問起這些「策動者」是如何做到的，他們必定一臉茫然，很驚訝自己扮演了如此特別的角色。並且，如果觀察員對同一批觀衆在同樣的地點再做一次實驗，將會發現另一批全然不同的「領導核心」。

相同的情形亦會發生於較複雜的社會過程，譬如革命。最後使塞爾維亞的獨裁者史羅波丹．米洛塞維奇（Slobodan Milosevic）下台的，並非另一個政治領袖，也不是他的軍隊。崩解獨裁政權的主要力量，其實來自一個組織鬆散、自治性強的學運團體，叫做OTPOR（塞爾維亞語，「抵抗」之意）。很特別的是，他們在成功地動員了社會大眾的支持之後，才出現所謂的中心領導。傳統的社會網路分析，總會把目光放在OTPOR中的幾個活躍的人物，探究其互動情形，以及他們跟追隨者和外在組織之間的關連，希望藉此能夠找出讓他們成爲領導中心的機制。然而，我們在第八章中將指出，以這種後見之明的方式研究大規模的整合性社會運動，往往產生誤導。與其說領導者決定了某些事件的發生，不如反過來說，比較符合現實：由於事件依照某種特殊序列、在某些特殊時點發生，才造就了某些人的領導地位。西元兩千年夏天的塞爾維亞，社會上不滿的情緒逐漸高漲，一些小規模、隨機性的零星事件，引發了學生運動，而大眾的情緒終至沸騰。許多人奉獻心力，希望迫使米洛塞維奇下台，但後來只有少部份的人成爲領導者。並不是他們天縱英才，比其他人特別，或者比其他人預先佔據具有優勢的地位。眞實的說法應該是，革命的進程決定了中心之所在，這當中沒有太多道理，就如鼓掌群眾的帶頭核心，或是艾狄胥和芮易的隨機圖形中之最大分支。

那麼，一群沒有中央權威控管的同儕互動，是如何轉變成有凝聚力的整體行動？對於這個問題，我們在後面章節會指出，儘管網路結構不可忽略，動態分析更是重要。然而，當我們使用動態這個辭彙時，必須細分兩個不同的意義，因爲兩者將分別爲網路新科學導引出不同的分支。第一種意義，我們或許可稱之爲「網路動態學」（dynamics of the network），它將是第三、第四章討論的重點。在此，動態指的是網路本身的結構發展——網路連結的形成與斷裂。譬如，一段時間後，我們會結交新的朋友，也會與某些老朋友失去聯繫。於是，個人的網路起了變化，而我們所屬之社會網路的整體結構也將有所轉變。傳統網路分析的靜態結構，或許可以被視爲演化進程中的一個瞬間畫面。然而，就網路動態學的觀點，只有從衍生過程的本質出發，才能適切地了解現存的結構。

第二種意義，將在第五到第九章出現，我們或許可稱之爲「網路上的動態學」（dynamics on the network）。從這個角度來看，我們可以把網路想成是一個串連個體的固定平台，這和傳統的觀點似乎沒什麼不同。但是此時，網路上的個體是活動的——尋找資訊、散佈謠言，或立下決定等等——呈現出來的結果會受到旁人所作所爲的影響，也因此與網路結構息息相關。這基本上也正是史帝夫・史特羅蓋茲和我從幾年前的蟋蟀實驗以來，熱衷思索的問題；並且無論是好是壞，我們至今仍然朝此方向探究社會過程。

在眞實世界中，這兩種意義的動態一直都在持續進行。社會性的角色，從革命家到企業執行長，總是不斷地在做決定，不僅要選擇如何回應眼前所發生的事情，也要選擇跟怎樣的人合縱連橫。如果你不喜歡某個朋友的行爲模式，要不你試著去改變他，要不就選擇和其他朋友在一起。每一個情節的發展，不僅會改變網路的結構，也會讓網路上的活動型態產生變化。並且，每一種抉擇——亦即每一種動態——都將促成新的脈絡，主導接續決定的發展。你的幸福會影響你所在的網路，而你所在的網路也會影響你的幸福。這可是非常複雜的舞步，你必須充分了解每一種動態內容，才能有所進展。幸運地，我們在面對這艱困的任務時，有巨大的肩膀可以立足。

偏離隨機性質

安納托・瑞波波特（Anatol Rapoport）是個數學家，但不是一般想像中的那種數學家。在超越半世紀的輝煌事業中，他對心理學、賽局理論、合作演化理論、流行病學，以及社會網路研究，都有卓越的貢獻。回到一九五〇年代，瑞波波特任職於芝加哥大學的一個研究組織，叫做「數學性的生物物理委員會」（the Committee on Mathematical Biophysics），主要探討疾病在人群中散播的問題。當時，大部分的流行疾病學家都把重點放在疾病的模型上，忽視人類互動的社會層面；然而，芝加哥的研究團隊卻注意到，對於某些疾病而言，實際的社會網路是一大關鍵。在許多情形下，只有充分了解某人與某人之間的接觸互動，才能知道疾病爆發的危險性。

在稍後的章節中，我們會再細談，因爲它不只與疾病的傳染有關，資訊的傳播（如謠言和電腦病毒的擴散）亦然。對於瑞波波特早期的工作，有一點值得一提：他雖然是以數學家的身分來處理網路結構的問題，但卻也深受社會學、心理學和生物學觀念的影響。原因或許出在他年紀較大——三十幾歲——才進研究所；之前，他投身軍旅，參加過第二次世界大戰的戰役。所以，當他成爲數學家時，早已經歷過多次生命的轉折，或許也決定要將之結合到自己的研究工作中。

對於一個特定社會網路中爆發的流行疾病，瑞波波特亟想知道的是，情形會壞到怎樣的程度。換句話說，讓我們設想這種病有超強的傳染性，幾乎每一個接觸帶原者的人都會受到感染。那麼，最後將會有多少人被感染呢？我想，答案應該取決於這個社會間的聯繫程度如何。若將地點放在中非洲的鄉村，雨林區的邊緣地帶。在那裡，大部份的人都居住在相當孤立的小部落。可以想見，當一種疾病在某村落蔓延開來，最後儘管污染了整個村子，但應該會就此打住，不再向外擴散。但是，如果我們談的是北美洲幾個人口稠密的社區，其間有著多層網狀的空中、公路及鐵路交通。顯而易見地，無論病毒來自何方，都將到處擴散。瑞波波特想問的是，在這兩種極端情況之中，是否有個連結性的臨界度，讓原本零散孤立的小群組，躍然成爲一個大型的連結群體。這個問題聽起來相當熟悉——它與艾狄胥和芮易想要了解的通訊網路問題，在本質上是相同的，而隨機圖形理論便因之而生。

沒錯，瑞波波特及其合作夥伴一開始也把目光焦點放在隨機性的連結網路，原因和那些匈牙利數學家十分相似。雖然他們用的方法較不嚴謹，但也得到了相近的結果（比艾狄胥和芮易的發現早了將近十年！）。然而，深具實用性格的瑞波波特，在欣賞隨機圖形理論的分析美感之餘，也很快地看出其中的嚴重缺憾。可是，如果不用隨機網路的想法，那還有什麼呢？在《安娜·卡列妮娜》（*Anna Karenina*）的開場白中，托爾斯泰（Tolstoy）悲歎道：「歡樂的家庭都很相像；但每一個不快樂的家庭，則各有各的原因。」同樣地，所有的隨機圖形在本質上都相同，但是存在的非隨機性便難以掌握。例如，你是否在乎有些友誼並不對等，或甚至完全沒有回饋？是否有些情誼應該比其他的重要？我們該如何解釋，人們傾向於結交與自己相像之人？是不是大部分的人都有差不多數量的朋友，還是有些人的朋友個數遠超過平均數？我們該如何解釋小群組的現象——在朋友圈內，連結性十分緊湊，但是與群組之外的交流，卻相對稀疏？

瑞波波特的研究團隊，很勇敢地從某個角度切入這個問題。他們將隨機圖形的研究拓展開來，企圖說明人類「物以類聚」的現象。這種特質不僅可見於校園內的兄弟會，也可見於企業的人事安排、商店和餐廳的顧客群，以及社區鄰居的種族特性。「物以類聚」能夠解釋爲什麼你會認識你現在所認識的人——因爲你們有一些共通點——但是我們還想知道，是否現在所認識的人會影響到未來結交之人。瑞波波特也思索到這個問題，因而引進「三角閉合」(triadic closure) 的觀念。在社會網路中，基本的分析單位是「二元」(dyad)，即兩個人之間的關係。接下來的層級——亦爲所有群組結構的基礎——則爲「三角關係」(triad)，也就是一個人有兩個相互爲友的朋友。將三角關係當成群組結構中最基本的單位，瑞波波特並不是第一人。偉大的德國社會學家喬治・齊美爾 (Georg Simmel)，大約在五十年前就介紹過這種觀念。然而瑞波波特具有革命性的部份是，他將動態的概念置入其中的框架。兩個有共同好友的陌生人，經過一段時間後就很有可能結識；也就是說，社會網路 (不像隨機網路) 演化的方式，傾向於一種閉合性的三角關係。

一般而言，瑞波波特將這些特質視爲標準模型的「偏差」，因爲它們一步一步地偏離純粹隨機的假設，但又尚未達到全然翻轉的程度。隨機性是種既優美又具效力的性質，經常爲複雜、混亂和不可預期之事物扮演完美的代言角色。不過，顯而易見地，它對某些同樣支配人們抉擇的有序法則卻無法掌握。因此，瑞波波特推想，爲何不在模型中妥切地均衡這兩組力量？先決定好哪些有序法則是最重要的，然後依之建構網路；**除此之外**，所有隨機的性質依舊保存。瑞波波特稱他的新模型爲「隨機—偏差網路」(random-biased nets)。

這種研究方向最有力的部份，是將網路視爲一個動態的演化系統，避免標準靜態網路分析中的主要瑕疵。不幸的是，此進程也面臨了兩大障礙：一是理論上的，另一則是實證上的，而且似乎都無法克服。首先，是關於資料方面的問題。歷經網路革命後的今天，對於超大型網路的資料圖像（包括網際網路本身）似乎已經司空見慣。隨著時代的進步，我們能夠利用電子科技記錄社會互動的情形，從電話交談到即時訊息再到線上的聊天室；單單這兩、三年以來，網路資料就暴增了好幾個數量級 (orders of magnitude)。

但是資料的收集並不總是如此。距離今天才沒多久的一九九〇年代中期（遑論更早的五〇年代），要想收集社會網路的資料別無他法，只有走出研究室，進入人群，將想要的資料一一以筆記錄下來。也就是說，將問卷發給受訪的個體，寄望他們回憶自己交往過的人，並如實報告其間的互動情形。這種方法很難期待會得到高品質的資料，不僅因爲在缺乏適當刺激之下，人們難以正確地回憶自己曾經與誰交往，同時也因爲兩個結識者對於彼此的關係，可能有相當不同的看法。所以，眞實的情況到底如何，很難辨識清楚。要想成功，受訪者和訪問者都必須付出額外的努力。一種較好的方式是，直接記錄人們眞正做了什麼，與誰有過互動，互動的情形又是如何。但是，在電子資料收集技術尚未發展之前，這樣的方法在實際操作上恐怕比問卷調查更加困難。因此，當時存在的社會網路資料，大多傾向於處理小型的群組，並且局限於研究者預先想好的特定問題。所以說，瑞波波特基本上並沒有爲他的模型找到適切的實證對象；如果不曉得世界的眞實狀態，就很難知道自己是否成功地探索出什麼有意義的東西。

然而，瑞波波特還面臨了更加棘手的問題。那就是，即使明明知道自己要嘗試解決的問題爲何，卻無法逃避一個窘困的現實——五〇年代可用的工具，只有筆和紙而已。要知道，即便今日極爲快速的電腦，都很難分析隨機－偏差網路的問題；更別說回到五〇年代了，那幾乎是不可能的。基本的困難在於：一旦打破艾狄胥－芮易的假設——所有的網路連結都是獨立不相關的——就根本搞不清楚其間的依附關係了。以三角閉合爲例，它原本只應該產生某種特別的網路偏差——讓長度爲三（三角關係）的循環變得更爲可能。也就是說，如果A認識B而且B認識C，則C認識A的可能性就比其他隨機選取之人要大得多。

但是，當我們開始完成三角閉合的關係之後，將會發現一個沒有預期到的現象：其他長度

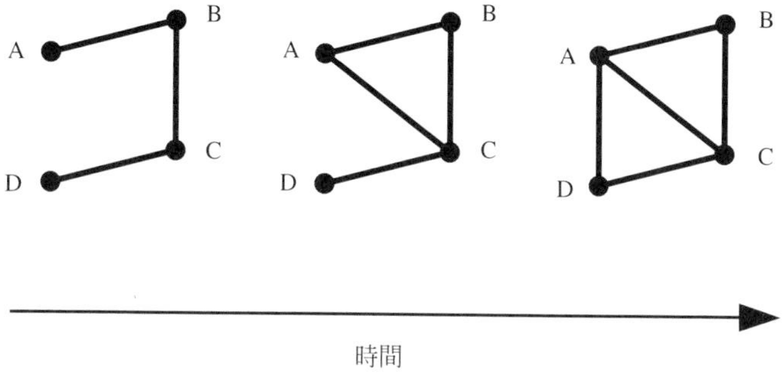

圖 2-3

隨機──偏差網路的演化。傾向於創造長度爲三之循環的偏差（三角閉合的偏差），也同時產生出更長的循環。（此處ABC和ACD合起來，形成了ABCD。）

的循環也陸續出現。這種意料之外的依存關係，可以用一種最簡單的例子來說明。如圖2-3所示，我們首先考慮連成一鏈的四個結點，視之爲更大網路中的一部份。然後想像A將要產生新的連線，而且有種很強烈的傾向（即所謂的偏差）會連向朋友的朋友。因此，在A與C間產生新連線之可能性便遠大於A連向其他結點；而我們也就假設A-C連線的產生。如此一來，便得到第二個結構圖形。然後再設想D也要選取一個新的朋友；並且同樣地，D也傾向於連結朋友的朋友。這時候，D只有兩個選擇，不是結點A就是結點B。假設D以丟銅板的方式選擇了A，我們便得到第三個結構圖。這時候，發生了什麼現象？我們所假設的不過是連接朋友之朋友的偏好，或者說是完成三角閉合的傾向（也就是產生長度爲三的循環），結果卻創造了一個長度爲四的循環（A

BCD）。

我們的規則並沒有說到長度爲四的循環——偏差只指明了三角關係——但是卻無可避免地得到它們；並且，如果就此擴充推演，其他長度的循環亦將隨之而來。這個現象的產生，正是因爲網路之建構爲動態的過程，接續而來的每一條連線都爲現階段的網路注入新血，而現階段的網路也同時包括先前的每一條連線。如果A和C之間的連結沒有先發生，D就很可能不會連結A。所以說，不僅一項清楚指明的偏差會產生無意的結果，並且在網路演化的過程當中，任何一個事件的機率都會依賴於先前所有事件發生的情形。

回到瑞波波特的時代，這項認知差不多就已經走到路的盡頭。研讀其原創性的論文，可以發現他很清楚整個情形。或許，如果當時芝加哥大學的研究團隊有現今的進步電腦，他們會把問題看得更寬廣，網路科學也可能有不同的發展。但事實並非如此，在缺乏資料和計算能力不足的遮蔽下，隨機–偏差網路理論只有少數幾個重量級人物，運用他們的數學直覺，奮力掙扎了一段時間，然後便消失不見。它其實是未來世代的先驅概念；然而，這種觀念通常都得經歷一段煎熬的歲月。

物理學家來了…

物理學家似乎是最適合侵入別人研究領域的族群，不僅因爲他們相當聰明，並且一般而言，他們對於自己選擇研究的問題比較沒有焦躁模糊之感。物理學家經常自許為學術叢林中的主宰，驕傲地認為自己的研究方法凌駕於他人的視野之上，並且小心翼翼地捍衛自己的領土。但是，他們表現出的自我，其實是非常接近收破爛的清道夫，只要覺得有用，一向樂於借用別人的想法與技術，同時也對挑戰別人的問題不遺餘力。儘管傲慢的態度叫人難以忍受，但是不可諱言地，一旦物理學家踏入原本不干其事的領域，經常都預告了一段值得興奮的重大發現。數學家三不五時也會做相同的事，但絕對不像一大群饑渴的物理學家，無時無刻伸長鼻子探索著新問題的氣味。

自艾狄胥和瑞波波特以降的幾十年來，當社會學家專注於網路系統靜態的結構性解釋時，物理學家也在無意之間投入了一系列相似的問題，只不過探索的方向是相反的。他們不藉由網路結構性質的測量來了解個體和群組的社會性角色，反而預先假定已經對個人層面的性質有全盤認識，再加上幾個簡單的結構性假設，然後企圖了解相對應之群體層面的性質。如同社會學的情形，物理學家一開始踏入此研究的動機，也是基於想要解決某些特定的問題（當然是物理學的而非社會學的問題），一個重要的例子就是磁性現象。

我們大部分人在中學時的科學課程中，都學到磁鐵之類的東西其實都是由一些較小的磁性物質所組成，而磁場的大小則是所有較小磁性物質之磁場的總和。但是這些較小的磁性物質，同樣也是由一些更小的磁性物質構成，而後還有更小的磁性物質，然後還有更小的，更小的……。何時才會有個終止呢？磁場最起初是來自何處？結果發現，它其實來自電力場和磁場之間一種深層的平衡。最先提出這個說法的是十九世紀末的詹姆斯・克拉克・馬克士威（James Clerk Maxwell）。馬克士威在他的統一電磁學中說到，轉動中的帶電粒子（像是電子）也會建立自己的磁場；而與電場不同的是，它們凝聚成的極位是由旋轉的方向來決定。因此，雖然電子總帶著負電，但是磁性物質永遠都有南北兩極。這個基本的物理現象，讓我們可以用一堆小箭頭的符號來表示磁性物質，每個箭頭都代表一個帶電的自旋粒子，稱為「自旋子」（spin）。磁性行為自此可以被視為一種系統狀態，其中所有的自旋子（也就是那些小箭頭）都指向同一個方向。

在其他條件相同的情況下，磁性自旋子喜歡彼此連成一線，因此要它們全部指向同一個方向似乎不是個問題。但是實際的情形卻不然，原因出在自旋子之間的互動過於薄弱，以致於每個自旋子的極位只會受到緊鄰者的影響。然而，要達到整體性的連線，卻必須所有粒子都「知道」其他每一個自旋子的方向才行，包括那些相隔甚遠者。所以說，一般常見的狀況會是區域性的連線，緊鄰的自旋子形成同向的小群組，但是相鄰群組之間的方向卻是相反的，而且沒有任何一組有能力翻轉別組的方向。當系統遇上這樣的麻煩，而無法達成整體連線的理想狀態時，只有靠外在磁場或增加能量的方式才能破解。因此，想要磁化一塊金屬，一般的做法都是將之置入一個現有的強力磁場，然後加熱或是敲擊它。然而，如果加入的的能量過多時，所有的自旋子將任意翻轉，無視於鄰近物體或甚至外在磁場的引導。所以爲了達成整體性的連線，必須先將系統施予高溫，然後再慢慢地下降溫度，並且通常會靠外在磁場的支援。

數學物理的一項偉大成就，便在於精確地找出產生磁性行爲的過渡現象。相當詭異的是，在轉換過程的臨界點上，系統中所有粒子彷彿都能相互溝通，儘管我們知道，它們的互動其實都是區域性的。個別自旋子之間能夠溝通的最長距離，一般被稱爲這個系統的**相關長度**（correlation length）；而當相關長度可以觸及整個系統時，就可說達到了臨界點的狀態。在這種關鍵時刻，任何原本只會產生區域性影響的風吹草動，都將無止境地擴散，甚至遍及一個無限大的系統。於是，系統似乎達成了整體性的協調，但卻沒有任何權威中心。當系統處於臨界狀態時，並不需要中心的存在，因爲所有地方——不只是某些中心位置——都能夠影響其他部份。事實上，就定義而言，每一處都是完全相同的，而其間的連結性也完全一樣，所以沒有任何基準用來說明哪一處居於主導地位，也就是說根本沒有中心存在的立論點。如此一來，任何測量中心位置的方法無異緣木求魚，對於找尋觀測現象的原因根本毫無用處。就如同先前提到的隨機圖形或是觀眾鼓掌的例子，一連串細小的隨機事件——平常情況下不被人注意的事件——在臨界狀態時，可以將整個系統推向完全組織化的狀態，好像是被某種策略指引似的。

這一切聽起來有些神祕，但確實是我們目前擁有最好的理解方式，它能表現出小規模的事件如何對系統性質產生影響，即使系統中的每一元素只會注意身旁的緊鄰者。叫人興奮的是，這項發現引領出**自旋系統**（spin systems）的研究，成爲物理界的製造小屋，孕育出成千上萬的論文。自旋模型深深地受到物理學家的喜愛，一部份因爲它的陳述是那麼地簡單，但最重要的是它與許多現象都有關連——磁性系統、液體的固化，還有許多比較巨大的狀態變化，譬如超導電性的發生。你或許曾經觀察過一杯水的結凍，或是在山上沿著雪線行走，你會發現這些狀態的改變並不是穩定地循序漸進，而是突然發生。前一秒鐘可能在下雨，下一秒就下起雪來了。磁性物質也是如此，要不產生磁化現象，要不就沒有磁化。

臨界點的轉變，事實上就是物理學家眼中的「態變」，很像隨機圖形中由不連結到連結狀態的轉變。所以，我們應該可以將這兩種不相關的系統平行看待——磁性物質的物理現象和數學圖形的連結性——進而找出態變理論和臨界現象的深層意義。無論我們討論的是磁性行爲還是水的結冰——它們的過程牽涉到完全不同的物理現象，甚至完全不同的物質——都可以歸結出**相對應的態變在本質上是相同的**！

觀察非常不同的系統，卻發現非常相似的本質，我們可以稱之爲「普遍性」（universality）；這種明顯的共通點，有效地展現出近代物理學中最深沈、最強而有力的奧祕。它之所以神祕，在於沒有任何明顯的理由能夠說明，爲什麼超導體、鐵磁物質、結凍液體，或是地底石油儲存物等截然不同的系統，會有任何共同之處。它之所以強而有力，正是因爲這些東西的的確確存有共通點，我們因此可以相信，對於極端複雜的系統，就算不知其結構細節和支配法則，至少還是有些性質是可以掌握的。這些我們可以忽略許多細節的系統類集，我們稱之為「普遍型」(universality classes)。藉由「普遍型」的了解，物理學家可以做出許多強力的敍述，說明不同種類的物理系統中，有哪些會發生，而哪些則否——即便他們只知道一些最基本的事實。這對於有興趣了解複雜社會和經濟體系中（譬如：朋友網路、公司行號、金融市場，或甚至整個社會）之衍生行為的人，是個前途光明的訊息。

在建構簡單模型來描述這類系統的路徑上，一個主要的障礙是，我們對背後的基本原則知道的太少。愛因斯坦曾說，物理學處理的是簡單的問題。這並不是說物理學很簡單，而是儘管棘手如流體攪動、量子重力等問題，物理學家通常都至少會先找出合理的指導方程式。雖然他們也許無法解決，或甚至不明瞭解答所引申的所有意涵，但是他們至少都同意什麼是第一步該解決的問題。經濟學家和社會學家所面對的，就要坎坷許多。經過兩個世紀艱苦的奮鬥，主導個體社會和經濟行為的法則依舊無解。

社會科學企圖為人類決策行為找尋一般性的理論，其中最為成功的，或許是所謂「理性期望理論」(rational expectations theory)，或簡稱「合理性」(rationality)。由經濟學家和數學家合力發展，試圖為關於人類行為的論辯注入科學的嚴謹；至今，「合理性」已經成為一項判準，其他的任何解釋都必須與之相比。不幸地，如同我們在後面章節所闡述的，理性理論對人類的意向與認知能力做了許多狂亂的假設，非得經過好幾年的經濟學訓練才可能認眞地看待它們。

更糟的是，似乎沒有人能夠提出更好的替代理論。

一九五〇年代，赫柏・賽門（Herbert Simon）等人提出比較合情合理的修正版本，稱作「受限理性」(bounded rationality)，他們基本上是把先前理論中的一些不大可能的假設去除，但仍舊維持其比較符合常理的基礎。儘管大部分的經濟學家都同意，某種版本的「受限理性」在現實中必然眞確（賽門也因此得到諾貝爾獎），但是問題仍然存在：一旦有人違反了完美理性行爲的假設，我們根本不知道何時才該停止。就像要讓隨機圖形變成不隨機，可用的方法很多；同樣地，限制合理性的方式也很多，我們無從確認何者才是正確的。

因此，前面所提「普遍性」的前景之所以如此誘人，正因爲它告訴我們，毋需執著於個體行爲及互動的規則細節——即使不明瞭，也還能夠解決某些問題。這可是一大利多，那麼進展的阻礙在哪裡呢？「普遍性」的觀念已經出現好幾十年，臨界狀態理論也已經成功地應用於磁性及超導現象，成爲物理學中一個發展完備的領域。那麼，爲什麼我們還不了解疾病傳染、電力短缺、股市崩盤等現象呢？

根本的問題是，物理學家發展自己的工具，目的乃處理物理問題，而非社會或經濟問題，許多障礙因之而生。例如，物理學家總把原子的互動設想於晶體格式之中。所以當他們想以同樣的方法應用到人身上時，也傾向於將人的互動模式比照成原子。亮眼的方法，造就出許多美妙的結果，但對解決眞正的問題卻毫無用處，**因爲那談的根本不是眞實的問題**。儘管「普遍性」

有著神奇的妙用，某些細節還是不能忽略，而這也正是社會學家的切入點。他們窮盡心力研究社會世界，對其運作的方式確實略知一二，當中培養出來的洞察力是任何有用模型不可或缺的要素。

上述的觀點雖然顯而易見，但是對於大部分的物理學家而言似乎是天方夜譚，他們很少覺得需要徵詢任何人的意見。然而，如果眞想要有些實質的進展，這種狀況必須改善。學術界是個難以相處的族群，除了禮貌性的招呼之外，鮮少有人願意走出自己學科的藩籬，和別人交換意見。不過在網路的世界裡，無論是社會學家、經濟學家、數學家、電腦科學家、生物學家、工程師和物理學家，都能有可以貢獻的地方，同時也都有需要學習之處。沒有一門學科，或是單一的研究進路，就足以控制範圍廣泛的網路科學，那是不可能發生的。要想深沈地了解眞實網路的結構，只有誠心結合散佈在智識光譜中的想法及資料，每一片拼圖都有自己光鮮的歷史和洞見，但全都不是解答之鑰。要想完成拼圖，關鍵在於所有部份必須適切相連，共同造就統一的整體圖像。如同後頭所言，我們距離完成圖像的目標還很遙遠；不過，由於許多橫跨各領域的學者同心協力，再加上擁有豐富的智識資產作後盾，最終的圖像似乎愈來愈清晰了。

3 小世界

回到史帝夫·史特羅蓋茲和我剛開始共事時，對於前面章節所提及的發展內容，可說全然不知。我們不曾聽聞瑞波波特或葛拉諾維特，也不了解社會網路的情形。至於物理學，我們多少有些涉獵——事實上，我在大學的主修就是物理。不過，那是間軍事學校，只有從軍官訓練和野外操練的空檔之中，才學習到一丁點的知識；在海軍陣營裡，一般青年所關心的世俗之務似乎都顯得遙遠而不相干連。圖形理論對我們而言也是個謎樣的東西。身為純數學的一個領域，圖形理論被粗略地分為兩個部份——其中一種望之即然，簡單明瞭；另一種則是完全無法參透的。我從教科書中學到淺顯的那一部份；而剩下的，經過一段徒勞無益的掙扎後，我告訴自己，那其實沒什麼意思。

所有這些莫名的無知，將我們置於一種窒礙難行的困境。我們有理由相信前人曾經想過這類問題，也擔心自己浪費許多時間重複他人的步履；不過另一方面，我們也不希望因為參閱別人的經驗，發現已經有太多成果而灰心喪志，或者可能被引導至相同的方向，而受限於類似的困難。在澳洲家中，經過了一個月的仔細思量，一九九六年一月我和史帝夫在他的辦公室見面，並且共同做出決定——自力更生。幾乎沒有告訴任何人，也沒有參考文獻，我們暫停蟋蟀的計畫，打算先建構些社會網路的簡單模型，看看是否有類似小世界的現象發生。無庸置疑地，史帝夫覺得我必須爲自己的前途著想，於是堅持以四個月爲期限——也就是一個學期——如果屆時沒有什麼顯著的進展，我們將承認失敗，再回到蟋蟀計畫。最壞的情況，我將延緩一個學期畢業。只要我喜歡，有什麼不可以？

朋友帶來的小小幫助

就這樣，我在伊色佳住了兩年多，感覺上好像有個新家，也結識一些新朋友，不過與舊日好友依然密切連絡。就我的觀感而言，如果問康乃爾一般的學生，他們覺得跟來自澳大利亞的人有多親近，答案應該是「不怎麼親近」。畢竟，我所認識的美國朋友當中，幾乎都不曾接觸過澳洲人；同樣地，我的澳洲朋友也很少有認識美國人的。這兩個國家分處地球的南北兩半，雖然文化相近，彼此間也有某種對等的吸引力，但是對兩國大多數的人民而言，對方幾乎遙不可及，甚至還蒙上一股異國風情的神祕色彩。然而，至少有一小部份的美國人和一小群澳洲人，其實是非常靠近的（儘管他們不一定會知道），因爲他們有一個共同的朋友——我。

相同的情形也能以較小之格局建構在我康乃爾不同類群的朋友身上。我是理論和應用機械系的學生，這是個只有研究生的小系，外籍學生多於美國學生。我待在系上的時間相當多，因此和其他研究生都有不錯的交情。同時，我也在康乃爾的戶外教學課程中教授攀岩和滑雪，很多現在還有連絡的康乃爾朋友，都是那時候認識的指導員和學生。另外，我第一年寄宿的地方是一間規模龐大的宿舍，在那裡也結交了許多不錯的朋友。我系上的同學互相認識，舍友們互相認識，戶外教學的好友們亦然；但是，不同的朋友群間則很少往來，他們基本上——嗯，很**不一樣**。譬如，如果沒有我，那些攀岩的朋友就沒什麼理由出沒於機械系所在的金寶大樓（Kimball Hall）；在他們眼中（或許也有幾分道理），工科的研究生彷彿是另一個不同品種的人。

兩個人有著關係非常「親近」的共同朋友，但是彼此之間的感覺卻還是很「遙遠」，這在社交生活當中，可說是既普通又神祕的事情。等進入第五章時，我們將闡明這樣的困境著實地扎入小世界問題的核心；藉此，我們不僅能夠明瞭米爾格蘭的結果，也能了解一些表面上跟社會學無關的網路問題。整個情形不是三言兩語可以說盡，現在稍作提示就夠了：我們可以說，人不只是有些朋友，而是有一群一群的朋友；每一群組的朋友是由某種特殊情境的集合來定義——也就是某種「脈絡」（context），比如大學宿舍、工作環境等等——這些讓我們得以結識的機會。同一群組的人與人間有著高密度的個體連接，但是不同類群之間的連結關係則稀稀落落。

然而，不同群組之間**還是**有連結性，所倚賴的橋樑就是同時屬於幾個不同群體的個人。經過一段時間，群組間的**重疊性**或許會愈來愈強，界限也愈來愈模糊；以共同朋友爲媒介，不同群組的個體開始產生互動。隨著時間的進展，我在康乃爾不同類群的朋友，最後也相互打過照面，當中有些人還發展出自己的友誼。我甚至有一些澳大利亞的朋友來美國探訪，雖然時間短暫，尚不足以發展出持續的朋友情誼，但是兩個國家之間的界限，也以某種不起眼的方式略微消除。

漫步於寒冷的康乃爾校園，歷經反反覆覆的思索，史帝夫和我決定了模型中想要捕捉的四個元素。第一，社會網路乃由許許多多交互重疊的小群組結合而成。小組內部的連結性十分密切；至於重疊的部份，則是藉由同時加盟多組的個體而生。第二，社會網路不是靜態的物體。我新的關係會持續衍生，而某些舊關係也會中止。第三，不是所有關係發生的可能性都相等。我明天認識的人，至少在某種程度上，將依賴我今天所認識的人。然而，最後一個要點是，我們的行爲有時候是完全由內在的偏好與特質引導出來的，也因此讓我們有機會結交跟從前朋友完全不相關的人。我之所以決定前來美國，只因爲想要進研究所深造，我非但不認識這裡任何人，我認識的其他人亦然。同樣地，我決定去指導攀岩，既非出於所選之系別，也跟居住的宿舍毫無關聯。

換句話說，我們的所作所爲，有部份原因來自所處社會結構中的位置，也有部份原因來自個人內在的偏好和特質。在社會學中，這兩種力量分別叫做「結構」（structure）與「意志行動」

（agency），而社會網路的演進，即由此二者間的消長平衡而生。因爲意志行動是個人自主決策過程中的一環，**不受**社會結構地位的制約，由此展現的行爲，在旁人眼中似乎捉摸不定，跟隨機事件沒有兩樣。當然，搬到國外居住或是進研究所深造的決定，起源必然很複雜地混合許多個人的經歷和心理層面，所以其實根本不是隨機的。不過此處的重點在於，只要它們並不明顯地取決於現階段的社會網路，我們就將之視爲隨機的。

然而，一旦這些表面上的隨機關係確立，結構便會再進入圖像當中，新出現的重疊橋樑，讓其他人可以跨越不同的群組，增添屬於自己的連結關係。因此，這種社會網路中連結關係的動態演進，可說是來自兩個衝突力量的平衡。一方面，個人做出彷彿隨機的決定，爲自己開創新的社交軌道；另一方面，他們受制於（也受助於）現有的友誼關係，一再強化既存的群組架構。最關鍵的問題是：兩者的相對重要性究竟如何？

很明顯地，我們並不知道。而且，我們相當確信，別人也不知道。畢竟，這是個複雜的世界，衝突力量之間的平衡，無法確認也難以衡量。幸運的是，這種實證上的糾纏不清，正好是理論切入之處。毋需確立**眞實**世界中個人意志和社會結構間——即隨機和有序之間——的平衡關係，我們可以改問下列這個問題：設想**所有可能的世界**（all possible worlds），能夠得到怎樣的結果？換句話說，我們把有序和隨機的相對重要性當作是可變動的參數（parameter），藉以探尋各種可能性，就好像轉動老式收音機的樞紐，來掃描收音頻率的光譜。

在光譜的一端，個人總是經由現存的朋友去認識新朋友；而另一端則是，他們從來不循此道。這兩個極端自然不切實際，但正是探究的重點——經由選取不合理的極端，我們希望在混沌的中間區域找得可信的眞實面。即便無法精準地指出究竟落在哪一點，也期盼能夠以完善的定義，獲取中間區域的共同性質。我們並不是要找單一的網路來當作社會網路的模型，而是依據「普遍性」的精神，企圖尋找一組網路，其中每一個或許在細節上都與他者不同，但是共同的基本性質卻非倚賴細節的部份。

敲定適切的模型，需要耗費許多時間。一開始設想的群組結構觀念，到後來才發現，仔細深究起來比想像中更難拿捏。但是皇天不負苦心人，最後總算有所突破。一如以往，我馬上衝到長廊，直奔史帝夫的辦公室，將房門敲得如雷價響，直到他不得不丟下手邊之務，讓我進門方止。

從穴居生活到梭拉利亞人

也許沒什麼好驚訝地，我從小就是個標準的艾西莫夫（Isaac Asimov）迷，一次又一次地反覆閱讀他最有名的科幻小說：《基地》（*Foundation*）三部曲和《機器人》（*Robot*）系列。有趣的是，《基地》主人翁哈里・薛頓（Hari Seldon）所描述之未來史學（psychohistory），竟然是我頭一回接觸到社會系統衍生的概念。如同薛頓所言，儘管個人行爲是無可救藥地複雜並難以掌握，群聚起來的行爲或甚至文明發展卻是可以分析和預期的。聽起來確實神奇，早在一九五〇年代初，艾西莫夫就已經預告了今日關於複雜系統的研究內容。然而，我想向史帝夫提及的卻是《機器人》系列。

系列的第一本書《鋼穴》（*the Cave of Steel*）中，警探伊利亞·貝利（Elijah Baley）調查一起謀殺懸案，發生地點在完全建築於地底下的未來地球。偵辦的同時，他也思索自己生命中的謎團，以及跟夥伴之間的關係。在躋身於鋼窟的人群當中，他和一小撮緊密結合的夥伴交好，但除此之外，幾乎不認識任何人。陌生人間完全不交談，而朋友之間則包括許多肢體上及私密性的互動。續集《裸陽》（*The Naked Sun*）中，貝利被派遣到殖民星球「梭拉利亞」（譯按：Solaria，有「太陽」之涵意）上辦案，叫他很不舒服的是，梭拉利亞星球的社交互動情形，正好是光譜中的另一個極端。不像地球人住在地層底下，梭拉利亞人稀鬆地散佈在星球表面。每個人都孤單地佔據一大片土地，伴隨在測的只有機器人；彼此互動的方式（包括配偶之間的交流），都是藉由全球性的電訊設施來完成。回顧地球上的生活，人們居住於密切交織的安全網路，群組內的連結透過頻繁的互動愈發堅強；至於群組之外，與陌生人隨機開啓新關係的情形是無法想見的。反之，在梭拉利亞星球上，所有互動的機率都是相等的，先前的朋友關係對爾後新關係的建立可說毫無影響。

想想這兩種世界——洞穴內緊密的生活，以及由隨機而獨立的朋友關係所主導的星球——

試問，新關係分別是怎樣形成的？特別一點來說，如果隨機選取一個人，你他結識的機率，跟你們共同擁有的朋友數量有著怎樣的函數關係？在穴居人的世界中，如果兩人沒有相同的朋友，就表示住在不同的「洞穴」裏，所以可能永遠也不會碰面；但只要有個共同朋友，就可以推斷出你們住在同一個社區，在同一個社交圈中活動，因此結識的機會非常非常大。當然，這是個很奇怪的地方，不過再次重申，我們的重點就是要找出極端的情形。另一種極端，就彷彿處於梭拉利亞星球，你的社交經歷跟將來的交往對象並不相干。就算兩個人有許多相同的朋友，他們見面的機會也不比沒有共同朋友來得大。

這些選取新朋友的原則，如果用較精準的字眼而言，可稱之爲互動法則(interaction rules)。在我們的模型中，我們將建立一個由社會關係連接的結點網路（姑且假設爲朋友關係，雖然不一定得是），然後讓這個網路經過一段時間的演化，個人得以藉由特定的互動法則建立新的友誼。以前面提到的兩個極端情形爲例（穴居生活與梭拉利亞星球），圖3-1呈現出兩種截然不同的法則。到底共同朋友數是如何影響到兩人結識的傾向，由圖中我們可以淸楚看出不同法則的明顯差別。上面一條曲線代表的是穴居人的世界，只要有個共同的朋友（即使只有一個），兩人結識的傾向就迅速攀升。下面的曲線則完全相反，它代表的是梭拉利亞世界，兩人就算有一大堆共同的朋友，對其互動的傾向也幾乎沒有影響。所以我們可以說，在幾乎任何情況之下，梭拉利亞人的互動都是隨機的。

將網路演化的法則以這種方式予以形式化，其中最大的好處是，我們可以在兩個極端之間描繪一序列的曲線，有效定義出連續性的**中介**法則（如圖3-2所示）。每一條法則代表的是一個函數，顯現兩人結識之傾向是如何受到共同朋友數量的影響，當然各個法則所代表的影響程度各不相同。講得數學化一些，這整**組**法則，都能用包含一個**可調整參數**（tunable parameter）的方程式來表示。藉由參數的調整或變動（介於0到無限大之間），我們得以選取圖3-2中任一個互動法則，然後據此建立一個演化性的網路。如此一來，就創造了一個社會網路的數學模型。由於這是史帝夫和我所建造的第一個網路模型，因此稱之爲**阿爾發模型**（alpha model），希望日後能找到更適切的名稱），而引導特定行爲的參數即爲「阿爾發」。

雖然當時我們並不知道，但阿爾發模型事實上相當接近瑞波波特的隨機—偏差網。並且，就和瑞波波特的情形一樣，我們很快地發現，單用筆和紙是無法解決任何問題的。幸運的是，科技經過了五十年的發展，終於快速到足以完成如此繁複的任務。事實上，從很多角度來看，網路動態問題也正是電腦模擬的絕佳試驗品。就個人行爲層面而言非常簡單的法則，在經過許多人一段時間的互動後（每個決定都必然受到先前決策的影響），也會發酵出複雜的成品。通常最後的結果，都與直覺完全不同，單用紙筆的數學計算幾乎毫無用處。然而，電腦卻喜歡這類問題，冗長繁複，以某種簡單的規則，盲目且無意識地快速重複計算——這不正是電腦之所以發明的原因嘛！就像物理學家在實驗室裏做實驗，電腦讓數學家也能成爲實驗者，在爲數眾多

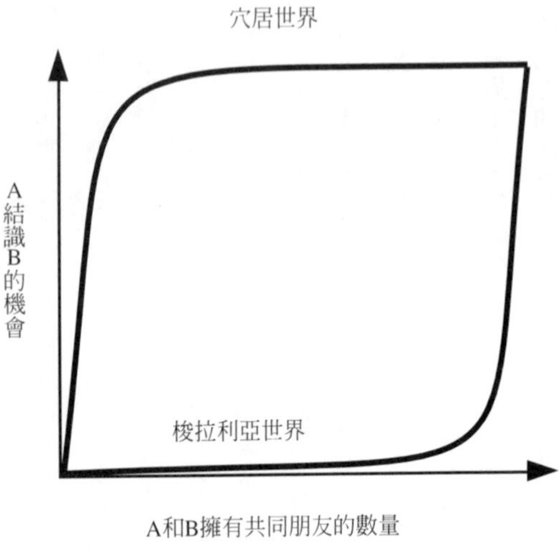

圖 3-1
兩種極端的互動法則。上面的曲線代表穴居世界，即便兩人只有一個共同的朋友，結識的機會也相當高。下面的曲線則代表梭拉利亞世界，不管共同朋友的數量爲何，所有互動都一樣是不大可能發生。

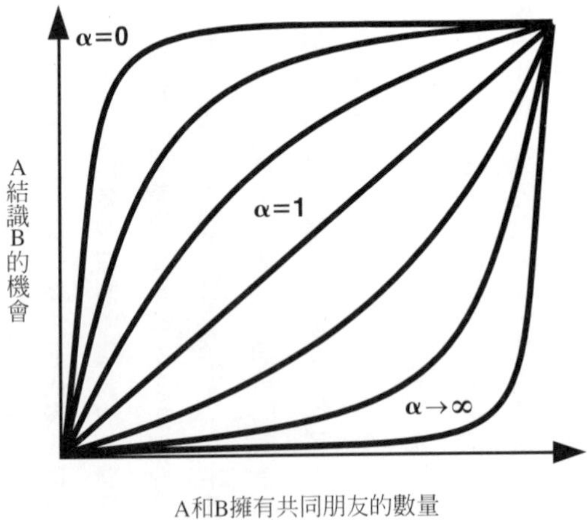

圖 3-2
在兩個極端之間，存有一整組的互動法則，它們由可調整參數「阿爾發」（α）的値來決定。當α=0時，我們得到穴居世界；當α趨近無窮大時，我們得到梭拉利亞世界。

的想像實驗室中隨心所欲地修改現實法則，藉以測試自己的理論。

但是有哪些事情是我們應該測試的？記得當初想要瞭解的問題——小世界現象的緣由——似乎與兩個看來相矛盾的社會網路性質有關。一方面，網路表現出一個很大的**群聚係數**（clustering coefficient），也就是平均而言，一個人的朋友間相互認識對方的機會，要比隨機挑選的兩人來得大。而另一方面，兩個隨機選取的人，又有可能只經過幾個中介點就連結在一起。所以，即便分得很開的個體，也能以很短的鏈子——或稱為**路徑**（paths）——接連起來。這兩個性質，單獨看來都不足以涵蓋全貌，但是該如何結合卻不清楚。以伊利亞・貝利的穴居世界為例，很明顯地，這是個高度群聚的社會，但是直覺告訴我們，如果你的朋友只傾向於認識你其他的朋友，想要經由他們結交圈外之人，恐怕不會是幾個步驟而已。區域性的「多餘」，或許對群組的內聚力大有助益，但對增添整體的連結性卻明顯地無濟於事。反觀梭拉利亞世界，接連整體的路徑長度應該會短得多。事實上，當人們的互動是全然隨機時，我們就可以由圖形理論推知，任兩人之間的路徑長度，平均而言是非常短的。然而，在隨機圖形中，我們又很容易證明，當整體人口數非常大時，你的兩個朋友互相認識的機率會小到可以被忽略；所以，群聚係數是非常小的。因此，直覺告訴我們，這個世界要不很小，要不非常群聚，但不會同時發生。不過，電腦是不理會直覺的。

小世界

以路徑長度和群聚性做爲探針，我們開始在電腦上建造「阿爾發網路」，然後再引入些基本的計算方法來測量相關的統計。所需要的程式幾乎都是最基礎的，但是過程中我必須自修程式語言，因此跑出來的結果既難看又遲緩；而且有時候，電腦順利地跑了幾天後，卻發現程式有了致命的錯誤，得花好久的時間才能找到問題的根源。電腦模擬比起眞實世界或許比較單純，但還是挺折磨人的。經過整整一個月的煎熬，終於得到一些有意思的結果。

剛開始，我們的直覺似乎是正確的。當阿爾發値很低時，也就是結點有很強的傾向只與朋友的朋友連結時，得出的圖形顯現高度的群聚性。事實上，他們分解成一組一組小小的連結分支，或許也可稱作「洞穴」。洞穴內的連結情況良好，但是不同的洞穴之間，則完全不相通。這個結果其實造成了非常不便的狀況，因爲當網路以此方式破碎成好幾塊時，就很難定義不同分支之結點間的距離。所幸，我們可以定義一種路徑長度的觀念，用來說明網路的破碎。在這種最簡單的修正方法下，我們得以和先前一樣，測量兩點間的最短路徑；不過計算平均長度時，只考慮同一連結分支中的結點。結果如圖3-3所示：當阿爾發値很小和很大時，典型的路徑長度都很短；但是當阿爾發値趨於中間某一點時，路徑長度會突然往上竄升。合理的解釋是：小阿爾發代表支離破碎的情形，但因爲只計算同一連結分支（即同一洞穴）間結點路徑的平均値，所以當分支本身很小時，其結點間的路徑長度就很短。這正是艾西莫夫筆下的「鋼穴世界」——能被接觸到的人，很容易就被接觸，不容易被接觸的人，則根本接觸不到。反之，當阿爾發值很大時，圖形多少可視爲隨機，於是整體形成單一的連結分支，任兩點間的典型分隔路徑都是很小的。這種情形代表的是梭拉利亞世界，**每個人**幾乎都一樣容易被接觸到。

圖3-3中，突出的尖點是最有意思的地方。在尖點的左邊，阿爾發值漸漸增大，破碎分支快速地結合在一起，路徑長度也因而增加。因爲先前孤立的分支開始連結，整個世界變大了。一般而言，人們被接觸到的難度增加，但是可能被接觸到的人數卻也愈來愈多。至於尖點的右邊，所有的網路分支已經被連成一個單一實體，當互動法則變得越來越隨機時，路徑長度也開始快速縮減。尖點所在的位置就是個臨界點——一種態勢的轉變，很像我們討論過的隨機圖形——在那點上，每個人都互相連結，但是任兩個人之間的典型路徑長度則非常大。讓我們假設網路之中有一百萬人，每個人都有一百個朋友，在尖點的位置時，典型的路徑長度應該是以千計。也就是說，你和總統之間很可能相隔了幾千個中介人士，很明顯地，這絕對是小世界的反面現象。然而很重要的是，這種世界在本質上非常不穩定。幾乎在一瞬間，狀態的轉變即刻發生，網路變爲整體的連結，平均的路徑長度開始下降，就像掉落的石頭一樣，很快地跌至谷底，達到最終的極小值。雖然原因一直還是個謎，但這種長度快速下降的驚人現象卻相當具有重要性。

群聚係數也出現某種意料之外的行爲。起先在阿爾發値很小時，群聚係數上升到最高點然後也和平均路徑長度一樣，迅速滑落。然而更叫人感興趣的是，其轉變的位置和路徑長度的轉變點有什麼關係？因爲我們預期，高群聚性的圖形對應較大的路徑長度，低群聚性的圖形對應較小的路徑長度，所以這兩種統計數據的轉變位置也應該相互對應。但是結果不然，如同圖3-4所示，路徑長度在群聚性尚未達到最大值之前就開始陡降。

起初我們以爲是編碼時發生了錯誤，在經過詳細檢查和搔頭苦思之後，驀然發現，眼前的圖形不正是所要尋找的小世界現象嗎！在我們模型呈現的可能世界裏，有一塊區域展示出底下的情形：一個一個分離的高群聚「洞穴」，卻又以某種方式連結，使得任兩個結點（平均起來）藉由幾個步驟便能相互連結。這種類型的網路，我們稱之爲「小世界網路」（small-world networks）。或許聽起來不像是個科學的標記，但是卻很傳神，也很好記。從此以後，小世界網路獲得了廣泛的注意；雖然在日後迅速的發展過程當中，原始的阿爾發模型已經快被遺忘，但它還是指明了幾個重點，能夠幫助我們瞭解眞實的世界。

阿爾發模型告訴我們的第一件事情是，世界要不分裂爲許許多多小的群落（像是分離的洞穴），要不連結成一個巨大的分支，內部的每個人都能連結到其他所有的人。以兩個或多個大型的連結分支，將整個世界平均劃分開來的現象，是不可能存在的。這個結果多少叫人意外，因爲就我們的印象中，整個世界似乎依照地理、思想或是文化分成了幾個巨大而且不相容的部份

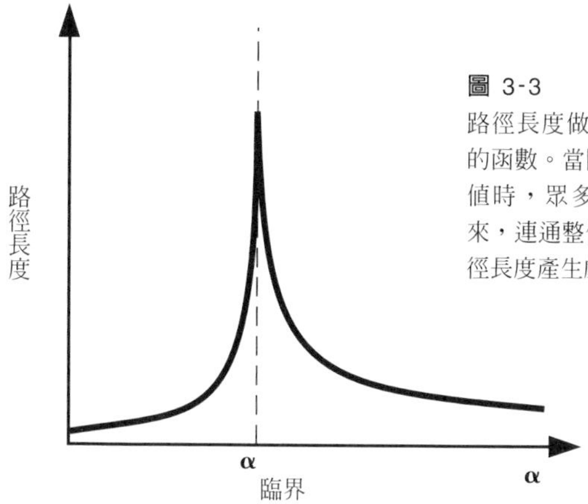

圖 3-3
路徑長度做為阿爾發（α）的函數。當阿爾發趨近臨界值時，眾多小群組結合起來，連通整個網路，於是路徑長度產生劇烈的變化。

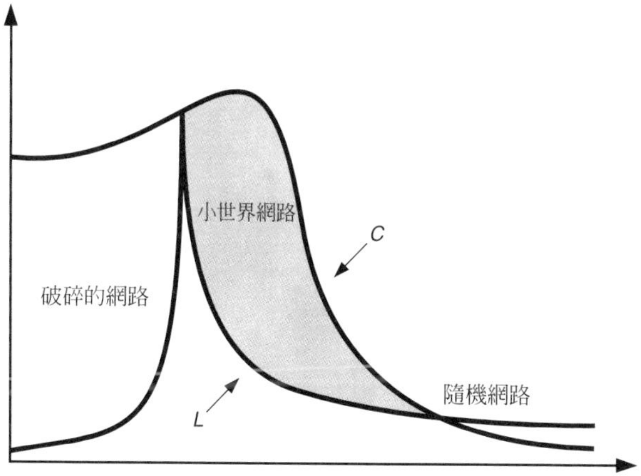

圖 3-4
路徑長度（L）與群聚係數（C）的比較。兩個曲線之間的區域（L小C大的黑影區），代表了小世界的網路。

——西方和東方、基督徒和回教徒、黑人和白人、窮人和富人。這種分裂也許眞的會引導我們的認知，並進而深沈地影響我們的行爲，但是阿爾發模型卻告訴我們，它們對於網路本身其實一點也不適用。我們要不全都連結在一起，要不完全不連結——沒有任何情況居於其間。

再者，高度連結狀態發生的可能性要比高度破碎的狀態高出很多。別忘了，參數阿爾發代表的是社會結構之強制性和個體行動之自由度間的平衡。在此，阿爾發是個難以詮釋的參數，其個別之値在現實世界中的意義究竟爲何並不太清楚。然而，一旦我們再多了解網路一些就會明白，只要存在一點點意志行動，事情便變得複雜起來。目前可以肯定的結果是，我們所處的世界位於圖3-4之突起尖點的右邊，因而可知，我們每個人都能和其他人連結。事實上，這個模型還提供更強的敍述。因爲尖點右方下降的速度如此之快，不只說明這個世界處於整體性的連結狀態，還幾乎可以確認世界是很小的，也就是說，幾乎任何兩人的連結都只需要短短幾個中介步驟。這樣的結果對於某些人而言或許相當意外，他們窮其一生都只與相當少的一群人互動——朋友、家人，或是同事——彼此的背景狀況十分相似。特別是知識份子和特權階級，似乎總在狹小的社群中孤立生活。他們或許因此而不快樂，但是依然覺得大衆遙不可及，不像他們熟悉的那一小部份。所以，這個（非常眞實的）認知難道錯了嗎？我們**眞的**全都連結在一起嗎？

造成困境的關鍵因素在於：群聚係數下降的速度不像路徑長度那樣快。從整體的角度而言，無論網路是破碎還是連結、是大還是小，群聚係數幾乎可以確定是相對地高。因而個人受到了嚴格的限制，他們對這個世界的推論，被強制根基於所觀察到的事。一個著名的格言說到，所有的政治都是區域性的，也許我們該說，所有的**經驗**都是區域性的——我們只了解自己熟悉的範圍，而世界的其他部份都在我們的雷達螢幕之外。在社會網路中，我們唯一能接收到的資訊，也是我們唯一賴以評價這個世界的資料，全都來自所處的「局部鄰域」(local neighborhood)——我們的朋友和結識之人。如果你大部份的朋友都互相認識——亦即，你的局部鄰域有高度的群聚性——而其他人的鄰域也同樣群聚，那麼我們就容易假設，並非所有群組之間都能連結。

但是，他們可以是連結的，這也就是爲什麼小世界現象似乎違反直覺——它其實是整體性的現象，但個人卻只能做區域性的評量。你只知道你所認識的人，而且大部份時間，你的朋友所認識的人可能也都是同類型的。但是，只要**有一個**你的朋友結識到另外一個擁有某個不同類型朋友的人，那連結路徑就存在了。你可能不會用到、也不知道有這麼一條路徑，甚至想找都不一定找得到。但是它的確存在。並且，一旦路徑成爲思想、權力或是疾病的傳播管道，那麼不管你知不知道都會受到影響。就像好萊塢，你認識誰很重要，但不只如此——你的朋友認識誰，而**他們**又認識誰，都一樣很重要。

儘可能簡單

阿爾發模型是以人們結交新朋友的法則爲基準，來理解小世界網路是如何產生的。一旦我們確認小世界現象可能存在，就想要進一步追究此現象到底由何而來。如果只是斷言它爲阿爾發參數的函數並不恰當，因爲我們並不眞的知道阿爾發是什麼，當然也就不知道阿爾發值所代表的意義。就算簡單如阿爾發模型，其實還是太複雜了。所以如果眞想了解事情的實在狀況，我們決定遵循愛因斯坦的名言：儘量簡單到不能再簡單爲止。什麼是能複製小世界現象最簡單的模型？在簡單化的追求之下，這個模型又能告訴我們哪些阿爾發模型不能顯現的事情呢？第二個模型——稱之爲貝塔模型（beta model）——於焉誕生。在此，我們拆除了虛有其表的社會網路外貌，將結構及隨機性儘可能地抽象化。

就如我們先前提到的，在物理學中，一個系統內元素的互動經常都發生於「晶格」（lattice）之上。晶格的研究十分便利，因爲同一晶格上的每個位置都完全等同，一旦明瞭了你所在的區域，就可知道其他人的所在。這就是爲什麼在城市公路圖或辦公大樓示意圖中，格子系統特別受歡迎的原因——它非常容易尋覓目標。唯一比較不能大意之處，是那些位於邊界的地方，因爲這些位置的互動情形不如內部區域來得熱絡。然而，這種不對稱的情形很容易修正（在數學上，而非實際情形），也就是將它們和相對的邊「捲」在一起。如此一來，直線變成了環形，而

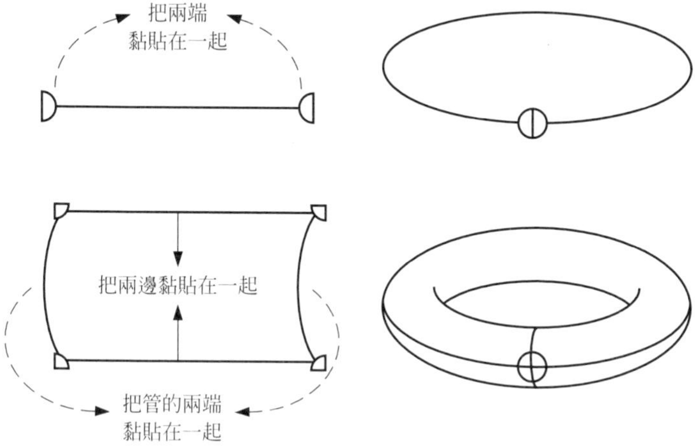

圖 3-5

我們只要將「格子」的對邊連在一起，就能使其「週期化」。在上圖中，一度的格子（左圖）變做一個環（右圖）；下圖中，二度的格子（左圖）變做一個環面（右圖）。

方形的格點圖變做一個環面（如圖3-5）。環形和環面可稱作**週期格**（periodic lattice），因爲它不再有任何邊界的存在（也等於沒有出口），格中任何一點的遷移，都註定要不停地繞圈子，**週而復始地**移動，就好像古典遊戲「太空入侵者」（Space Invaders）中的敵船，源源不絕，沒有終止。

因此，週期格對我們而言，似乎是一組完全自然的網路，可將「有序互動」（ordered interactions）的觀念予以具象化。在另一個極端，隨機網路表現的即是具象化的「無序互動」（disordered interactions）。雖然不像方格一樣簡單，但隨機網路也算是相當容易了解的。說得更仔細一點，週期格的性質可以精確地指明，而隨機圖形的性質則是由統計數據來表示。想想兩棵大小幾乎一致，品種也相同的樹，並立生長於同樣的土壤之中。當然它們並非完全一樣，但很清楚地，就某種層面而言，它們是可以互相取代的。隨機圖形大抵而言也是可以預期的：任何兩個足夠大的隨機圖形，如果參數相同，就沒有任何統計上的測試可以區別它們。

所以，一個網路類同於晶格之處，即可視爲「有序」；類同於隨機圖形之處，即可視爲「無序」。我們必須做的就是，找出一個可調整的方法，得以追蹤出介於完全有序和完全無序之間的各種中介狀況。雖然這種部份有序、部份隨機的網路，很難用純粹數學的語句理解，但卻是餵給電腦的好材料。我們很快地就爲之建立出一個簡單的計算模式。想像一個正則的格點圖（如圖3-6左邊所示），環上每一個結點都和它最近的幾個點連接，而且連接的點數爲一個固定值。

在這種安排下，假設你有十個朋友，你可以知道有五個緊鄰在你的左側，五個緊鄰在右側。就好像阿爾發模型中的極端狀況，這也形成了一種很奇怪的社會網路——彷彿每個人站在環形中手牽著手，而傳遞消息的唯一方法，就是在聽力所及的範圍內大聲呼喊。但請記得，我們在這裡不是要建立一個社會網路——只是想以簡單的方式，在有序和無序網路之間插入中介狀態。

現在試想人們擁有手機。你能直接透過電話和網路中隨機選取的任何一人交談，於是通聯的對象改變了，不再局限於鄰側之人。對圖3-6來說，這種情形等同於隨機選取一條連線，重新通聯。也就是將A與B之間的連線去除，保持A的端點不動，然後隨機在環形中選一個新的朋友Bnew，將之連接。我們實際的做法是，在0到1中選擇一個貝塔值（新的可調整參數），然後系統化地處理環格中的每一條線路，依據貝塔的機率隨機地改裝連線。如果貝塔爲0，那完全不需要改變線路（就好像無人擁有手機），因此結果和一開始時相同——一個完美的正則格點圖。另一個極端，當貝塔爲1時，每一條連線都要重新劃過。最後的結果將是高度的無序網路（如圖3-6右邊所示），與隨機圖形極爲相似。

貝塔模型中的兩個極端，要比阿爾發模型相對應的極端狀況容易了解。還記得嗎？後者是以控制個體的互動法則來定義的。對動態成長網路而言，阿爾發這類模型分析起來比較困難，因爲產生觀測結構的重要行爲法則，其眞確的意義到底爲何，經常都不太淸楚。或許更重要的是，許多不同的行爲法則，最後卻造就出相同類型的網路結構特性。這點，可說是我和史帝夫

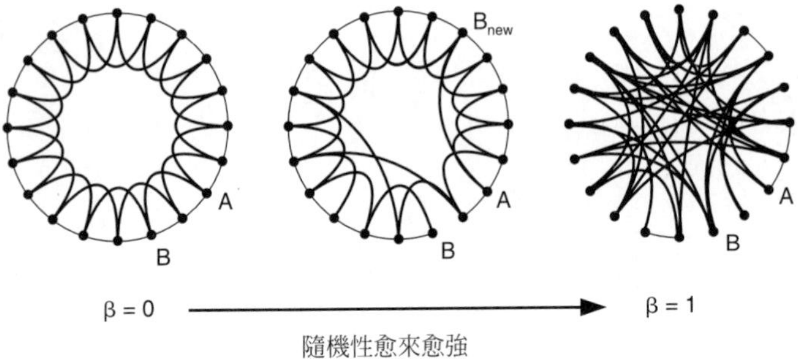

圖 3-6
貝塔模型的建構。一度環格的連線，依據貝塔（β）的機率值隨機改裝。當貝塔為0時（左圖），環格沒有任何改變；當貝塔為1時（右圖），所有線路重新改裝，形成一個隨機網路。兩個極端之間，則為部份有序、部份隨機的情形（舉例而言，原本從A到B的線路，則改為從A到Bnew的連線）。

最感興趣的問題。我們已經知道，如何以動態的方式來建構小世界網路。現在我們非常好奇，它們的存在可以不仰賴其創生過程到什麼程度。

除了在有序－隨機光譜的相反兩端之外，格點圖和隨機圖形究竟有何不同？首先，當環格「大」時，也就是包含的人數衆多時，任兩者之間的典型步驟（路徑）數便有偏大的傾向。拿圖3-6最左邊的圖形爲例，想想看意圖將消息傳遞給環形對邊之人的情形。假設這個環形包含了一百萬人，而每人都有一百個朋友，五十個在左邊，五十個在右邊。最快的方法就是大聲地將消息吼叫給左邊第五十個朋友聽，然後要他繼續傳出去。這個接收訊息的人，也同樣可以對他左邊第五十個朋友大叫，然後要他繼續下去。所以，你的消息一次跳越五十個人傳遞，整整需要一萬個步驟才能到達目的地。當然，並不是所有人都像你正對面的人一樣遙遠，不過平均下來大概也有五千度的分離，這跟六度可差得太遠了。另外，環格也呈現出高度的群聚性，其中的道理很簡單，因爲就格狀結構而言，你身旁的人幾乎認識你所有的朋友。就算是離你最遠的朋友，也認識你半數的朋友。所以平均起來，你的朋友之群聚係數差不多在二分之一和一的中間，即大約有四分之三。

反觀一個完全隨機改造過的圖形，就呈現不出什麼群聚性。在一個很大的網路中，你隨機地重新連線到兩個人，而這兩人再隨機地連在一起的機會是非常小的。同樣的道理，一個隨機圖形自然而然爲「小」的方式，正如環格之所以爲「大」的情形。記得我們最初關於小世界現象的思想實驗嗎？如果我認識一百人，而這些人又各認識一百人，則在兩度分離內，我可以接觸到一千人，三度分離之內，可接觸到一百萬人，以此類推。群聚性的缺乏，代表沒有浪費或是沒有多餘的連接——每一個新增的連結，都接觸到新的版圖——因此，你的相識網路將以最快速的比率增加。如此一來，你可經由很少的步驟就接觸到網路內所有的人，儘管總人口數非常之大。

那兩極端間的中介情形會如何呢？當貝塔機率值很小時（如圖3-6的中間圖形），表現出來的結果非常像個正則格點圖，只不過有少數幾個隨機性的長途連線。這會造成什麼不同呢？如果你關注的是群聚係數，幾個隨機連線並不會產生太多的改變。每一條隨機重劃的連線，代表你少認識一個鄰居，但多一個你其他朋友都不認識的人。不過即使如此，你大多數的朋友都還是互相認識，所以群聚性依然偏高。然而，路徑長度卻起了重大的改變。因爲重新改裝的連線是均勻地隨機挑選，並且在大型的環格之中，距離遙遠的區域要比鄰近區域多出許多，所以你很可能會連上原本離你很遠的人。也就是說，隨機連線有創造「捷徑」的傾向；望文生義，它扮演著縮短路徑長度的角色。

讓我們回到使用手機的比喻。想要傳遞消息給對面的人，毋需在環形中做五十人一次的跳躍；現在你和你想接觸的人之間有了電話，你們之間的距離變短了，只要一步，由數千步縮短爲一步。不只如此，如果你想要傳遞訊息給你新朋友的朋友，也只需要兩步。同樣地，他的朋友和你的朋友，他朋友的朋友和你朋友的朋友，也都只要短短幾個步驟便可接觸到。這一切的改變，都因爲你和你對面世界的朋友有了連結的管道。大致上而言，這就是小世界現象之所以發生的原因。在一個很大的網路中，每一條隨機連線都很容易連上原本相隔甚遠的兩人。如此一來，不只是這兩個人連結在一起，網路中很多人也因而縮短了距離。

主要的觀察是，只有少數幾個隨機連線就能產生很大的效果。在圖3-7中我們可以看到，當貝塔值從零開始增加，路徑長度陡然下降，速度之快，幾乎和垂直軸無法分別。然而，在許多成對結點間的距離縮短之際，每一條捷徑都減少了後續捷徑的邊際效應。因此，路徑長度驟減的情形才沒多久就減緩下來，收斂至隨機圖形的極限。在這個簡單的模型當中，我們很驚訝地發現，**無論網路的大小如何**，平均而言，前五個隨機重劃的連線就能將網路的平均路徑長度減少一半。網路愈大，每個隨機連線的效果就愈大，所以新增邊的效用衝擊力其實與網路之大小無關。此時，（邊際效應之）遞減法則的出現同樣令人側目。接下來百分之五十的減少（亦即網路的平均路徑長度剩下原先的四分之一），大約需要五十個新增的隨機連線——數目是最初降低一半時的十倍，但效用衝擊力則只有一半。後續的降低，所需要之隨機連線數也就越大——愈來愈接近無序狀態了——而效用也愈來愈小。至於群聚係數，就像龜兎賽跑中的烏龜一樣，緩慢而持續地下降，最後終於在尚未抵達完全無序之極限前，趕上路徑長度的變化。

我們又一次在完全有序和完全無序網路之間，找到了一片寬廣的空間，在那裡局部群聚性

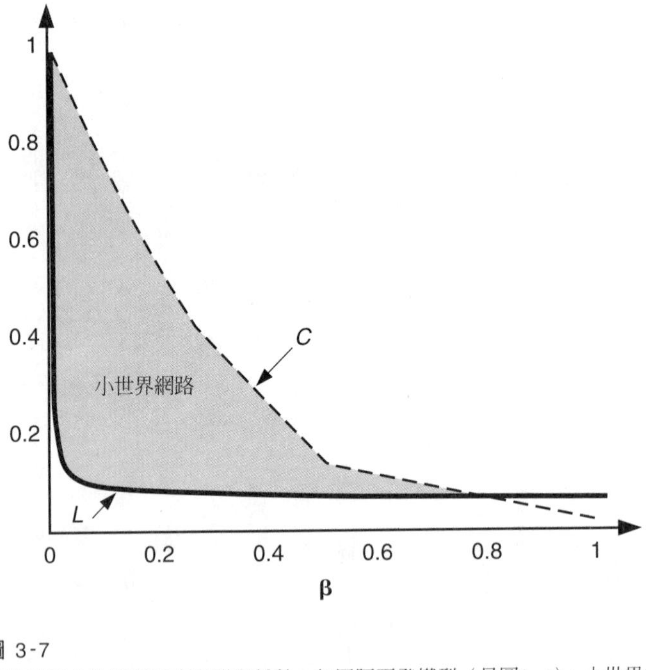

圖 3-7
貝塔模型中的路徑長度與群聚係數。如同阿爾發模型（見圖3-4），小世界網路存在於路徑長度小而群聚係數大的時候（黑影區域）。

很高但整體路徑長度則很小。這些就是小世界網路。如同阿爾發模型中的情形，個體坐落於小世界網路，並**無法知道**他們正處於何種世界——他們只發覺自己生活於一群關係緊密、相互認識的朋友當中。這段陳述的結果非常重要；在稍後的章節中，我們一方面會學習到疾病及電腦病毒的傳播，另一方面也會關切在大型組織和同儕網路間搜尋資料的情形。

然而，貝塔模型也同時透露出某個更深入的訊息，因爲它幫助我們解開了第一個模型中神祕阿爾發參數的問題。還記得嗎？這個問題是，我們沒辦法由網路本身來詮釋阿爾發。當阿爾發值很小時（即穴居世界），我們所建構的網路中，人們只要有一個共同的朋友，便將有很強的傾向成爲朋友；反之，當阿爾發值很大時（即梭拉利亞世界），人們傾向於隨機相遇，與是否有共同朋友無關。但是正如我們前面所指，從某個給定的阿爾發值，一般而言是無法精準地預測出會造就出何種形態的網路，特別是當值落於中間區域時，而這又是我們最感興趣的情況。

現在，我們終於能夠明瞭其中的奧祕。阿爾發決定了網路中長途隨機捷徑出現的機率，而捷徑的產生正是影響整個狀況的關鍵因素。這當中最美好的地方在於，我們幾乎可以用任何想要的方式製造捷徑——無論是模擬社會網路的過程（如阿爾發模型），或者是簡單地依據某種機率值（如貝塔模型）——結果都大致相同。群聚性的情形也差不了多少。我們可以像處理貝塔模型中的晶格一樣，儘可能地簡單，或者也可以重複某種藉由舊朋友結交新朋友的法則，讓群聚現象自然而然地發生——只要有個衍生群落、允許捷徑的方式，小世界網路便會出現。

所以，即使貝塔模型看起來有些可笑，因爲沒有一個眞實的系統與之相若，然而它所傳遞出來的訊息可一點也不愚蠢。它告訴我們，小世界網路來自兩種基本力量的折衝——有序和無序——而折衝的方式簡單明瞭，並非出於某種特定的機制。正因爲如此，小世界網路所能表現的不僅僅是社會網路（雖然原始概念乃由之而生），還包括所有類型的網路系統。

眞實世界

小世界網路應該會出現在所有類型的網路系統——這個結論現在回顧起來，的確是研究上的重大突破，因爲我們先前總把問題局限於社會網路的脈絡當中。更實際一點來說，它還開啓了尋覓佐證資料的可能性。還記得探究小世界現象所面臨的一大問題嗎？我們無法用實際經驗來檢視現象本身，所以只能採取理論性的進路，在有序與隨機之間調節各種可能性。畢竟，誰能找到有效的網路資料呢？現在則不同了，可接受之網路資料的範圍已經大幅擴增。基本上，任何大型網路都能成爲實證的對象，只要其相關記錄是妥善而完整的。最後這個條件，似乎隱含了資料電子化的要求。從現在來看，當然不怎麼稀奇，但是回到一九九七年網際網路尚未普遍的時代，要想找到符合電子化的對象並不容易。

首先，我們嘗試使用科學索引資料庫（the Science Citations Database）——一個以科學論文構成的超大型網路，內含上千種學術期刊，利用其文章之參考文獻連結在一起。如果我引用你的論文，我就連向你；反之，若我的文章被你引用，則你就連結向我。這其實不完全是我們想要找的（因爲論文一般都引用先前出版的文章，因此它們的連結都只有一個方向），不過卻已經是當時所能想到之最好的實證對象。不幸地，擁有這個資料庫的國際科學院（the International Scientific Institute），要求我們付費才能使用，而我們並沒有足夠的經費。

他們確切的說法是（以一種很有禮貌但態度堅定的口吻表示），如果我們以一篇文章爲種子，付出五百美元，就可以得到一張表，列出所有引用這篇文章的論文。再付五百美元，則可得到所有引用那些論文的文章，然後以此類推，每回五百美元。當然，這種收費的方式有點可笑。如果我們從網路中學到了什麼，那就是由單一的結點（此處爲一開始的種子論文）出發搜尋，連結到的點數將以幾何級數增加。我們付出的第一個五百美元，得到的可能只有寥寥幾篇，到了第三或第四個五百美元——同樣的價錢——得到的卻是幾百或甚至幾千倍的數量。我們曾想過，從史帝夫寶貴的研究經費中挪出幾千元，目的只是告訴他們其中的荒謬；但理性終究戰勝了一切，我們還是決定另謀出路，想想其他的網路。

下一個嘗試順利許多。一九九七年有一種新的大衆遊戲上市，名叫「凱文·貝肯遊戲」（Kevin Bacon Game），它完美地符合我們的需要。遊戲是由威廉和瑪麗學院（William and Mary College）的一群兄弟會成員所發明。他們顯然非常熱衷於電影，斷言演員凱文·貝肯是電影世界裡眞正的中心（以另類的角度而言，並不爲過）。如果你沒有聽過這個遊戲，讓我在此做番說明。

電影界的網路由演員所構成，他們的連結關係是由共同拍攝一部或多部影片來建立。我們這裡所談論的，不只局限於好萊塢，而是任何時間、任何地點的電影製作。根據電影資料網（the Internet Movie Database；簡稱IMDB）的統計，從一八九八到二〇〇〇年之間，大約有五十萬個演員出現在超過二十萬部影片當中。

如果你曾和凱文・貝肯合演過電影，那你的貝肯指數就是一（凱文・貝肯本人的貝肯指數爲零）。貝肯演過相當多的電影（撰稿之際，已經超過五十部），合作的對象差不多有一千五百五十人；由此可知，大約有一千五百五十個演員的貝肯指數爲一。聽起來好像很多（貝肯合作過的人數也的確遠大於平均數——大約六十人），不過還不到拍片總人數的百分之一。離開貝肯的身邊來看，如果你不曾跟他合作過，但曾經跟和他合作過的人共演一部電影，那麼你的貝肯指數即爲二。例如，瑪麗蓮夢露（Marilyn Monroe）與喬治艾維斯（George Ives）共同主演《飛瀑怒潮》（*Niagara*, 1953），喬治艾維斯則在《靈異駭客》（*Stir of Echoes*, 1999）中和凱文・貝肯合作，因此夢露的貝肯指數爲二。一般而言，這個遊戲的目的，就是要尋找某個演員和「電影中心」的最短距離，計算出其貝肯指數。

在表3-1中，你可以看到演員網路中以貝肯爲原點的整個「距離分配」。資料庫中幾乎百分之九十的演員，其貝肯指數都是有限的；換句話說，這些演員在網路中都能藉由某條有限步驟的路徑，與貝肯連結。一個直接的觀察結果是，演員網路存在一個巨大的連結分支，而這個

表 3-1
依據貝肯指數的演員分布狀況

貝肯指數	演員數	累計的演員數
0	1	1
1	1,550	1,551
2	121,661	123,212
3	310,365	433,577
4	71,516	504,733
5	5,314	510,047
6	652	510,699
7	90	510,789
8	38	510,827
9	1	510,828
10	1	510,829

現象和先前提及之隨機圖形類似，一旦連結狀態超越了臨界點就會產生。另一個馬上看得到的事實爲，有一大票演員的貝肯指數都小得出人意外——幾乎每一個在此巨大分支的演員，都能於四步或四步以內就接觸到貝肯。

有人也許會做出這樣的結論(就如那些兄弟會的成員一樣)：偉大的貝肯先生一定有某些特別傲人之處——彷彿是整個演員世界的支柱。但是再仔細想想，另一種完全不同的解釋，似乎更說得通。如果「貝肯先生幾乎跟每個人都能在幾個步驟之內便連結」爲眞，那麼「**任何人**都能在幾個步驟之內便與其他人連結」是否也有可能爲眞？所以，除了貝肯指數之外，我們也可以算算每個人的康納萊（譯按：Connery，指史恩・康納萊）指數或是伊斯威特（譯按：Eastwood，指克林・伊斯威特）指數，甚至波曼指數（艾瑞克・波曼〔Eric Pohlmann〕是個不知名的澳洲演員，生於一九一三年，卒於一九七九年。曾經演過一百零三部影片，其中包括《妙探長巧取粉紅豹》〔*Return of the Pink Panther*〕和《第七號情報員續集》〔*From Russia with Love*〕）。如果更進一步，我們還可以找出所有可能的起點（巨大分支中的所有演員），然後求其平均指數。如此一來，我們就可準確地算出平均的路徑長度，一如先前在模型網路中的度量方法。

唯一欠缺的就是網路資料。結果還好，不成問題。當時恰巧有兩個維吉尼亞大學（University of Virginia）的電腦科學家布萊特・提亞登（Brett Tjaden）和葛林・瓦森（Glenn Wasson），剛

表 3-2
小世界網路的統計數據

	L實際	L隨機	C實際	C隨機
電影演員	3.65	2.99	0.79	0.0027
電力線路	18.7	12.4	0.080	0.005
線蟲體	2.65	2.25	0.28	0.05

L＝路徑長度　C＝群聚係數

推出一個新的網站，名叫「凱文・貝肯的祭司」(the Oracle of Bacon)。很快地，它就成爲網路中最受歡迎的連結站。電影迷們可以鍵入任何他們喜愛的演員名字，然後祭司即刻列出其相關路徑，就像先前我們對瑪麗蓮夢露做的一樣。想想，如果要從事這類龐雜的計算，提亞登和瓦森一定在某個方便之處，儲存了相關的網路。於是我們寫信給提亞登，希望能獲得這個網路。出乎意料之外，他馬上就答應了，並且還針對原始資料中一些詭異的地方，給予我們指導。不久後，我們就計算出這個巨大分支（大約包含二十二萬五千名演員）的平均路徑長度和群聚係數。結果非常清楚（如表3-2所示）：**在這個包含數十萬演員的世界裡，每個演員平均起來都能在四個步驟以內，連結到所有其他的演員**。並且，如果兩個演員都曾與某位演員合作過，那他們兩人就非常有可能（百分之八十）共同參與過同一部影片的演出。不用懷疑——這是一個標準的小世界網路。

受到這項結果的鼓舞，史帝夫和我馬上決定再找其他的例子。因爲想讓模型的測試更具普遍性，我們刻意尋找非社會網路的例子。這回，受到了電機系兩位同事——吉米・梭普（Jim Thorp）和昆伊・貝（Koenyi Bae）——的大力相助。他們的研究是有關大型電力輸送系統的動態學，似乎可以派上用場。史帝夫和吉米原本關係就不錯，所以很快地我們四人便安排了一個晤面，談一談他們可能會有的網路資料。結果，有用的資料可眞不少。特別的是，他們擁有和一九九六年發生災難（在第一章中提及的斷電事件）之輸送網路完全相同的電路圖。我們的目光馬上被吸引住，昆伊也即刻起身指點，幫助我明瞭西部系統調節組織在文件中使用的一些迷宮似的符號。在這些資料中打轉了幾天，終於將它們處理成適切的模式，得以套用我們的計算方法。很開心地，我們得到和以前完全一樣的現象。如表3-2所示，路徑長度非常接近有相同結點和連邊的隨機圖形，不過群聚係數卻大得多——正是小世界模型所提供的形態。

爲了將預測繼續推廣，我們最後想找一個截然不同的網路。心中最理想的對象是神經網路，希望能計算出相關的統計數據；不過很快地就發現，神經網路的資料就像社會網路一樣，少得可憐。幸運的是，史帝夫好些年來都在思考生物振盪子的問題，因而接觸到許多生物學的知識。經過幾回的失敗，他提出建議，要我們考慮一種叫做「線蟲」（Caenorhabditis elegans，簡稱 C. elegans）的生物。據史帝夫所言，線蟲是生物學家致力研究的標準範本，或許已經有人探查過它的神經網路。

果眞如此！在史帝夫一位專攻線蟲研究的朋友指引之下，才略作查詢便發現，線蟲在生物醫學界的研究當中可扮演了重要的角色，其地位足與果蠅（Drosophila）、大腸桿菌（E. coli）、甚至酵母菌（yeast）相媲美。這個生長在泥土內的小蟲子，至少是蟲類生物學家著力最深、最知名的研究對象。它第一次被視作研究範本是在一九六五年，由希德尼・布瑞納（Sydney Brenner）所提出——他跟華生和克瑞克（譯按：James Watson and Francis Crick，發現DNA分子結構的生物學家）是同時期的人；三十年後，又在人類基因體的研究計畫（the human genome project）中貢獻良多。歷經三十多年的歲月，成千上萬個研究員仔細觀察顯微鏡底下的線蟲，不是只看某個特定的部位，而是它身上**所有的東西**都要學習。他們還沒達成最後的目標，但是已經成就非凡，尤其對一個從其他領域轉來的初學者而言。比方說，他們已經把線蟲的基因體完全地排序；或許與人類基因體研究計畫相比，顯得有點微不足道，但是如果考慮完成的時間（較前者早了許多）及可用的資源，你就會發現這項成就絲毫不遜色。他們還把線蟲成長過程中每個階段的所有細胞整理完畢，包括其神經網路。

研究線蟲有個方便之處，它不像人類的個體差異那麼大，即使在機體層次上，變化也微不足道。所以，我們可以針對線蟲，討論某種典型的神經網路（這在人類身上是不可能的）。更方便的是，不僅有研究人員完成了一項壯舉，把線蟲毫米長的身體解析透徹，幾乎所有神經細胞之間的連結關係都標示得一清二楚；另外還有一群人，將上述的網路資料轉換成可用電腦讀取的格式。有點諷刺的是，這兩項偉大科學事業的成果，被擠進兩張不起眼的4.5吋磁碟片，放置在康乃爾大學圖書館內某本書的後頭。或者應該說，書在那裡，但磁碟片卻不翼而飛。帶著沮喪的心情回到辦公室，我開始設想其他網路的可能性。過了幾天，突然接到圖書館員的電話，她得意地告訴我，磁碟片已經找到了。顯然沒有人對此表現濃厚的興趣，因爲我是第一個借出者。拿到磁碟片後，還得找一台古舊的電腦，能同時容納4.5吋和3吋的磁片槽。剩下的工作，就相對容易許多。和處理電力線路圖一樣，資料的研讀與轉換需要一些技巧，不過倒沒有出現太大的問題，我們順利地將其改造成標準模式。很快地，結果就出來了，一切符合預期——如表3-2所示，線蟲的神經網路也呈現小世界的現象。

現在我們擁有了三個案例，爲理論模型取得一些實證效果。儘管這三種網路的大小和密度各有不同，並且更重要地，在本質上也有明顯的差別，但是它們都符合了我們設定之小世界的條件。關於電路和神經網路的細節，絲毫沒有類同之處。電影演員挑片的方式和工程師建構輸送線路的方法，也完全不相似。然而，從某個抽象的角度而言，三者卻有一個共通的地方——都是小世界網路。自一九九七年以降，其他的研究員也開始尋覓小世界網路。如我們所預期地，這種網路到處都是，包括全球資訊網（the World Wide Web）的結構、線蟲的新陳代謝網路、德國大型銀行企業的產權關係、美國財星前一千大企業（U.S. Fortune 1000 companies）董事會成員的關係網路，以及科學家合作關係的網路等等。這當中沒有一個是純粹的社會網路；不過有的十分接近，比如合作關係的網路。有些像搜尋網和產權關係網路等，雖然跟社交一點關係也沒有，卻至少是社會性的組織。但是另外也有一些網路，完全不含任何社會性的內容。

因此，模型是正確的。小世界現象並不仰賴人類社會網路的特質，甚至阿爾發模型中建構的人類互動版本也不需要。它其實具有更高的普遍性。任何網路都能成爲小世界，只要當中具有某種序則，而序則之外又容許些微的無序狀態。規則的來源可以是社會性的，比如社會網路中交錯的友誼模式，也可以是物理上的，比如電廠的地理位置——這些都沒什麼關係。重要的是，必須有某種機制，讓共同連結於第三點的兩個結點，彼此之間產生連結的可能性要比隨機選取的兩點來得高。這是一個很好的方式去理解區域性的序則，因爲它可以被觀察與測量，只要查詢其網路資料即可，毋需明瞭網路元素、成員關係、行爲原因等細節。只要「A『認識』B和A『認識』C」隱含了B和C較其他任選之兩個成員更容易產生連結，則我們就有了區域性的序則。

然而，許多實際的網路，特別是缺乏中心化設計所衍生出來的，多少都包括某種無序狀態。社會網路中的個人，會從事意志性的行動，立下一些決定、結交一些朋友，是無法完全化約於其社會脈絡與歷史當中。神經系統中的神經細胞可說是盲目地成長，雖然受制於物理和化學的力量，但卻缺乏理性和規劃。電力公司在建造輸送線路時，也會因爲政治和經濟上的理由，並非依照完善的計畫執行，而且時常會跨越過長的距離、深入艱困的區域。即使一些機構性的網路，像大型企業董事會的連結或財經世界的產權關係——一般人或許會期待它們依循創建者的偉大設計，呈現完全有序的狀態——也同樣具有隨機性的蹤影，原因或許出在太多的利益衝突，無法用某種整合性的方式調節成功。

有序與隨機，結構與行動，策略與無常——這些都是眞實網路系統中的基本對元，它們交錯盤雜，無止境地衝突，但卻又主導系統邁向一個困難而必要的和解狀態。如果過去對現在沒有任何的影響，而現在對未來也毫無關連，那麼我們不僅會完全失去了方向，連自我的概念也將消逝。因爲周遭的結構，才讓我們有了序則，世界才呈現出意義來。然而，太多的結構，過去與未來之間太強的連結，也可能是樁壞事，容易引領至沈滯與孤立的狀態。多樣性確實造就了人生的意趣；如果沒有變化，序則就無法產生豐富和有趣的事情。

這正是小世界現象背後的重點。雖然我們一開始是用友誼的形態思索問題，也會持續以社交關係爲本來詮釋眞實網路的特徵，但是現象本身並不侷限於社交的複雜世界。事實上，它出現在各種自然演化的系統，從生物學到經濟學都有。其普遍性，部份來自於它的簡單。但是，它又不像純粹晶格中的幾條隨機連線那般簡單。它其實是自然界兩個衝突力量——嚴厲之序則及顚覆性之隨機行爲——妥協下的必然結果。

從智識的角度來看，小世界網路也可說是幾十年來研究網路系統之兩種進路的折衷產物。

一方面，當我們思索從區域互動衍生的整體現象時，如果缺乏物理和數學視野的指引，我們就不會跳脫社會關係的窠臼，尋得網路本身的抽象關係，也就不可能發現各種不同網路之間存在一種深層的共通性。另一方面，如果沒有社會學的刺激，不堅持社會實相的追尋——眞實網路存在於冷冰冰的晶格序則和隨機圖形的混亂無序狀態之間——我們可能連這個重要的問題都設想不到。

4 小世界之外

我們先前把焦點放在社會網路的探索上，確實收益豐碩，並且順著進路往下走，視野也隨之開拓起來。手邊眞實網路的資料愈來愈多，其中有一項非常醒目的特點，是我們始料未及的。一九九九年四月的一個週末，在聖塔菲學院（我在這裡申請到博士後研究的獎學金）的辦公室內，收到一封語氣和善的電子郵件，寄信人名叫拉茲羅・巴拉巴西（László Barabási），是聖母大學（University of Notre Dame）的物理學家。他見到我們前一年發表之關於小世界網路的論文，希望能取得當中使用的資料。那個時候，我完全不知道巴拉巴西和他的學生瑞卡・亞柏特（Réka Albert）是何許人，但還是很高興地將手頭現有的資料寄上，並告訴他可以在布萊特・提亞登處拿到電影演員的資料。我其實應該多注意一點才對，因爲幾個月之後，巴拉巴西和亞柏特便在《科學》（*Science*）期刊發表了一篇劃時代的論文，針對網路提出一系列嶄新的問題。

我們到底忽略了什麼？由於史帝夫和我的研究動機來自小世界現象，所以相對上不太關心網路中每一個結點所擁有的鄰點個數。我們知道社會學家已經花好長一段時間，試著度量人們的朋友個數；但是無論得到的數目爲何，它其實都受制於研究對象心目中「朋友」的定義。如果朋友是以「知道全名與否」來論斷，顯然就和「能談個人私事者」或「放心借車一星期」等判準相差甚遠，所得到的結果自然大不相同。正因爲如此，我們一開始便把這個問題扔進太難處理的籃子內，碰都不碰它一下。然而在此同時，我們又對網路連線的「分配」(distribution)做了一個假設。試想在一個很大的朋友網路中，我們問每個人所擁有的朋友數目（假設有個明確的定義），而他們也都給了正確的答案。那將會有多少人只有一個朋友？多少人有一百個朋友？多少人完全沒有朋友？一般而言（利用我們所擁有的資料來畫），會如圖4-1所示，我們稱之爲網路的「度分配」(degree distribution)。度分配圖形所呈現的是，從母體隨機選取之成員所擁有某個特定朋友數量的機率（此處所言之「度數」指的是朋友數量，不要把它跟先前提及的「分離度數」給混淆了）。

史帝夫和我對這些網路所做的假設是：每個網路的度分配，大致上都會出現跟圖4-1相似的圖形。也就是說，網路不只清楚地展示出良好定義下的「平均度數」（即圖中突起的尖峰點），而且絕大部份之結點的度數都與平均值相去不遠。換個方式來說，就是平均高點兩端的分布都呈現陡然下降的狀況，或者可說是急遽衰減(decay)——速度之快，使得任何一個人之朋友數量比平均值超出許多的機率微乎其微，即使是在規模龐大的網路之中。這當然不是個不近情理

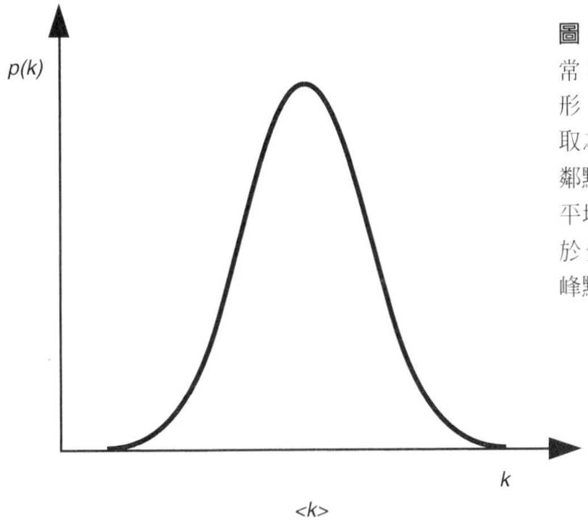

圖 4-1
常態分配的圖形，指出隨機選取之結點會有k個鄰點的機率p(k)。平均度數<k>正位於分佈圖形的高峰點。

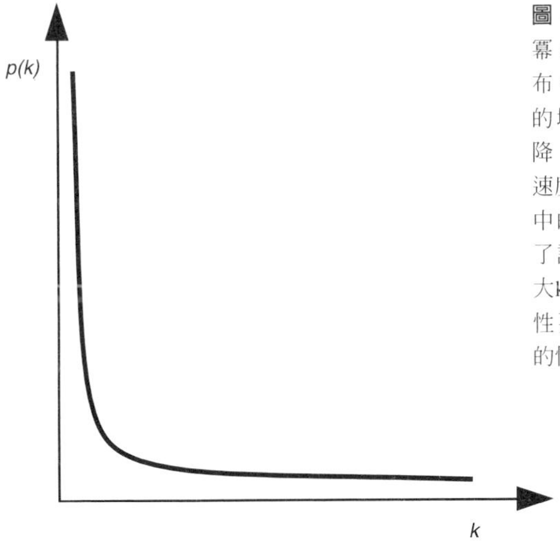

圖 4-2
冪次法則的分布。雖然它隨k值的增加而快速下降，但是下降的速度還是比圖4-1中的常態分配慢了許多，這表示大k值發生的可能性要較常態分配的情況來得大。

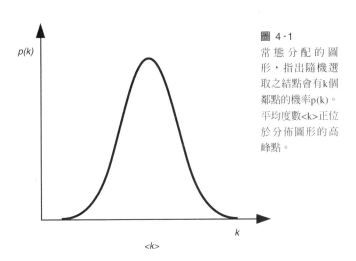

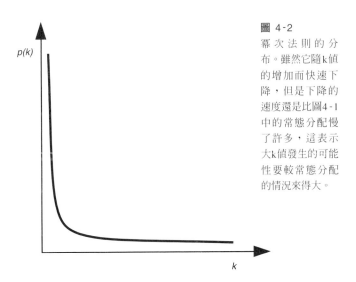

的假設。現實社會中，有很多的分配情況都具備這樣的性質——也因此，我們稱之爲「常態分配」(normal distribution)。就我們的目的而言，常態形式的度分配對照於現實世界，看來非但是個合理的猜測，也符合我們另一個要求：任何一個人在網路中直接連結的數量，只會佔整體人口的一小部份。

請記住，我們有興趣的是小世界現象。很明顯地，如果有些人能夠直接連結到幾乎所有的人，那麼這時候所談論的「小」也沒多大意義了。想想飛機航線的網路：如果要到某個地方，即使是從很小的機場出發，第一步都會先飛向某個主要的轉運中樞。然後，要不直接飛往目的地，要不再飛向另一個轉運中樞。就算是從某個小鎮飛到地球另一端的小鎮，鮮少需要轉機超過兩三次的。理由很簡單，每個轉運中樞連接的機場相當地多，其中還包括許多大型的轉運站。然而，我們並不認爲社交世界是如此運作的——因爲每個人認識的朋友數量，都只會佔全球六十億人口極微小的比例——所以我們就刻意地自限於朋友度數呈現常態分配的網路中，希望能夠了解小世界是如何產生的，即使在欠缺大型轉運樞紐的情況之下。

一切看來都那麼合情合理，但畢竟還是犯了一個極大的錯誤：**我們沒有再檢查！**因爲堅信非常態之度分配是無關緊要的，所以從來也沒想過要仔細看看哪些網路確實具備常態分配的性質，而哪些則不然。資料在手邊幾乎整整兩年，我們卻從未試著花半個鐘頭的時間去檢查它們。

無刻度網路

另一方面，巴拉巴西和亞柏特也正思考同樣的問題，只是切入的角度截然不同。巴拉巴西是個道地的匈牙利人，在學校受過匈牙利圖形理論的薰陶，其中自然包括艾狄胥的隨機圖形。但身為一個物理學家，他並不滿意隨機模型中一些嚴苛的要求，認為必然有某些祕密隱藏在大量的真實網路資料當中，很快就會呼之欲出。隨機圖形的一個首要特性是，度分配呈現某種特殊的數學形式，稱作「卜瓦松分布」(the Poisson distribution)——為了紀念十九世紀的法國數學家山繆—丹尼斯・卜瓦松 (Siméon-Denis Poisson)，他對產生此種分配的隨機過程有深入的研究。卜瓦松分布和常態分配並不全然相同，不過已經相似到讓我們不在乎它們的差異。基本上巴拉巴西和亞柏特所做的，是要顯示真實世界中有許多網路的度分配，一點兒也不像卜瓦松分布。它們真正所遵循的，反倒是所謂的「冪次法則」(power-law)。

在自然界的系統中，冪次法則是另一種常見的分布狀況，雖然它的起源不若卜瓦松這類常態性的分配那般清楚。冪次法則有兩項特性，明顯地與常態分配區隔開來。第一，它不像常態分配，在平均值處有個突起的高峰；反而如圖4-2所示，極大值發生於靠近原點的地方，然後持續下降至無窮遠處。第二，它衰減的速率，比常態分配緩和得多；因此，偏值發生的可能性就高出許多。譬如，我們可以拿眾多人口中的身高分布情形和美國城市大小的分配狀況來作比較。美國成年男子的平均身高大約是五呎九吋，雖然有很多人高於或低於平均值，但是沒有人高於平均的兩倍（幾乎十二呎！），也沒人矮於平均的一半（不到三呎）。反觀城市人口的多寡，紐約市大約有八百多萬人口，是伊色佳這類小鎮的三百倍。這麼大的差距，在常態分配中幾乎是不可能發生，但對於冪次法則而言，卻是稀鬆平常的事。

美國的財富分配，看來就像是個冪次法則。十九世紀巴黎的工程師維弗瑞多・帕雷托（Vilfredo Pareto）是第一個注意到這個現象的人，因而稱之爲帕雷托法則（Pareto's law）。他就現存的統計資料加以驗證，發現歐洲每個國家都呈現類似的狀況。帕雷托法則的一個重要結論是：只有極少數人擁有非常大的財富，而大多數的人相對上並不富裕。由於分布情形十分地偏斜，單看冪次法則的平均性質可能會產生嚴重的誤導。譬如，談論美國人的平均財富並不具太大意義，因爲那將強烈地受到少數幾個超級富翁的左右，而他們卻位於整個分配極邊緣的位置。因此，得出來的平均值並無法表現出一般美國人的財富狀況。相同的理由，網路中少數極具連結性的結點，也很可能產生與它們數量極不相稱的影響。

冪次法則的分配中，有一個關鍵的性質需要注意，那就是指數（exponent）的量——描述分配如何以變量函數的方式改變。例如，如果不同規模的城市數量與其大小恰成反比，則我們說這個分配的指數爲一。在這種情形下，我們可以想見和伊色佳大小雷同的城市數量，差不多是奧爾班尼（Albany，紐約州的首府）這類城市的三倍，因爲前者的人口數大約是後者的三分之一；由此類推，伊色佳這類城市的數量會是水牛城（Buffalo）類型的十倍，因爲前者的人口數大約是後者的十分之一。若城市的個數與其人口數的平方成反比例，則稱這種分配的指數爲二。如此一來，和伊色佳大小相仿的城市數目，應該會是奧爾班尼這類都市的九倍，是水牛城這類都市的一百倍。

決定冪次法則指數最簡單的方法，不是將事件的機率當成其大小之函數來表示，而是將機率的**對數**（logarithm）和大小的對數之關係在平面座標系中畫出來。以這種方式繪圖（稱之爲對數－對數圖）十分便利，因爲純粹的冪次法則分布都會呈現一條直線（如圖4-3所示），而其指數則爲這條直線的斜率。因此，一旦有了足夠的資料，我們唯一要做的就是將對數－對數圖畫出來，然後計算所得直線之斜率。例如，帕雷托的研究便顯示，無論他考慮的是哪一個國家，財富分配都呈現冪次法則的分布，而斜率皆介於二和三之間；並且指數愈小，財富不均的情況就愈嚴重。反觀，若將卜瓦松或常態分配畫成相同形態的對數－對數圖（如圖4-4），我們將發現在某個點之後，曲線會快速下降，稱之爲「截阻」（cutoff）。一般而言，截阻現象的產生設定了分布量的上限（upper bound）。如果特別用在網路度分配的脈絡底下，它所代表的就是網路中任一成員能對外連結的上限。要是一般人所能連結的對象只佔總人口數的一小部份，那麼即使是連結性最強的個人也好不到哪裡去。

我們還可以從另一個面向來看截阻現象，那就是它爲分布情形定義出一種內在的刻度。由

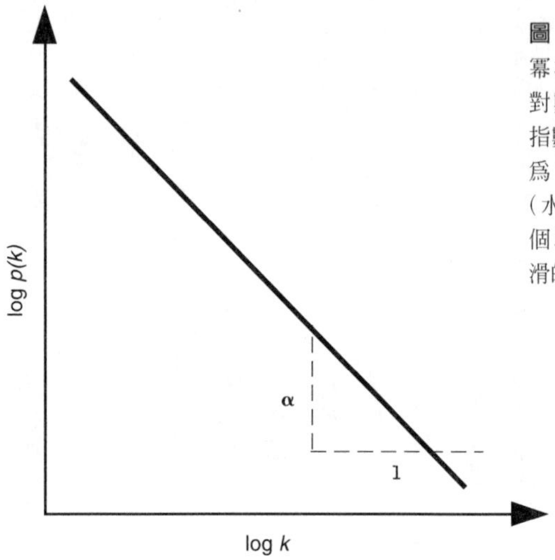

圖 4-3
冪次法則分布的對數－對數圖。指數阿爾發（α）爲直線的斜率（水平軸每增加一個單位，直線下滑的垂直量）。

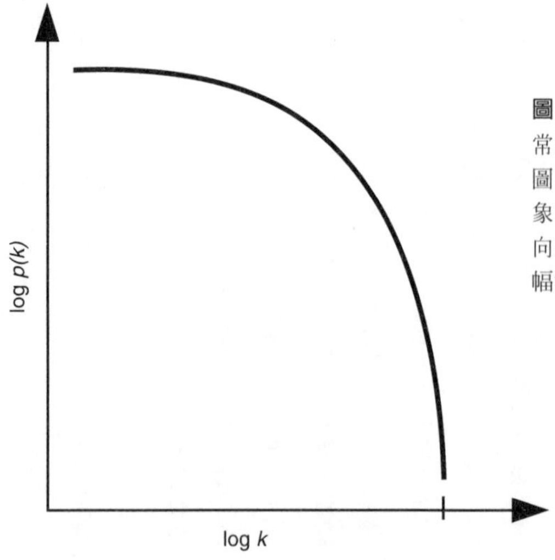

圖 4-4
常態分配的對數圖。「截阻」現象發生於曲線朝向水平軸瞬間大幅滑落之際。

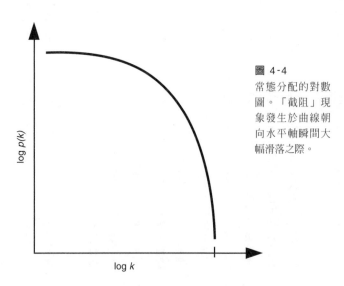

於冪次法則能夠無限制地延伸，不會發生截阻，所以我們說它是「無刻度的」（scale-free）。也因此，無刻度網路和各種隨機網路相較，呈現出一個非常明顯的差異點——儘管大多數的結點相對上連結性都很差，但卻有極少數的「轉運中樞」展現極高度的連結性。在廣泛地觀察各種網路資料後，巴拉巴西和亞柏特獲得一個頗令人驚訝的結論：許多現實世界的網路——包括史帝夫和我檢驗過的電影演員網路，以及網際網路的物理連結、全球資訊網的連結架構、和許多有機物的新陳代謝網——都是無刻度的。相對於幾十年來的刻板假設，這樣的觀察確實獨樹一格。然而，眞正吸引網路科學界目光的是，他們更進一步提出一種簡單而優美的運作機制，藉此網路會在時間的過程中逐步演化。

富者益富

隨機圖形之所以會產生卜瓦松式的度分配以及相對應的截阻現象，其實根源於一個非常基本的假設：結點之間的連接是完全獨立的（與其他連結並不相關）。在整個建構過程當中，連結性不佳的結點和連結性最強的點，都同樣會製造或接收新的連結（兩者產生新連結的機會也完全相同）。這樣的平等體系，經過時間的進展，一切自然趨於平均。某個結點或許會不幸地孤獨一段時間，但最終將會成爲某個新連結的一端。同樣地，好運也不會一直發生，就算有些結點經常雀屏中選（連結數遠超過平均值），一段時間後，也終究會被其他人趕上。

然而，現實世界往往並不如此公平。特別是與財富及成就相關的事情，有錢人似乎總是愈來愈富有，而且經常是犧牲了窮人的利益。這種現象長久以來就發生在我們四周——至少與聖經的歷史一樣久遠。馬太福音上記載：「凡有的，還要加給他，叫他有餘；凡沒有的，就連他僅存的也要奪去。」二十世紀偉大的社會學家羅勃・莫頓（Robert Merton）將之放入網路的脈絡，稱作「馬太效應」（Matthew effect）——連結狀況良好的點將更有可能產生新的連結，而原本就連結不良者很有可能繼續保持弱勢的狀態。

巴拉巴西和亞柏特提出了一個在眞實網路演化當中，富者愈富的特殊情形。如果一個結點擁有的連線數目爲另一結點的兩倍，則它產生新連結的可能性也正好是另一結點的兩倍。他們還認爲，標準隨機模型把結點數量固定不變，只允許連線的增加是不切實際的；比較符合現實網路的模型，應該要考慮母體會隨著時間的進展而成長。因此，巴拉巴西和亞柏特從一組結點開始，然後有系統地同時增加結點和連線的數量。每增加一個新的結點，便給定一個固定的連結數目，讓它與現存的結點連結。每一個原本就存於網路的結點，都可能成爲新連線的接收端點，而發生的機率則與其現存的連結度數成正比。於是，元老級的結點將比新加入者更有利，因爲它們的數量並不多，在發展初期很容易便得到連結；然後遵循富者益富的法則，自然可以長保優勢。根據巴拉巴西和亞柏特的分析證明，網路經過一段夠長的時間後，度分配將趨近於冪法則分配，與先前資料中所呈現的情形不謀而合。

這個結果有什麼重要呢？首先，無刻度分配和卜瓦松分配非常不同，因此任何一個想對眞實網路結構有所了解的人，都不得不坐下來仔細思索。很明顯地，艾狄胥和芮易所提出的基本隨機圖模型，存在著嚴重的缺陷，它不只無法預測我們先前提及之群聚度，也無法解釋爲何巴拉巴西和亞柏特會得到那些度分配。單單了解現實世界與慣有假設存在顯著的差異，本身就是個意義非凡的進展。然而，其中關於差別處境的說明，又爲這個世界的運作模式增添新的認知：能力上的小小差異，或甚至純粹隨機性的變異，都可能會鎖入無法改變的優劣狀態，經過一段時間的進展，便造成非常不平等的現象。最後，我們在後面的章節將會提及，無刻度網路還有許多其他的性質值得注意，比如容易產生失敗或遭受攻擊等，這使得它與常態網路有所區別，也因而引發實務性的高度關切。

巴拉巴西和亞柏特其實並不是第一個提出差別性成長模型、並進而找出冪法則分配存在之人（雖然此時他們還不知曉前輩的研究成果）。遠在一九五五年，博學的諾貝爾獎得主赫柏・賽門（以「受限理性」的概念聞名於世）就曾提出一個幾乎相同的模型來解釋企業大小的分布情形。這種特殊的分配，可說是齊普夫法則（Zipf's law）的一個例子。齊普夫法則之名，是爲了紀念哈佛語言學家喬治・金斯里・齊普夫（George Kingsley Zipf），他在一九四九年時用以描述一種非常特別的分配狀態：英文字詞在文典中出現頻率的高低排列。（結果，the 是最經常被使用的字，其次爲 of 等等。）齊普夫從大量書籍中統計各個字出現的頻率，然後依據頻率高低做一個**排序**（rank），他並且將頻率對應於排序畫成圖形，所得到的結果是一個冪次法則的分配。齊普夫更進一步證明，這樣的法則同樣適用於城市大小（其指數趨近於一）及企業資產的排序分配。

齊普夫自己則將此種現象歸因於「最少努力的原則」（principle of least effort）——一個非常有意思的概念，但卻也深奧難解，捉摸不定，儘管他曾撰寫很長的專書為之說明。隔了六年之後，賽門與井尻雄士（Yuji Ijiri）合作，提出一個簡單的模型，它和巴拉巴西及亞柏特的模型一樣，都假設個別城市（或企業）的成長，多少都以隨機的方式進行，不過要達到某個成長量的機率則與現階段的大小成正比。所以像紐約這種大城市，就比伊色佳之類的小城市容易吸引到外來人口，於是原本的大小差異就會擴張，呈現冪次法則的分布狀況——少數「贏家」囊括了全體人口很大的一部份。

當然就現實的觀點而言，紐約市之所以會比伊色佳來得大，跟隨機分配一點關係也沒有——紐約市座落於東岸一條主要河流的出海口，而伊色佳則位於一片沈睡的農田之中——但這並非賽門模型的重點。他絕對不會否認，某些**特別的**城市之所以成為大都會，地理位置和歷史因素都扮演了重要的角色（就像巴拉巴西和亞柏特也會同意，一個企業要在世界連結網路中佔有一席之地，前瞻性的計畫以及風險資本的有效掌握都是非常重要的條件）。然而，這其中的要點是，一旦某個城市、企業或網站變大之後——**無論變大的原因是什麼**——它繼續成長的機會要比其他較小的「競爭者」容易許多。富者有很多方法可以變得更富有，有些值得肯定，有些則否；但是撇開價值不談，純粹從統計分布的觀點來看，重要的結論就是富者比其他人容易更富有。

巴拉巴西和亞柏特模型具備了高度的普遍性，提供一種新的理解方式，將網路結構視作動態演化的系統。無論成員是人、網頁、網際通路、或是基因，都同樣能夠適用。只要系統遵從差別性成長的基本原則，造就出來的網路就是無刻度的。然而，正如賽門自己所言，再精巧、再吸引人的模型也都可能產生誤導。有時候，細節的差異確實需要注意。

成爲富者的困難

關於無刻度網路，有個細節格外引人困擾：理論上，冪次法則分布要成爲眞正的無刻度，一定得假設網路是無窮大的；不過從實務的角度來看，我們所面對的每一個網路都是有限的。雖然幾乎所有的統計技巧都會面臨規模有限的困境，但是對於冪次法則而言，問題卻更爲嚴重，因爲系統大小之有限總會讓分布狀況產生截阻現象。用比較具體的話來說，在任何一個眞實的網路當中，不會有任何一個結點的連結數超越整體的個數。因此，即使底下運作的機率分配是無刻度的，呈現出來的分布狀況卻一定有個截阻點，並且通常都遠遠低於系統的大小。也因此，無刻度網路模型所要解釋的度分配其實包含了兩塊區域（如圖4-5所示）：無刻度區（在對數—對數圖中，呈現一條直線）及有限的截阻區。

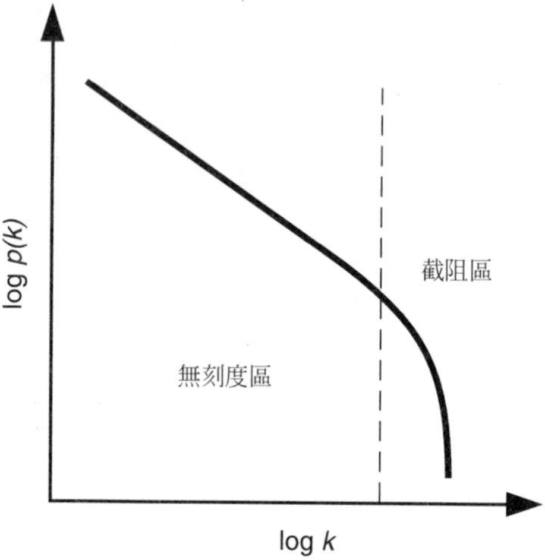

圖 4-5
實際上，冪次法則分配總會出現截阻現象，因爲系統大小是有限的。因此，我們在對數一對數圖中觀察到的度分配，其實只有在某個範圍之內會出現一條直線。

令觀察者感到困擾的是，這個截阻現象到底只是有限系統大小的一個函數，還是肇因於系統更基本的性質。舉例而言，人們的朋友數量相當有限，並不是受制於全球的人口數，因爲它其實大到足夠讓多數人擁有比實際多出幾百倍或甚至幾千倍的朋友。眞正的原因來自於人們自己——時間、精力，和興趣限制了朋友的數量。即使馬太效應適用於全球資訊網之類的系統，我們也還不清楚它是否能以同樣的運作方式，出現在所有或大多數的網路之中。更糟的是，有時候截阻情形劇烈到讓圖4-5和圖4-4難以區分，而後者卻並非是無刻度的。

在巴拉巴西和亞柏特的論文發表一年後，某些證據顯示無刻度的網路其實不如一開始設想的那麼普遍。年輕的物理學家路易・阿馬羅（Luis Amaral）與尤金・史坦利（H. Eugene Stanley・，當代統計物理學的巨擘，同時也是巴拉巴西從前的指導教授）等人合作，在《國家科學學院年報》（*Proceedings of the National Academy of Sciences*）中發表了一篇論文，檢視幾個眞實網路的度分配。結果顯示，有些網路的確呈現冪次法則的分布情形（雖然包含有限截阻的現象），但是也有些一點兒也不像。最引人注目的案例是猶他州一個摩門社區的社交網路，它怎麼看都像極了老式的常態分配，而不是什麼新奇的樣式。進一步的證據還來自於安納托．瑞波波特的論文（感覺起來像是遙遠以前的作品），探討密西根州高中生的友誼網路。瑞波波特跟史帝夫和我一樣，對度分配不感興趣，不過他至少還花了時間把相關圖形畫出來，雖然不若隨機圖形的卜瓦松分配，但也不是無刻度的。

眞實世界比巴拉巴西和亞柏特的簡易模型來得複雜，這應該一點兒也不叫人意外，但我們也不應就此抹煞他們卓越的成就。無刻度網路的引進，可說是網路新科學的中心概念之一，它促長了一連串相關論文的探討，特別是在物理學的文獻上頭。物理學家的涉足，爲長久以來鬆軟無力的網路科學帶來強健的數理肌肉。就在這幾年當中，我們感受到一股創新的力量，讓人格外振奮。但是很快地，我們也發現單靠肌肉是不夠的。就像先前小世界模型忽略許多眞實世界的特性一樣，網路成長與連結偏好的簡單原則也無法因應複雜的現實層面。

無刻度網路觀點的根本限制，在於它假設一切都是「免費的」。在巴拉巴西和亞柏特的模型當中，網路連結是毋需負擔成本的，所以可以盡情地向外開拓，而不用考慮製造或維繫連結的困難。這樣的假設，或許可適用於電腦網站的連接，但是如果拿到人類、生物，或甚至像電力線路等工程系統當中，卻顯得不夠真實。另外像資訊的連結，也常被視爲無成本，所以新結點產生之後，似乎能夠自由地找尋並連結全世界的其他結點。然而，現實世界卻又不是那麼一回事，新進結點總是從大系統中的某個特定部位出發，並且需要透過一段搜尋與發現的過程才能學習到運作的模式，而這段過程是需要付出代價的。當我們搬進一個新城市、要拓展人際網路時，並不是簡簡單單找個朋友最多的人就了事。我們或許比較容易遇上朋友較多之人，但其他因素也會扮演相當程度的角色。並且，一旦初始的連結建立起來，我們就陷入了某種社會架構，比較容易遇上某些特定的人士，無論他們的連結性是強是弱。

這正是我們在小世界模型中企圖掌握的現象，而它的重要性我們至今仍深信不疑；但是無刻度網路的模型，卻絲毫未將社會結構的因素納入其中。不過在另一方面，巴拉巴西和亞柏特的精巧成果也讓我們感受到探究隨機網路的工具確實威力十足，絕對無法略而不視。對於社會結構的問題，我們必須充分運用物理學家的數理技巧，並藉此打破五十年來安納托．瑞波波特跟我們之間的藩籬。最重要的是，我們需要一個新的觀念。

再次引介群組結構

二〇〇〇年二月二十日——這天正好是我的生日——史帝夫和我在華盛頓特區舉行的美國

科學促進學會（the American Association for the Advancement of Science，簡稱AAAS）之年度會議中見面，共同籌劃一個關於網路和小世界問題發展概況的研討活動。當天出席研討會的包括社會學家哈里遜・懷特（Harrison White），他有一段相當有趣的個人歷史。懷特一開始的志向是要做個理論物理學家，於是在一九五〇年初，進入麻省理工學院研習固態物理。就如許多年輕的物理學者一樣，懷特很快就發現主流物理中尙未解決的大問題都已經被定義得非常完備，似乎每個人都知道這些問題是什麼。上千上萬跟他一樣聰穎過人、努力奮發、雄心萬丈的研究生和博士後研究員，在世界各個角落的研究室裡奴隸般地辛苦工作，期待能得到下一個重大的突破。除非你比所有的人聰明，比所有的人勤勞，並且還必須仰賴幸運之神的眷顧，在適當的時點冒出適當的想法，否則成功的機會就只有如澳大利亞的諺語所言：「要嘛跟巴克利（Buckley）一樣，要嘛根本是零」（而且至少根據傳說，巴克利也沒有任何機會）。年輕的物理學家都經驗了這種無望的現實，所以由此看來，懷特並沒有什麼特別。但是，眞正讓他與衆不同的是，他決定對無望的感覺採取行動。

在麻省理工學院擔任研究生的第一年，他曾經修習政治學家卡爾・德意契（Karl Deutsch）開授的國族主義（nationalism）課程，覺得很有意思。後來在德意契的鼓勵之下，哈里遜決定放棄物理，進入社會科學的領域。因爲獲得福特基金會（Ford Foundation）的獎助計畫，他無後顧之憂地回到研究所再拿一個博士學位，這回是去普林斯頓唸社會學。不過，部份的他始終保持物理學家的心靈。遠在「跨領域」這個名詞普及於大學校園並且深受財源贊助者喜愛之前，哈里遜就是個典型的跨領域學者——一匹安靜的特洛依木馬，將當代物理的想法和技術引入並重塑社會學。一九七〇年代在哈佛任教時，懷特是史丹利．米爾格蘭的同事，甚至還做了一些小世界問題的研究。同時，他創設並主導一個應用數學的課程計畫，爲下一世代培養訓練出許多深具影響力的社會學家，也爲社會網路的現代理論埋下了重要的種子。現在哈里遜已經七十幾歲了，爲人津津樂道的地方，除了暴躁易怒的脾氣和潦草無法辨識的手稿外，還有他偉大無私的慷慨，寬廣無邊的好奇心，以及叫人驚嘆的的洞察力。

研討會中，哈里遜的演講一如以往，內容模稜兩可，混沌難解；不過他倒提及一個重點，成功地將舊齒輪聚合成可以運作的機器。這段談話的精華大抵如下：人們之所以結識，主要肇因於他們所做的事情；或者說得更爲普遍，就是他們所處的**脈絡**（contexts）。身爲大學教授是種脈絡，當個海軍軍官也是；爲了生意經常飛來飛去是種脈絡，指導攀岩或住在紐約市等，也都是某種脈絡。我們從事的任何工作，所有定義自我的外在特徵，以及所有引導我們和他人相遇並進而產生交流的活動，皆可謂之脈絡。因此，每個人參與之脈絡所構成的集合，將是日後網路結構中的一個極爲重要的因素。

受到瑞波波特研究的激勵，我一直苦思要如何建造一個融合社會結構的隨機網路，能夠徹底改善史帝夫和我研發的阿爾發模型，又不用像貝塔模型必須立基於人工化的晶格當中。一個很大的問題是，只要我們把晶格的度量拿掉，就再也無法判定人和人之間到底有多接近，也因而無法知道個別連結性的強弱。在隨機圖形中，這不會是個問題，因爲基本上每個人連結的機會都相等；至於巴拉巴西的無刻度網路，連結機率也只跟「度數」有關。然而，一旦引進任何形式的社會或群組結構，我們便需要某種基準來區分「靠近」和「遠離」的狀況。事實上，如果失去靠近和遠離的標記，就根本不清楚爲什麼一開始要來定義社會結構了。畢竟，如果所謂的社交團體不是指那些，相較於世界上其他人，比較靠近你的一群個人的集合，那該是什麼呢？

聽完哈里遜的演講之後，我開始對問題的解答有了初步的想法。與其先有個距離的觀念，再用之於建造群組；何不先從群組出發，再藉此定義出距離的度量？把設想的方式做個轉變，不再把焦點放在個體之間的直接連結，而是觀看個體選擇群組的狀況，或者更廣泛地說，是注意他們參與的各個脈絡。兩人共享的脈絡愈多，就表示這兩人的距離愈近，也愈容易產生連結。換句話說，社會性的個體不會像先前討論之網路模型中的結點一樣空白潔淨。在現實社會網路中，每個人都受到**社會認同**（social identities）的支配。屬於某個團體或是扮演某種特定角色，會讓個人形成某些性格或特質，並進而致使他們更有可能或更不可能和他人產生互動。換句話說，社會認同將深深影響社會網路的建構。

聽起來很簡單的觀念，但實際上卻跟我們先前使用之模型有很大的不同——它需要同時思索社會結構和網路結構。當然，對於社會學家而言，這種觀點是再自然也不過了。就如我們先前提到的，社會學家花了好長的時間，努力思考社會和網路結構之間的關係。但對物理學家和數學家，可能就不這麼自然了。對他們而言，把網路結點跟社會認同扯上關係，聽起來實在太荒謬。無論如何，強烈的直覺讓我不由自主地深入探索，我甚至有點訝異，爲何以前不曾這樣想過。事實上，我也的確有過類似的想法——很早以前，當我們剛開始考慮整個問題時，這就是我向史帝夫提出的第一個社會網路模型；但是由於一堆技巧上的理由，我沒能完成這個模型，不得不放棄轉向在觀念上較簡單的晶格模型。幾年後再回過頭來思索，問題似乎依舊困難，不過此時史帝夫和我卻找到了新的祕密武器：馬克．紐曼（Mark Newman）。

馬克就是那種，讓你懷疑自己幹嘛花力氣去做任何事的人。他不僅是個聰明絕頂的物理學家和電腦大師，同時也是成功的爵士鋼琴師、作曲家，及舞蹈教師，甚至還精通雪橇。才三十多歲，就已經寫了四本書，並在物理和生物學術期刊發表數十篇論文；他是個公認的優良教師，曾經發明好幾種深具原創性的電腦演算法——而這些都還沒有花上他晚上或是週末的時間。不管做什麼事情，他都快得嚇人——一種不可置信、無法比擬的超快速度。和馬克一塊工作，就好像搭上了一輛快速列車，事先都還來不及檢查行駛的路線——你只確定很快就會抵達**某處**，但是在忙著抓緊帽子的同時，根本無暇思索、搞不清楚方向，一直要等到站時才知道目的地究竟爲何。疲憊之餘，火車卻又呼嘯而去，繼續下一個旅程。

要讓馬克對我們的問題產生興趣，得花費一些工夫。幸運的是，他和我在聖塔菲學院曾經合作過幾篇論文，探索貝塔模型的數學性質，這讓他略微品嚐到網路相關問題的滋味。在我的建議之下，史帝夫邀請馬克到康乃爾演講；他們倆一見如故，因此合作的念頭便同時出現在三人的心中。然而，主要的困難也立即產生。二○○○年初，我住在麻薩諸塞州的劍橋；前一年的秋天我就搬到那裡，爲MIT史隆管理學院的財務經濟學家安德魯‧羅（Andrew Lo）工作。安德魯是史帝夫的老朋友，兩人自哈佛研究所時交好至今。在此同時，馬克回到聖塔菲，而史帝夫則還待在伊色佳教書。三人相隔三地，所有想法都得透過電子郵件來回傳遞，事實證明這樣的效果不彰。不過最後，我們終於找到五月的一個長週末，相約在伊色佳碰頭，討論新的計畫。史帝夫忘了提醒我們，那個週末正好是康乃爾舉行畢業典禮的時間。整個校園，或者該說是整個城市，擠滿了來自四面八方的父母、兄弟、姊妹、堂兄弟、表姊妹、叔叔伯伯、姑姑阿姨等等，甚至還有一些興奮過度、瘋瘋癲癲的學生。無論如何，我們還是想辦法逃離紛擾喧鬧的世界，躲在史帝夫位於卡優佳崗（Cayuga Heights）的住處，完成一些重要的工作。或者該說是馬克完成了一些重要的工作，而史帝夫和我只是坐在那裡，讚嘆地望著一台機器以高速的效率持續運行。

關聯網路

幫助我們將距離概念視作群組結構之函數的技巧，便是所謂的「關聯網路」（Affiliation

Networks）。就像第三章提到的演員網路，當兩個演員共同演過一部電影，就被認為是「連結的」；而在關聯網路中，當兩個結點共同參與某一個**群組**，或者用哈里遜的術語來說，同處於某一個**脈絡**，則它們便被視為「相關聯的」。於是，關聯網路成為實際社會網路運作的平台。如果缺乏任何關聯性，兩人連結的可能性就微乎其微；反之，當關聯性愈多、愈強，兩人互動的可能性就愈大，愈容易成為朋友或商業夥伴（視連結的脈絡而定）。不過，在討論關聯網路如何建構社會網路的問題之前，我們必須先了解關聯網路自身的結構，而這也就是史帝夫、馬克和我在伊色佳的週末所決定進行的第一個問題。

關聯網路本身很值得探索，不僅因為它是形成其他社會關係（如朋友、商務往來等）的基礎，同時也能廣泛地應用在許多非社交性但又深具社經價值的網路。例如，當你上亞馬遜網站（Amazon.com）購買書籍時，你的選單上都會列出「買這本書的人也買……」的字樣，而這就是個關聯網路。它一方面由人組成，另一方面也以書籍作為連結的對象。藉由買書的行為，一個人將和其他買同樣書籍的人發生關聯，就好像選擇加入一個新的「群組」。電影演員的網路也是種關聯網路，組成份子一方面是演員，而另一方面則是電影。經由共演一部電影，兩個演員被當成有聯盟關係。類似的敍述可用於共同列席董事會的企業夥伴，或者合作撰寫論文的科學家。事實上，最早受到矚目的關聯網路之一，就是數學家的共同著作網路，其中包括保羅・艾狄胥——我們在第二章提及之隨機圖形理論的發明者。

研究關聯網路的另一個原因是：這類資料通常都很完備，因爲像俱樂部的成員，商業活動的參與，以及共同計畫的合作（如電影或是科學論文）等等，誰屬於哪個「群組」都是非常清楚的。再加上，近來電子資料轉換的擴充，很多資料上線就能取得，即便是很大的網路也能很快地建構並加以分析。更棒的是，許多案例（譬如亞馬遜網站和某些科學合作網路）的資料都會隨著個體實際的舉動（決定買些什麼東西或是投稿了哪些科學論文）而自動更新擴增。一旦資料輸入的工作落入各個網路成員之手，而非集中於某個資料庫的管理員，則資料收集與記錄的主要限制不再，資料庫便可無限量地增長——這和十年前資料收集和記錄的方法相比，眞是不可同日而語。

因爲關聯網路永遠由兩種形態的結點所組成——讓我們稱之爲「演員」（actors）和「群組」（groups）——最好的表示方法可能是叫它們「二分」（bipartite）或「二元」（two-mode）網路。在二分網路中（如圖4-6的中間方格所示），兩組結點被區分開來，只有不同形態的結點才能相連，其對應的關係可說是「隸屬」（belonging to）或者「選擇」（choosing）。所以「演員」只能連向「群組」，「群組」也只能連向「演員」。如果討論的對象是「單元」（single-mode）或「一分」（unipartite）網路——就像在此之前我們所考慮的網路——其度分配都是單一的；但是對二元網路而言，我們則需要兩種分配：一種是群組大小的分配（每個群組有多少演員參與），另一種則是每個演員隸屬多少群組的分配情形。

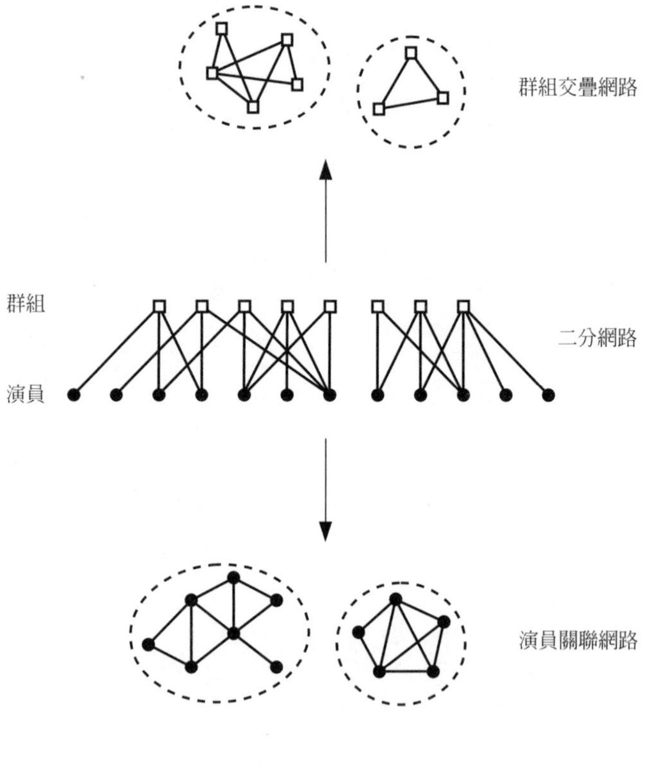

圖 4-6
關聯網路最好是由二分網路的圖形（中間區塊）來表示，其中演員和群組是兩組不同形態的結點。二元網路總可以進一步分解成兩個單元網路，分別代表演員之間的關聯（下圖）及群組之間的交疊（上圖）。

儘管二分網路看來種類繁多，但是它總可被分成兩個單元網路，一個由演員組成，另一個則由群組構成；於是便可像圖4-6一樣，分解成兩組結點的集合。其中演員那一部份看來很熟悉——兩個演員如果共同隸屬於至少一個群組，則他們就相互連結（產生關聯）。然而，群組之間也會因爲有共同成員而產生關聯——如果至少有一位演員同時分屬兩個群組，則我們稱這兩個群組相互「交疊」（overlap）或「連動」（interlock）。透過這樣的分析，我們可以說一個二分網路包含了所有關於「演員關聯網路」和「群組交疊網路」的資訊（圖4-6的上端圖形代表前者，下端代表後者）。史帝夫、馬克和我想要做的，就是藉由二分圖像來理解單元網路中所觀察到的性質。整件事的靈感，可回溯於AAAS會議中哈里遜的演講。單元網路所代表的，是在可測度網路資料中實際觀察到的關係情形，就像一般網路分析師收集到的資料一樣——有效列舉什麼人認識什麼人的名單；但是這類網路資料並沒有告訴我們，列舉的關係從何而來。

如同我們在第二章所提及，傳統的網路分析師爲了避免這樣的問題，總會技巧性地將群體結構由網路結構中抽離出來。如果放在圖4-6的脈絡底下來看，這就好像渾然不知中間的二元圖形，單單從演員關聯網路（下圖）的資訊「重新創造」出群組交疊網路的圖像（上圖）。然而，我們從圖4-6中也可以淸楚地發現，即便在一個比較小的二分網路，投射出來的群組圖像（上圖）並不比演員圖像（下圖）來得簡單。所以，如果不知來源就逕自抽取群組結構，不僅會遭遇很大的困難，許多問題也無法釐淸。我們現在所要做的，就是先將整個社會結構明顯地表示出來——也就是顯現完整的二分圖像——希望透過這樣的方式，能夠同時理解關聯和交疊網路。

董事與科學家

就在我們三人於伊色佳碰面之時，我收到密西根大學商學院教授傑利·戴維斯（Jerry Davis）寄來的電子郵件。他向我尋求計算上的協助，處理他和同事偉恩·貝克（Wayne Baker）正在研究的網路資料。多年來，戴維斯對美國企業的社會結構表現出高度的興趣，特別是關於財團董事群的交疊結構。這絕非瑣瑣碎碎、無足輕重的議題。要知道，在美國財星雜誌前一千大企業內，總共大約有八千個董事會成員；這群相當少數的人，再加上一些高層的執行幹部，共同引領出國家的經濟前景（甚至也可說在世界經濟上扮演了重要的角色）。由於大部份參與這場遊戲的人，所作所爲只需向股東負責（如果他們眞有負起責任！），並且企業在追逐最大財富的過程當中，不必然符合一般大衆、周遭環境或是文明政府的利益；因此我們不禁要思索一個很重要的問題：企業界能否違背市場競爭的假設，從事調節性的行爲？近來，在能源交換及電子傳播產業屢屢傳出作帳醜聞之後，更讓人覺得要找出企業串謀的潛在機制確實刻不容緩。

傳統上，這不是經濟學家一般會考慮的議題，因爲他們通常假設公司之間的互動完全受到市場機制的支配。但是戴維斯等社會學家，卻經常從事這方面的思索。如果有個人同時擔任兩家企業的董事，很自然地會成爲兩家企業資訊流通的管道，而且很可能會將兩者的利益推到同一陣線。當然，這其間存在著共同成員的守則——一個人不能同時身爲兩間競爭對手的董事——不過，所謂共同的利益經常要比遵循的法則來得精巧複雜。財團間的合作也不永遠是椿壞事。如果就整體而言，美國的企業部門想要迅速而有效地因應全球瞬息萬變的經濟環境，企業間非商務性的密切溝通將會是很大的幫助。

企業管理階層和董事間的互動方式其實很多（包括正式或非正式的場合），董事會只是當中的一個平台。不過，既然公司的主要策略大部分都是在董事會議中批示的，它自然成爲意義深刻的研究對象。再者，非正式場合的互動（像高爾夫球場或中國餐館的聚會）往往無跡可循，而董事成員的資料卻是公開的，因此可以作進一步的分析。戴維斯和貝克想要知道，企業董事網路是否爲一個「小世界」——群聚性很強，但是任何兩個董事都只需透過很少數的中介者就能搭上線。很快地，我們就確認它的確是個小世界網路，於是不斷增加的小世界名單又多了一種類型。不過，這種結果不再令我們驚奇；我問戴維斯能否讓我們利用他的資料做一些更深入的分析。他很爽快地答應了。

就在這個時候，馬克也自動自發地做了些功課。一九九〇年代中期，兩個來自洛撒拉摩斯國家實驗室（Los Alamos National Laboratory）的物理學家保羅・金斯帕格（Paul Ginsparg）和吉歐菲利・威斯特（Geoffery West）開始對科學論文發表的方式進行一場小小的革命。他們建立了一個線上的電子儲存站，可以存放尚未發表的研究論文，範圍寬廣，涵蓋各種物理學中的次領域。物理學界和許多其他的人一樣，對以學術期刊為基準的研究發表方式，感覺厭煩且無奈；因而渴望加入新事物的行列，大批投入一個新的出口管道——LANL電子文件檔案室（LANL e-print archives）。這個檔案室至少提供兩種作用，使它就像間進化的科學學院。第一，它提供研究者一種特殊的即席發表方式，研究者只要將他們的文章上傳至檔案室即可。其次，它讓整個研究社群都能在第一時間內，獲知他人研究的成果。因此，研究的想法與更新便以戲劇化的驚人速度循迴。這種幾乎完全不設限的發表平台究竟是好是壞，目前還有相當的爭議；但似乎大部份的物理學家都抱持肯定的態度，畢竟他們十分熱衷於上傳和下載各式各樣的論文。

姑且不談它在學術體系上的意義，這個檔案室本身也可被當成科學探索的對象——一個科學家之間的合作網路。檔案室架設五年以來，總共有五萬多個作者刊載了差不多十萬篇的文章。當然這個數目相較於整個物理史中的學者和論文數量，只是個很小的比例，但已經足夠表現當代物理學界的社會結構了。透過金斯帕格，馬克拿到了所有文章和作者的資料庫，並將之重建為對應的合作網路二分圖形。

無人能望其項背，不只如此，馬克還拿到了更叫人興奮的資料——生物醫學研究人員和論文的資料庫MEDLINE：比電子文件檔案的歷史更久遠，包括一百五十萬個作者，超過兩百萬篇文章。這個數目在社會網路分析的個案當中，絕對是空前的（傑利・戴維斯的網路已經算是大的了，但也只以千計）。馬克要做的不僅是利用新安裝在聖塔菲學院的巨型多功能處理器來計算這些資料，還必須改進基本的網路計算法，以免機器一連工作經年無法停歇。如果還嫌資料不夠多，馬克又從高能量物理界和電腦科學界，收集了兩個較小的資料庫（不過，就社會網路的標準而言，還算是相當龐大的）。

從經濟學的觀點而言，科學界共同作者的網路當然比不上企業董事的網路來得重要。不過就長期而言，科學社群創新與凝聚共識的能力，對於新知識的產生以及技術與政策的轉變進展，有著非常深遠的影響（即使難以確切地評估）。如果合作性的社會結構是要爲科學家提供一個良好的機制，可以學習新的科技，夢想新的觀念，並解決無法獨力應付的問題，那麼它對於整個科學界的健全發展便佔有舉足輕重的地位。特別的是，人們希望即使是非常大型的科學合作網路，也能連結成一個單一的社群，而不是好幾個孤立的次團體。

因此，在伊色佳聚會的那個週末，我們不只對關聯網路有了一些理論上的看法，也對我們模型意圖解釋的經驗現象刻畫出清楚的輪廓。例如，這類合作網路有個很特別的性質：每個網路中，大多數的作者都會連結到一個巨大的連結分支，只需短短的幾個步驟（通常是四或五步），任何一個科學家都能與其他人搭上關聯。我們先前已經在電影演員網路觀察到這種現象，所以一點也不覺得驚訝。不過值得注意的是，馬克的資料庫中，有的只收集了短短的五年，組成份子就已經上萬，所以這些科學家（一般都把研究重心狹隘地集中在某個小領域）並不像演員有那麼長的歲月來相互連結。而且，一篇文章最普遍的作者數目是三個，遠不及一部電影的平均演員數（大約是四十位）。因此，每一位科學家都能與外界有很好的連結，看來並不那麼明顯。

儘管如此，這樣的現象如果拿隨機圖形理論來解釋，恐怕還是會容易許多。在隨機圖形中（如第三章所提及的阿爾發模型），兩個差不多大小的大型分支之間，不可能不連結。理由很簡單，一旦有這樣的兩個分支**真的**存在時，不可避免地，最終一定會有一個分支成員隨機地連結上另一分支的某個成員，於是分離狀況立即中止。或許叫人驚訝的是，這種結果同樣會出現在非隨機的網路之中——比如專才領域的分割力量會將社群區解成塊。但就如阿爾發模型所示，只要有極少量的隨機度，連結現象就會產生。因而我們可以說，高連結性和短小路徑長度乃隨機網路模型的兩大預兆。

複雜的衍伸

然而仔細瞧瞧，這些資料也很快地展現出許多看來一點也不像隨機網路的表徵。首先，合作網路的群聚性都很高，像極了我們熟悉之小世界網路的行爲。其次，無論是每位作者產量數目的分配，還是和他合作過之作者數目的分配，看來都比較符合巴拉巴西和亞柏特的冪次法則，而不像代表隨機圖形的卜瓦松分配有著尖聳的高峰。

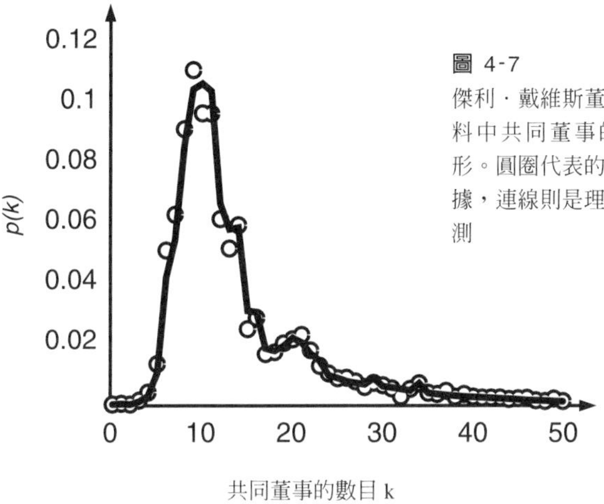

圖 4-7
傑利・戴維斯董事成員資料中共同董事的分配圖形。圓圈代表的是實際數據，連線則是理論性的預測

當我們開始檢驗傑利・戴維斯有關公司董事的資料時，情況變得愈來愈複雜。整個董事網路中，每個人都相互連結，而不只是很大一部份而已。對應的度分配既不像無刻度網路，也不像常態的隨機網路。名列財星雜誌前一千名公司的董事並非出於無謂的酬庸，因此我們一點也不驚訝絕大多數——事實上，超過百分之八十——的董事只隸屬一家公司。其分配如指數般快速下降——遠比冪次法則快得多，但卻也比卜瓦松或常態分配緩慢許多。附帶一提的是，連結性最佳的董事爲維恩・喬登（Vernon Jordan），美國前任總統克林頓最好的朋友，在莫妮卡・魯文斯基（Monica Lewinsky）醜聞中惡名昭彰的人物（他爲魯文斯基在露華濃公司〔Revlon〕安插了一份工作，而露華濃正是他擔任董事的九間公司之一）。共同董事（codirectors）的分配——有多少董事和

某人任職於同一家公司——看來也十分奇怪。如圖4-7所示，分配圖形中不只一個突起點，而是兩個，並且拖著個長長的尾巴，以一種不平滑的方式衰退。在統計學的書籍中，找不到任何基本的分配圖形能與之對應。所以這會是哪種網路呢？我們有可能找到任何理論基礎來了解這種分配，並得以解釋合作網路的結構嗎？

解答之鑰就如先前所建議的，以完整的二元模式（見圖4-6）去建造關聯網路；也就是說，將演員和群組當成兩種不同的結點，只允許演員和群組連結，反之亦然。先觀察這種二元圖形的性質，然後再據此計算相對應的單元投影（如圖4-6的上下兩個圖形）。然而，如果不想讓研究僅僅止於描述的層次，我們還是得做一些假設，並且剛開始簡單一點比較好。面對給定的二分網路之兩種分配（每個演員參與的群組數及每個群組包含的演員數），我們假設演員和群組間的配對多少是以隨機的方式進行。當然這不會是真實世界的情形；在真實世界中，演員決定要加入哪個群組時，一般都會經過計畫，而且通常都相當具有策略性。但是，就如先前創立的模型一樣，我們希望個體決策的複雜度和不可預測性，高到和簡單的隨機行爲沒什麼差別。

藉由強力的數學技巧來探究隨機分配的性質，馬克、史帝夫和我證實隨機單元網路大部份的基本性質（艾狄胥和芮易先前致力研究的對象），都可以很自然地拓展至二元版本。我們在科學合作網路中觀察到的性質，例如：短的路徑長度和巨型連結分支的存在等等，都直接從演員隨機揀選群組的假設而來。最有趣，但也最出乎意外的是，我們的模型竟然可以有效解釋傑利·

戴維斯資料中奇怪的度分配（如圖4-7所示，理論和資料表現出的一致性，幾乎叫人不敢相信），以及絕大部份的群聚現象。

但是，先前我們不是證明了隨機網路並不具任何群聚性嗎？嗯，是沒錯，但這正可以顯示關聯網路的二分表示法是多麼地有用。因爲就定義而言，群組中每個演員都和其他群組成員產生關聯；在二分網路的單元投影中，群組呈現出來的就像是一個完全連結的演員「派系」。因此，關聯網路（如圖4-6下方圖形所示）可說是派系交疊的網路，其間的連結乃透過個體重複參與多種群組來完成。由於這是網路**外在表現**的一種性質，而非經過某種特殊配對而產生，所以演員和群組間的配對方式並不會有任何影響。即使是一個隨機的二元網路——沒有任何一個特定的架構**做基礎**——也將呈現高度的群聚性。從另一方面來看，隨機性讓網路保持高度的連結性，而整體的路徑長度也會跟著減短。換句話說，隨機的關聯網路永遠都將是個小世界網路！

這個結果非常振奮人心，倒不是因爲我們需要另一種製造小世界網路的方法（這部分其實非常簡單），而是因爲小世界性質竟然可以如此自然地展現出來。簡簡單單地從社會學認可的角度切入問題——假設人們之所以相互認識，乃肇因於當事者參與的群組及從事的活動——我們就可以成功地顯現眞實社會網路的一些特性。當然，我們的模型還包括許多簡化的假設，當中最值得深究的是，我們假定演員選擇群組的行爲是隨機的。然而，這些缺憾非但可以矯正，而且事實上還更凸顯所得的結果是多麼強而有力。如果在演員以最簡單方式選擇群組的情況之下，都可以衍生出狀似合理的網路結構，那應該就代表了基本的研究進路是正確的。

當然，還有很多地方需要改善，而動態方面的問題似乎再度成爲關鍵。人們或許眞的因爲自己的行動而相互認識，但是他們同時也會受到交往對象的影響而嘗試新的事物。你的朋友可能會邀請你參加一些聚會，或是強拉你參與他喜好的活動。你的同事會跟你一起進行新的計畫，或是推薦一些人幫助你解決問題。老闆或許會在公司或甚至公司之外，爲你提供機會接觸新的世界。換句話說，透過你現有的社會連結，你經常會獲得能夠擴展視野的資訊管道，也因而改變了你所處的社會結構，衍生出與你分享下一階段的朋友。二元研究進路的威力就在於，它能將這所有的過程——網路之動態發展——以單一的架構清楚地表現出來；藉此，我們不僅可以同時追蹤社會和網路結構的演化，並且隨時可將二者融合，找出社會發展過程的核心所在。

然而這一切代表了什麼？就算我們終於了解人類是如何用社會結構創造出網路結構（反之亦然），那又有什麼用呢？再者，如果我們限制了人們可用的資訊，並且讓他們接觸到自己或許無法控制的外在影響，網路究竟會對成員產生怎樣的效果呢？就如我們在第一章所提到的，這些答案與當事者感興趣的行爲或影響有關——也就是我們所稱之網路上的動態學。因此，我們必須以不同的方式仔細探究各種網路上的動態情況。爲了能夠有效掌握相關事象，我們將回到史丹利・米爾格蘭的小世界問題——它其實比任何人想像中的要來得細膩精緻。

5 網路搜尋

史丹利・米爾格蘭的學術生涯，可說充滿了爭議性。身爲本世紀偉大的社會心理學家，他展現高超的實驗設計技巧，深層地探索個體心靈與社會環境之間的神祕界面。實驗結果常出人意表，甚至牽動令人焦躁不安的情緒。在一項著名的研究計畫中，米爾格蘭把新海文（New Haven，耶魯大學所在地）當地的社區居民帶進耶魯大學的實驗室，表面上是要參與一場關於人類學習的實驗。待居民進入房間後，將他們一一介紹給設定的實驗對象，並要求參與者分別唸一串語詞，讓實驗對象重述。如果實驗對象犯了錯誤，就會被參與者施予電擊式的懲罰。隨著錯誤的連續發生，電擊的強度也愈來愈強，直到極端痛楚或甚至致命的地步。在那時，你會目睹呻吟、尖叫、求饒，以及掙扎的情景。如果參與者不忍或是提出抗議，就會有個身穿白衣、胸前掛著寫字板的監察員出現，要求實驗繼續進行。不過參與者並不會被強迫做任何事情，也沒有受到任何威脅恐嚇。如果在某個時點，參與者拒絕配合，實驗便立即中止，不會有什麼懲罰性的後果。

當然，整個實驗只是場戲而已。當中並沒有眞的電擊，一切痛苦的表情和反應都是裝出來的。實驗的目的是要觀察個體在擁有自由意志的情況之下，如何依據命令對待他人。參與者事後會被告知事實的眞相，但在實驗過程中卻以爲眼睛所看到的就是眞實面，這也正是讓人感到不舒服的地方。實驗的測試方法有許多變化，比如參與者不直接對實驗對象施予電擊，而是由另外的中介者執行；在這種情況下，四十個參與者當中竟然有三十七人讓電擊伏特升高到致命的程度。米爾格蘭爲此下了個令人冷顫的註解：當官僚體系將個體與行爲結果做了某種阻隔之後，殘酷的舉止便很容易產生。另外一個測試，甚至要參與者在執行懲罰之際，親自將實驗對象的手放在電擊板上！即便今日重讀米爾格蘭文情並茂之鉅著《服膺權威》（*Obedience to Authority*），心底還是不免生出毛骨悚然的寒意。然而，回到一九五〇年代的美國，意識型態當道，米爾格蘭的實驗結果徹底違背一般信念，自然難以見容於世，於是撻伐之聲四起。

儘管具有高度的爭議性，米爾格蘭的實驗讓他躋身公共知識份子的行列，其作品被廣泛閱讀與引用，儼然成爲美國文化的一部份。受到震驚的同時，學界並不對實驗結果的眞實度感到懷疑，雖然也不再有人重複類似的實驗。（事實上，以今日人類實驗規範的標準而言，這種實驗是不被允許的。）至於他在小世界問題方面的研究，我們同樣抱持肯定的態度，即使很多結果一樣叫人困惑與驚訝。現在大家都聽過「六度分離」這個名稱，但是多數人都不了解它的來源，更別說深入探究米爾格蘭的實驗結果了。甚至很多引用米爾格蘭原始著作的學者，也未曾仔細檢視，只是單純地接受他的結論。

關於科學事業，一直存在某個細微難解的困擾。一方面，科學的強度正在於它累積知識的本質與力量。科學家探索問題，總是立基於一個被廣泛接受的相關知識體系，而不去質疑當中每一種方法的適切性、每一條假設的有效性、或每一組事實的眞確性。如果研究人員總是從第一原則出發，試圖操作每個環節，花費同等氣力於每個細微點，那麼沒有人可以獲得什麼成果。所以，我們都得相當程度地接受所屬社群肯認的結論，並據以爲本繼續發展。

但是另一方面，科學家也同樣是人，他們和其他各行各業一樣，行爲都會受到許許多多因素的影響，而非只出於追求科學眞理的單純動機。基於人類的不完美，也基於眞理本身的辨識十分困難，科學家時常犯下錯誤，並且對於研究結果的詮釋，無論是自己或他人都有可能產生偏差。因爲錯誤在所難免，所以科學界運用了許多機制防止，像是同儕審核、學術會議、異議論文的出版等等；但是都不可能竟全功，因此三不五時我們就會很驚訝地發現，某些被視作理所當然的知識，其實充滿疑點或者根本是個錯誤。

那麼，米爾格蘭的研究到底說了些什麼？

心理學家茱蒂斯・克萊恩費德（Judith Kleinfeld）在教授大學部課程時，意外地發現一個誤置的科學信念。當時，她試圖找尋學生能夠隨手嘗試的實驗，希望讓他們領會課堂知識的活用性。米爾格蘭的小世界實驗似乎是個非常理想的模仿對象，於是克萊恩費德便決定叫學生實際操作一遍，只不過順應二十一世紀的新潮流，改用電子郵件的方式進行。爲了徹底了解實驗的精髓，克萊恩費德重新檢視米爾格蘭的原始論文，結果非但找不到支撐實驗的堅實基礎，反倒發現米爾格蘭的實驗結果問題重重。

當初米爾格蘭建構信件連結時，起點大約是三百人，他們都嘗試把自己的信件連結到波士頓的一個特定對象。普遍流傳的說法是，這三百人都住在遙遠的俄馬哈市，但如果仔細觀察原始資料，其實竟然有一百人住在波士頓！並且，內布拉斯加州的兩百人當中，也只有一半是隨機選取的（來自米爾格蘭購買之郵寄名單），另一半則都是績優股票的投資人——別忘了，信件傳遞的終極目標正是個證券經紀商。所以，著名的六度連結其實是三種母體的平均值，而且正如你可能預期地，它們之間差別很大。比起內布拉斯加州的隨機樣本，波士頓居民以及股票投資人皆以較少的步驟成功地完成任務。

記得我們先前提及之小世界現象的驚奇結果是：任何人都能與任何人連結——不僅是同一城鎮的人，也不僅是擁有共同興趣的人，而是任何地方的任何人。所以，眞正滿足我們一般假設條件（包括米爾格蘭自己也如此宣稱）的母體，只有那些從內布拉斯加州郵寄名單中選取的九十六人（而且還只是約略滿足）。如果把焦點放在這些人身上，呈現出來的數字就非常不漂亮：九十六個起始點當中，只有十八人成功地連結到目標。十八人！難道這就是我們大驚小怪的來由？怎麼能夠從僅僅十八個通達目標的連結線，就推出一個我們意圖解釋之無所不包的普遍原則？我們怎麼能夠照單全受，而從不對其合理性提出任何嚴肅的挑戰？

滿心狐疑的克萊恩費德，繼續找尋米爾格蘭及其他作者後來的相關論文，看看實證結果與後續詮釋之間的落差是否能在別處得到滿意的解答。結果，她再度失望——完全不是那麼一回事。雖然米爾格蘭及其同僚陸陸續續提供了其他的實驗（其中，洛杉磯白人社群連向紐約黑人目標的實驗是最受到矚目的），但是也都不夠寬廣，和原始實驗一樣地受限。更叫人吃驚的是，只有少數幾個研究員試圖重複米爾格蘭的實驗，其結果的說服力甚至更低。舉例來說，有一個實驗，它的參與者和連結目標竟然都侷限在某個中西部大學之內——怎麼說，都談不上是個普遍原則的測試！

愈來愈多的不解與疑惑，促使克萊恩費德進一步探詢耶魯大學的塵封檔案，試圖從米爾格蘭的筆記和未出版作品中尋求線索；這時候的她，還是相信一切問題必出於自身的不足與遺漏。結果，她的確發現了一些未曾出世的資料。米爾格蘭在進行俄馬哈實驗之際，還做了另一項同質的研究。傳遞信件的起點是在堪薩斯州的維啓大（Wichita），而連結目標是一名哈佛神學院學生的妻子。其實，米爾格蘭曾經在他第一篇相關論文中提及這個實驗（論文刊登於《今日心理學》〔*Psychology Today*〕），因爲當中有個連結線是他測量過最短的一條：第一封成功連結到目標的信，只花了四天的時間，中繼站不過兩人。然而，米爾格蘭略而不提的是（不管在該篇論文或其他地方都未曾提及），這只是少數抵達目標的一個特例——總共發出六十封信件，只有三封到達目標。克萊恩費德還發現，有兩項後續的實驗，由於成功率過低，所以結果從來沒有公諸於世。面對眼前的資料，克萊恩費德不得不做出底下的結論：我們一直談論的小世界現象，其實根本沒有任何可信賴的實證基礎。

本書出版之際，我們正著手進行一項小世界的實驗，規模可謂空前的龐大，希望藉此解決長久以來的爭議。以電子郵件取代傳統信件的方式，再透過中央網站的控管，有效處理來自四面八方的訊息；實驗所能容納的投件者數及資料份量，恐怕是米爾格蘭無法想像的。到目前爲止，我們已經創造出五萬個訊息連結線，起始點超過一百五十多個國家，而連結的目標總共十八位，所在區域包括美國、歐洲、南美洲、亞洲，以及太平洋地區。對象從伊色佳的大學教授（究竟是誰，你永遠也猜不到）到愛沙尼亞的檔案管理員，從澳洲西部的警察到俄馬哈市的店員，可說涵蓋了各式各樣的人；唯一的共同點是，他們都使用網際網路（網際網路的使用人口大約五億，遍佈全球各地及各種行業）。至於發送信件的人，則是在世界各地公開徵求而得，每天都有成千上百的新血與我們聯繫。

規模龐大歸龐大，但是不可否認地，五億人口的母體畢竟還不是整個世界；並且，如果從全球社會的角度而言，有管道又有空閒使用電腦的人，也只代表了某個相對狹隘的階層。因此，即使從這麼龐大之實驗所獲得的結果，也不具有**全然的普遍性**。另外，本實驗還遭遇了一個問題，那就是人們事不關己的漠然態度（米爾格蘭恐怕也遭遇到類似的經驗，不過程度上可能有明顯的差別）。比起一九六〇年代，今日的垃圾郵件（尤其是電子性的垃圾郵件）多得驚人，因此許多人都不大願意（或者只是因為沒有時間）參與，即使「邀請者」是自己的朋友。可想而知，很多連線最後都無疾而終，成功率低得可憐——不到百分之一的連結線，順利抵達目標（記得嗎，米爾格蘭的成功比例大約是百分之二十）。所以，我們原先寄予厚望的實驗，看來也無法獲得明確的公斷（雖然現在尚未對結果做完整的分析）。整件事情透露出來的訊息或許是：欲以實證資料肯認或否定小世界現象的困難度是非常高的。

六這個數字究竟是大還是小？

那麼，該怎麼辦呢？我們畢竟已經花很多時間，試圖去理解小世界現象。難道，要現在開始去懷疑它嗎？並不盡然。很重要的一點是，從我們網路模型所定義之小世界現象，其實跟米爾格蘭探究之小世界有個明顯的差異——只是先前都被模糊掉了。記得當初我們之所以採取理論進路的主要動機，就是因為實證的困難；而經驗資料的持續匱乏，並不必然會對我們的成果產生衝擊。關鍵點在於，任兩人之間連結路徑短小的推論（此乃所有小世界網路模型共同的宣示）和是否能從實際經驗中挖掘出來，其實是兩回事情。米爾格蘭的實驗，要求參與者將信件傳送給他們認爲最接近目標的朋友，而不是把信件複印成很多份，然後寄給每一個自己認識的人。但是，當史帝夫和我從事數值實驗時，後者才是我們據以計算的情形，而且也隱含在我們關於最小路徑長度的論述內容。因此，下面情況是完全可能的：從第三、第四章述及之小世界網路模型的意義而言，我們確實處於一個小小的世界；但是在此同時，我們也依然懷疑米爾格蘭實驗結果的眞實性。

米爾格蘭和我們對小世界測試方法的差別，也可用「廣佈搜尋」(broadcast search) 與「目標搜尋」(directed search) 之間的對比加以說明。在廣佈的模式當中，你會把訊息告訴你認識的每一個人，而接收你訊息的人也同樣地告訴他們認識的每一個人。根據這樣的規則，只要連結者與目標之間確實存在某個短小的連結路徑，那麼散佈出去的訊息終究會找到它。整個網路系統，可說完全沈浸於排山倒海的訊息當中，就好像某種精密的探測裝置，極力搜尋能夠通達目標的路徑，任何角落也不放過。聽起來，並不怎麼叫人舒服；但事實上，這正是一些比較麻煩之電腦病毒運作的方式。在第六章中，我們會再做深入的探討。

目標搜尋則比廣佈搜尋來得細緻，也突顯出不同的優劣點。在目標搜尋當中（米爾格蘭實驗就是其中一例），每次只傳送一個訊息給特定對象，所以如果兩個隨機選取者之間的路徑長度是六，那就只會有六人接收到訊息。我們可以設想，要是當初米爾格蘭實驗採取廣佈搜尋的話，每個參與者都把訊息傳送給每個認識的人，那麼整個國家終究都會收到訊息——總共大約有二億人口——而一切麻煩卻只爲了要連結某個特定的目標！雖說廣佈搜尋在理論上定會找得最小路徑，但實際上卻難以操作。相反地，如果只允許六個人參與，目標搜尋的方法雖然可以避免癱瘓系統的危險，但是找尋短小路徑的任務卻變得複雜許多。即使理論上我們跟世界其他人都只相隔六度的距離，但我們還是陷入六十億人口及至少六十億不同路徑的迷障；面對如此讓人眼花撩亂的複雜情勢，我們怎能找到那條短小的路徑呢？自然困難重重——尤其如果憑藉的只是一己之力。

早在凱文貝肯遊戲問世之前，數學家就曾玩過類似的戲碼，只是主人翁變成保羅・艾狄胥。艾狄胥不僅是個偉大又多產的數學家，也是數學社群中的超級名人；他之於數學界，正如貝肯在電影演員世界的中心地位。所以我們可以同樣地計算所謂的「艾狄胥指數」。如果你曾經和艾狄胥共同發表過論文，則你的艾狄胥指數爲一；如果你不曾直接和艾狄胥合作過，但是曾經和一個跟艾狄胥合作過的人共同發表論文，則你的艾狄胥指數爲二；然後以此類推。於是，遊戲的問題便是：「你的艾狄胥指數爲何？」而真確的答案是要找尋可能的最小數字。

當然，如果你的艾狄胥指數爲一，那麼問題就顯得多此一舉；如果你的艾狄胥指數爲二，也沒什麼大不了的。艾狄胥是這麼有名的人物，所以任何跟他合作過的人都不免會提及這段經歷。但是，當指數超過二時，問題就開始變得困難；因爲即使你很熟識自己的合作伙伴，一般而言你也不會知道每一個跟他合作過的人物。倘若你很用心去調查，並且合作過的伙伴又不多，或許你可以藉由查閱論文或直接探詢的方式，把他們各自合作過的人物完整地列舉出來。但是，有些科學家發表論文的時間超過四十年之久，累積出的合作伙伴有好幾十個，要想準確地回憶出每一號人物並不容易。言及於此，相信你已經看得出其中的困難，但事情的發展是愈來愈糟——下一步，你勢必完全地迷失。想想看，現在你不僅要列舉出每一個合作伙伴曾經合作過的人物，還要進一步列舉他們每一個人的合作伙伴！別說你可能不認識當中大部分的人，恐怕很多連聽都沒聽過，你怎麼有可能知道他們個別的合作伙伴呢？基本上是不可能的。

我們在這裡所嘗試的，是從科學家合作網路當中有效地執行廣佈搜尋；當然還是要再次提醒，實務上的操作是近乎不可能。所以到後來，每個人終究回歸到目標搜尋的方式。你先找一個你認為研究領域最接近艾狄胥的合作伙伴，然後再從他的合作伙伴中挑一個你認為最接近艾狄胥之人，以此類推。不過一個嚴重的問題是：除非你專精於艾狄胥的研究領域，否則你不大可能確認哪一個合作伙伴是「最佳的選擇」。所以在這種情況之下，你很可能一開始就猜錯了，於是鑽入一個死胡同，找不到出路。或者，你一開始猜對了，但是接續的選擇卻發生錯誤，依然不得其解。或者你一直都朝著正確的方向前進，但在還沒有達到目標之前就不耐地放棄。在搜尋的過程當中，你怎麼知道自己的進展究竟如何？

對於這樣的問題，似乎沒有一個簡單的答案。基本困難在於：你所要解決的是一個整體性的問題——尋找短小路徑——但是你所依據的網路資訊卻只是區域性的。你認識你的合作伙伴，甚至認識一些合作伙伴的合作伙伴，但對超越於此的世界卻是全然陌生的。因此，你不可能在衆多路徑當中，知道哪一條是引往艾狄胥的最短路線。每到一個分離度數的關卡，你就得做一個新的選擇，但是卻沒有任何清楚的方法可以用來評估所做的決定。就好像一個住在曼哈頓的居民，爲了搭機前往西岸，必須先開車往東到拉瓜帝亞機場（譯按：LaGuardia Airport，紐約市的國際機場）。從網路路徑的觀點而言，一開始的最佳選擇很可能會導引你去錯誤的方向（明明目標在西邊，爲什麼會先往東邊去呢？）。然而，因爲有完整的地圖指引，先開車往東再搭機往西的路線就不會顯得那麼糟糕；可是我們現在所面對之最短路徑的問題，卻沒有任何地圖的指引，實在很難判知「繞路」其實才是正確的選擇。

先前我們聽到「六」這個數字，或許會覺得小；但是現在看來，似乎又覺得很大。事實上，當我們從事目標搜尋的工作時，只要數字超過二，困難度就頓時升高。有一天，某個記者問起史帝夫的艾狄胥指數，他才驀然發覺超過二的數字原來這麼大。他整整花了兩天的工夫，才計算出自己的艾狄胥指數——答案是四。（我很清楚地記得這段往事，因爲我當時想找史帝夫做其他的事情，他卻整個人陷入尋覓指數的泥沼，連話都不回上一句。）如果你覺得這又是數學家逃避正規工作的另一種方式，我倒想談談目標搜尋比較嚴肅的層面。從網站搜尋到檔案尋覓，或甚至想找個適當的對象解答某個技術或行政上的問題，我們經常都會採取一系列的目標探詢，只是也時常產生挫折，要不走進死胡同，要不懊惱怎麼沒有一條更便捷的路徑。第九章中，我們會顯示如何尋求通往正確資訊的短小路徑其實是非常重要的課題，尤其如果面臨一個快速轉變的危機，必須趕緊尋覓解決之道，但當下又沒有任何人清楚知道該做些什麼，或者什麼人才擁有解答的關鍵。就如同原始的小世界問題一樣，我們發現某個簡單的理論常常會提供很多理解複雜世界的線索，而這些線索是無法從直接探測世界本身的過程中尋得。

小世界的搜尋問題

這回，關鍵性的突破來自於一名年輕的電腦科學家強．克萊恩柏格，他曾經就讀於康乃爾大學及麻省理工學院，在舊金山附近的ＩＢＭ奧馬丹研究中心（Almaden Research Center）工作幾年後，回到康乃爾擔任教授的職務。克萊恩柏格提出一個史帝夫和我從來沒想過的問題，雖然現在回顧起來，一切都顯得那麼自然（就如同無刻度網路的情形一樣），我們不禁感嘆，怎麼會遺漏掉這一點呢？不像史帝夫和我把焦點放在短小路徑存在與否的問題，克萊恩柏格關切的是：網路中的個體要如何才能發現那些短小的路徑？提問的動機，再度與米爾格蘭相關。撇開茱蒂斯．克萊恩費德的疑慮不談，米爾格蘭實驗中的某些連結主體，確實把信件成功地傳達給設定的目標，但究竟是怎麼做到的，克萊恩柏格並不清楚。畢竟，米爾格蘭實驗的傳送者是在一個非常龐大的社會網路中，運用目標搜尋的方式完成任務，他們所能使用的資訊少得可憐──遠比數學家據以計算艾狄胥指數的資訊還少。

克萊恩柏格思索的第一個重點是，如果眞實世界運作之形態確如史帝夫和我提出的模型，那麼米爾格蘭觀察到的那種目標搜尋根本不可能成功。結果，問題出在一個我們尚未討論到的小世界模型之特點。雖然模型允許我們建造各種失序程度的網路，但是隨機性質確實是一種特殊的狀態。也就是，我們藉由隨機重組創造新的捷徑時，總有一個鄰點被釋放，而新的鄰點是從整個網路中**均勻地**選取出來，不論實際距離是遙遠或鄰近的。

我們一開始面對小世界問題時，均勻的隨機性似乎是個很自然的假設，因爲它並不仰賴特定的距離概念。然而，克萊恩柏格卻指出，人們實際上擁有各種強烈的距離觀念，並據此將自我與他人區分開來。明顯地，地理距離是其中之一，另外還有像職業、階級、種族、收入、教育、宗教，以及個人興趣等，都是在計算自我跟他人之間有多「遠」時，常見的考量因素。我們會利用這些距離概念來確認自我與他人的身分，而米爾格蘭實驗中的參與者似乎也是如此。然而，由於均勻的隨機連結（如圖3-6）並不採用這些距離觀念，所以造就出來的捷徑很難由目標搜尋的方式啓動。在不提及任何調節系統的情況下——如同第三章提及之貝塔模型中的環格案例——要從原點開始搜尋是無法奏效的。因此，傳遞的訊息要不隨機地四處跳躍，要不沿著晶格緩緩爬行。如果米爾格蘭實驗具有相同的狀況，那麼整個連線勢必包含成千上百個中繼連結，這比從俄馬哈市到波士頓挨家挨戶地傳遞訊息好不到哪裡去。

於是，克萊恩柏格設想出一種更具普遍性的網路模型，雖然同樣保持了基礎晶格的隨機連

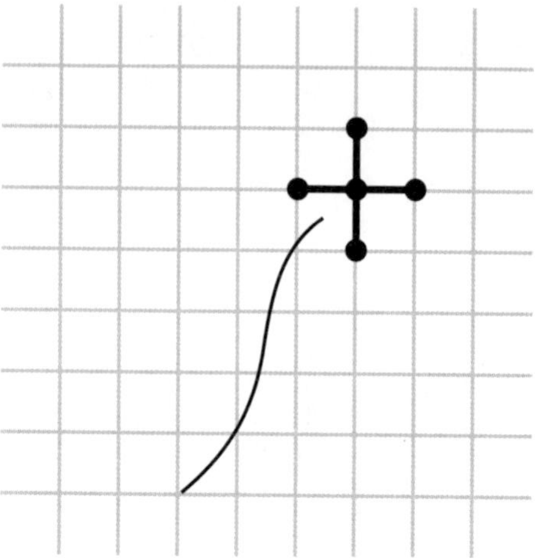

圖 5-1
克萊恩柏格的兩度晶格模型。每一個結點都與晶格上最近的四個鄰點連通，也都包含某個隨機連結。

結，但是兩個結點之間產生隨機連結的機率卻隨著兩者間隔（在晶格上測量出來之距離）的長度而遞減。爲了讓事情簡單一點，他在二度晶格上考量訊息傳遞的問題（見圖5-1），首先是依據某種機率分配（圖5-2的一種函數）增添隨機性的連結。從數學的角度而言，在對數—對數表格中畫出的每一條直線都代表了某個冪次法則，而指數 γ 各有不同。當指數爲零時（頂端的水平線），隱含的意義是：晶格上的所有結點被隨機選取的機率完全相等；換句話說，這時候的克萊恩柏格模型可以還原成第三章提及的二度貝塔模型。所以當 $\gamma=0$ 時，雖然有許多短小路徑存在，但是正如我們先前所言，它們無法被發覺。相反地，如果 γ 很大，就表示隨機連結的機率隨著距離長度快速下降，而下降速度之快，使得只有那些原本就很靠近的結點才有機會連結。在這種情

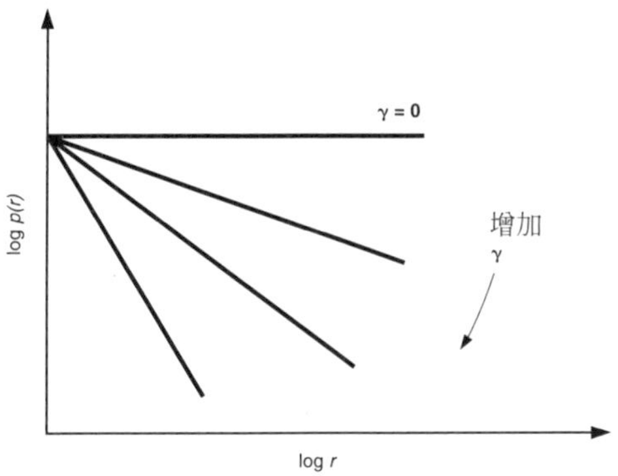

圖 5-2
產生隨機連結的機率為晶格距離（r）之函數。當指數（γ）為零時，各種長度之隨機連結發生的可能性都相等。當指數很大時，只有原本在晶格就很靠近的結點才有可能連通。

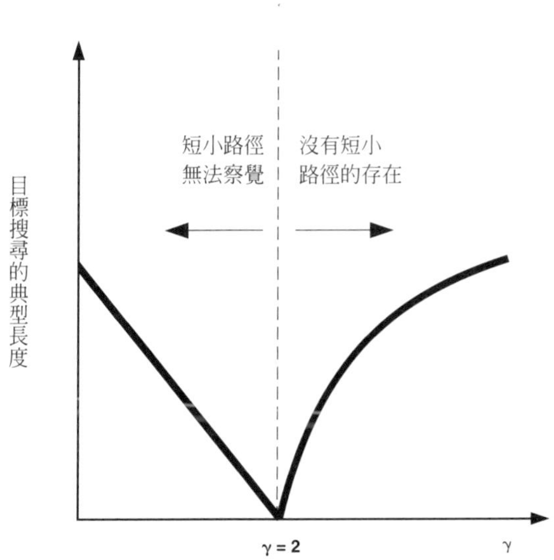

圖5-3
克萊恩柏格的主要結果。只有當指數 γ 等於二時，網路才擁有個體能夠實際察覺的短小路徑。

況之下，每一個隨機連結都包含了很多關於晶格的資訊，所以路徑很容易就被找出來。然而它的問題是，既然長距離的捷徑無法產生，就根本不存在短小的路徑。因此，這兩種極端都不能催生出可搜尋的網路。但是，克萊恩柏格想要探究的是，中間情況究竟如何？

這樣一來便發生了很有意思的現象。圖5-3顯示，想讓訊息傳達至某個隨機目標所需要之中繼航程的典型數目，而這個數目可視爲指數γ的一種函數。當γ遠小於二時，網路就面臨了跟原始小世界模型同樣的問題：短小路徑雖然存在，但卻無法被發覺。而當γ遠大於二時，短小路徑就根本不存在。但是，如果γ恰好等於二，則網路系統達致一種最佳的平衡狀態——同時兼顧尋覓晶格航線的方便性，以及長距捷徑縮減距離的力量。在這種情況之下，連結任何一個**特定**結點的機率，依然隨著間隔距離的增加而減少；但是另一方面，距離愈大，就存在愈多的結點可以連結。克萊恩柏格所要彰顯的是，當γ達致臨界值二時，這兩種相衝突的力量恰恰抵消。由此造就出來的網路具有一個特別的性質：不管是怎樣的**長短刻度**，個體都擁有相同數量的連結點。

這樣的概念有點難懂，但是克萊恩柏格卻提供了一個比較容易掌握的圖像：索爾・史坦柏格（Saul Steinberg）描繪之「第九大道的世界景觀」（View of the World from 9th Avenue），它在一九七六年被製作成《紐約人》（*The New Yorker*）雜誌的封面，如本書的圖5-4。圖形中，第九大道佔據了一整個街區的空間，而相鄰街區佔據的比例又跟曼哈頓西部從第十大道至哈德

圖 5-4
索爾．史坦柏格描繪之「第九大道的世界景觀」，登在一九七六年的《紐約人》雜誌封面，展示出克萊恩柏格不同搜尋狀態的概念。取材於私人收藏品，紐約。

森河（Hudson River）的範圍一樣大。「錯置的」比例繼續發酵，哈德森西部在圖形佔據的空間跟整個美國一樣大，而美國跟太平洋一樣大，太平洋又跟世界的其他各地同等比例。

史坦柏格的原意是要發表某種社會評論：紐約人總習慣於將地方事務跟世界大事等量齊觀——自己彷若是宇宙的中心；然而，在克萊恩柏格的模型當中，這個圖形卻有一種更確切的意義。當指數 γ 恰等於臨界值二時，位於第九大道之個體在圖形中的每一塊「同樣大小的」區域（或同樣刻度的範圍），差不多都會有相同數量的朋友。換句話說，你應該會預期你在所處社區結交的朋友數量和城市剩下的區域一樣多，而後者又跟州裡其他地方的加總一樣多，本州的朋友數又跟美國其他各地的加總一樣多；以此類推，直到全世界的比例爲止。你在同條街認識一個新朋友的可能性，相當於產生一個洲際朋友；雖然差不多有幾十億人居住在別的洲裡，而卻只有幾百人處於同條街的位置。背後的基本觀念是：你想要在世界另一端認識某個**特定**人士的機會非常地低，所以對於你而言，「世界其他各地」和「同一條街」所擁有的社交數目大抵相等。

克萊恩柏格的結果透露出底下的要點：一旦同等連結性適用於任何刻度範圍的條件能夠滿足，不僅網路各點之間存在短小路徑，而且個別的傳送者也能找到這些路徑，只要他們都能把訊息傳給他們認爲最接近目標的一個朋友。搜尋問題得以解決的關鍵在於，個體不再是獨自面對挑戰。每個階段的傳送者都必須費心思索，該如何將訊息順利移交到下一個搜尋狀態，這裡的「狀態」就相當於史坦柏格畫中的不同區域。如果說，你的終極目標是塔吉克（Tajikistan）

的一個農夫，你並不需要把抵達終點或甚至怎麼通往塔吉克的每一條路徑都想清楚。你只要能把訊息傳送到世界的某個正確部位即可，剩下的就交由另外的人費心。這個做法的假設是連線上的下一個人比你更接近目標，比你擁有更詳盡的資訊，所以也更能夠將搜尋引領至下一個階段。這正是$\gamma=2$所保證的效果。一旦上述條件能夠滿足，要把訊息從一個狀態進展到下一個狀態——從世界其他地區傳到適切的國家，再從這個國家的其他區域傳到適切的城鎮……等等——所需耗費的傳送者不過幾人。並且，整個世界總能像史坦柏格的畫作一樣，切割成少數幾個區域（狀態），所以訊息連線的總長度也應該會是相當短的。

我們後來把上述情況稱爲「克萊恩柏格條件」（the Kleinberg condition）。這個條件，再加上克萊恩柏格對「均勻隨機之小世界網路不可能完成搜尋」的證明，可說爲網路思索的進展跨出了一大步。克萊恩柏格深層的見解是：單靠捷徑的存在，不足以讓小世界現象對區域性個體產生任何實際的用途。爲了要使社會之連結產生效用——可以有意識地尋得事物——我們必須解開社會結構底下的資訊密碼。然而，克萊恩柏格模型未能解釋的是，世界爲何能眞的成爲這種樣式？如果社會網路可以被準確地安排成上述的模式，或許世界確實會突然變成「可搜尋的」。但是，第一步要如何才能達成——社會網路怎麼才能夠安排成這樣的模式？事實上，從社會學的觀點而言，克萊恩柏格條件似乎不大可能出現。當然，克萊恩柏格本人並不是要尋找一個符合社會實際狀況的模型，而是藉由模型的簡單性，來了解一些複雜模型無法參透的網路特性。不過這倒也爲我們開啓了另一扇門——融合社會學的新思考。

社會學之回擊

二〇〇〇年八月，我離開麻省理工學院，進入哥倫比亞大學的社會系。有一天，馬克前來哥倫比亞探望我的時候，談到目標搜尋的問題。經過一番討論，我們相信「克萊恩柏格條件」並不是理解米爾格蘭結果的好方法。但是，爲什麼會這樣呢？克萊恩柏格不是已經**證明**：如果一個網路不具備「同樣刻度範圍（不管長度爲多少）之連結性皆相等」的條件，那它就無法被有效地搜尋？答案是既肯定又否定的。如果人們確實用晶格模式在測量彼此的距離，那上述所言便爲眞。但是，克萊恩柏格結論的眞正意涵或許是，人們實際上根本不用那種方法計算距離。在春季暖陽的陪伴之下，馬克和我漫步校園，試著設想一個與小世界原型相關的例子：要怎樣才能連結一個中國農夫呢？我們兩人都不認識任何一個中國大陸的農夫，而且不管他們到底有多少人，我們也很可能永遠不會結識。但是我們卻知道該去找誰，至少能指引出正確的方向。

我們想到的人是艾瑞卡·簡（Erica Jen），一位中國後裔，最近才接下聖塔菲學院副院長的職務，當初是她聘用馬克和我進入學院工作的。文化大革命時，艾瑞卡在北京大學唸書，不僅是第一波就學北京的美國人，而且還積極參與社會運動。我們猜想，就算她不直接認識任何一個四川（或那個假設性農夫眞正居住之省份）來的鄉村領導者，她也很可能會知道某位認識該省鄉村領導者的人。不管如何，我們相當肯定，如果把信件傳送給她，沒隔多久訊息就可通達中國。我們不知道中間會經過怎樣的路程，也不知道進入中國之後的接續發展會如何；但是，如果克萊恩柏格是對的，這也都不再是我們的問題——我們所要操心的，只是把信件順利傳送到下一個傳遞狀態（也就是，進入正確的國家），剩下的就交由其他人去傷腦筋了。

克萊恩柏格模型和我們設想的傳送連線之間的差別在於：雖然艾瑞卡是連線中的一個關鍵結點，甚至很可能是把信件移動最遠之人，但是就馬克和我的觀點而言，她並不是一個長距離的連結點。我們三人曾經共屬於某個狹小緊密的社群——都是聖塔菲學院的研究員。以我們的角度來看，不管她曾經居住何地，或者二十年前做過什麼事情，重要的是當我們與他相識時，她是我們的老闆、同事，及朋友，在同一個地方工作，對許多研究計畫有共同的興趣。在那時候，她和我們之間的距離不會比馬克和我的距離來得遙遠，並且就我們所知，她在中國的一些朋友，對她而言跟我們是也同等親近的。換句話說，我們將信件送往中國的過程，可能（對持信者而言）只是兩個小小的步驟——從我們到艾瑞卡，再由艾瑞卡到她在中國的一個朋友——然而合起來看，卻像是一段漫長的步伐。

兩個短小的步驟，怎麼可能會合成一段長的路徑？在常態的晶格模型當中（不管是史帝夫和我先前考量的，還是克萊恩柏格後來研擬的模型），這種情形都是不可能的，這也正是爲什麼我們的模型（包括克萊恩柏格的）需要某些長距離的連結。然而，現實的社交世界中似乎又有可能產生類似的情況，這種弔詭的現象，一直是許多具有數學傾向之社會學家關切的議題。回溯至一九五〇年代，當數學家曼弗瑞德．寇全（Manfred Kochen）和政治學家伊希爾．德索拉．普爾（Ithiel de Sola Pool）首度攜手合作，思索小世界問題時，就發現社會距離似乎違背了「三角不等式」（the triangle inequality）的數學條件（見圖5-5）。根據數學公式，三角形任一邊的長度必然小於或等於另兩邊長度之和。換句話說，如果你分開走了兩步，距離原點的距離不可能比兩步之和還要大。然而，我們假設的訊息傳送似乎卻發生了這種現象。

社會網路是否眞違背了三角不等式？如果不是，爲什麼看起來像是如此呢？要理解社會網路距離之弔詭現象的關鍵在於，我們常常混淆了兩種測量「距離」的方式。第一種方式——也是本書最常探討的方法——乃透過網路所呈顯的距離。據此觀念，A和B兩點之間的距離，就是連結A和B之最小路徑的結點數量。然而，我們一般在想某人距離我們有多遙遠或多靠近時，並非採取這種定義。正如哈里遜先前在AAAS會議中所提，我們經常是以自己投入之群組、機構，及活動來認定自我與他人之間的關係。

浸淫關聯網路已經有一段時間了，馬克和我對於社會認同的觀念可說是非常熟悉。但是我們現在卻逐漸明瞭，個體和群組之間不僅僅是單純的隸屬關係。人們通常會設法將各個群組安排在某種社會空間，據此測量自己與他人的相似及差異。實際上是怎麼進行的呢？方法其實跟那幅史坦柏格的畫（圖5-4）有異曲同工之妙。從整個世界的層級出發，個體將其**分割**成幾個小而明確的範疇，然後每個範疇再進一步分割成幾個次範疇，每個次範疇再做更細小的分割，直到關聯網路的圖像完整地顯現出來（如圖5-6）。

體系中的底部群組，代表的是跟我們最密切的關聯——同一棟公寓、同樣的上班地點、共享娛樂的夥伴等等。這跟第四章的關聯網路有個很大的不同點：之前，演員與演員之間要不屬於同樣的群組（因而產生關聯性），要不分屬不同的群組；但是現在，我們卻納入各種強度的關聯性。兩個人雖然不在同一個工作團隊，卻可能同屬某個單位；同樣地，兩個人雖然不在同一個單位，卻可能同屬某個部門，或者只是同在某一家公司上班。要沿著體系更往上走才找得到共同群組，就表示兩個人的距離愈遠。並且，如同克萊恩柏格模型所示，兩人的距離愈遠，相識的機會愈低。因此，我們的模型也有個跟克萊恩柏格之γ指數對等的變數，稱爲「類聚參數」（homophily parameter）——來自社會學的概念，說明人類喜歡與相似者結盟的傾向。在一個類聚性很強的網路中，只有同屬最小群組的個體可以連結，於是整個世界形成派系孤立的破碎局面；反之，如果類聚參數爲零，則情形就跟克萊恩柏格的條件一樣，個體在每一種社會距離的刻度範圍之內，互相結識之機率是相等的。

因此，社會距離發揮功能的方式跟克萊恩柏格模型並無二致。但是現在，我們要評估兩人結識的機率時，所能引用的距離觀念卻有很多種。克萊恩柏格之晶格模型單以地理座標處理個體的位置，雖然有效，但卻不符合現實；眞實世界裡，個人是從很多社會面向的組合推衍出距

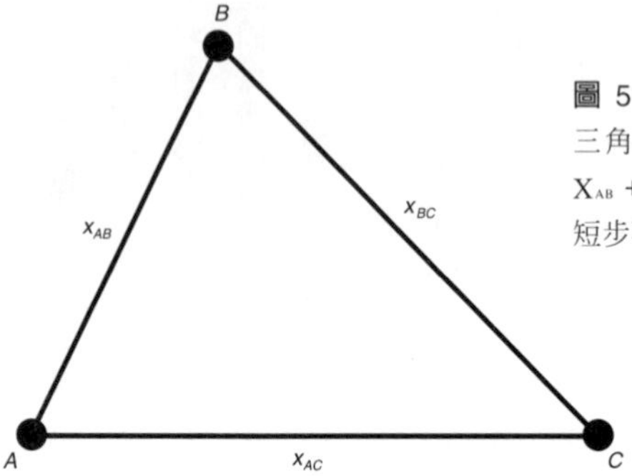

圖 5-5
三角不等式說明了距離 $X_{AC} \leq X_{AB} + X_{BC}$的事實。因此，兩個短步不可能等於一個長步。

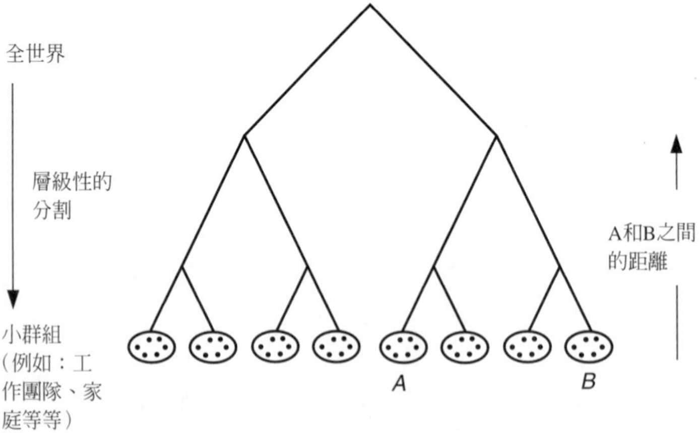

圖 5-6
根據單一的社會面向，將世界做層級性的分割。A和B之間的距離是最低階之共同祖先群組的高度，而本案例的距離爲三（共屬某底部群組的個體，距離爲一）。

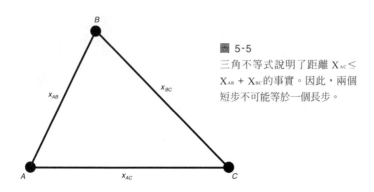

離的觀念。地理位置固然重要，可是種族、職業、宗教、教育、階級、娛樂興趣、以及組織關聯等因素，也同樣不能忽略。換句話說，當我們把世界分割成更小、更細的群組時，採用的是**多面向同步進行**（multiple dimensions simultaneously）的方式。在某些情況，地理上之鄰近是很關鍵的因素；但是在另一些情況，要決定誰會跟什麼人結識，同行、同學、或同好可能會比住在哪裡來得重要。再者，某個面向的鄰近並不代表別的面向亦是如此。只因爲你住在紐約，並不會讓你比出身澳洲之人更容易成爲醫生（而非教師）。同樣地，只因爲你從事某種行業，並不代表你居住的位置跟同行比較靠近。

最後一點值得注意的是，如果兩人只在某個面向靠近，他們仍然有可能以絕對的意義認爲彼此相近（即使在其他面向都很遙遠）。你和我只需要某個共通點——單一的互動脈絡——就足以產生結識的可能。換句話說，社會距離強調的是相似性而非差異性，要解決小世界難題的癥結也蘊含於此。如圖5-7所示，個體A和B皆可視爲與第三者C接近：其中A是在某個向度（比如：地理位置）接近C，而B是在另一個向度（比如：職業）接近C。因爲只有最短的距離才算，所以C和A、B在別的面向相隔甚遠也無所謂。然而，由於A和B在**兩個**面向都很遙遠，因此**確實**會認爲彼此距離甚遠。這就好像你在不同脈絡底下結識了兩個朋友，雖然兩者你都喜歡，但是你也感覺到兩人似乎沒有交集。不過事實上，他們**是**有交集的——那就是你——而且不管知道與否，他們之間的距離是靠近的。我們還可以從另外一種方式來設想這種性質：**雖然**

群組很容易分類，個體卻不然。因此，所謂的社會身分或認同其實展現出多面向的特性——個體橫跨不同的社會脈絡——而這正可以說明社會距離違反三角不等式的現象。對於馬克和我而言，個人社會認同多面向的特質似乎也是訊息得以藉由網路傳遞出去的主要因素，即使面對的是類似銅牆鐵壁的社會藩籬。

馬克回聖塔菲之前，我們就討論到這個地步；之後，兩人都很忙，問題也就沒有進展。隔了差不多六個月，強・克萊恩柏格前來訪問哥倫比亞大學，並在社會學系進行一場演講，談論他在小世界問題方面的研究。我趁此良機，向他說明我們的想法。結果，他不僅表示贊同，也透露自己已經朝類似的方向修正。這對我們而言，可是個壞消息。強畢竟是具有強烈爆發力的知名科學家——那種在演講場合聽聞新問題之後，馬上能夠超越演講者的厲害人物。所以，如果他正往我們的研究進路思索——並且據他所言，還有其他人也同樣在進行當中——我們要搶得先機，就非得加快腳步不可。

幸運地，強的慷慨足以與其聰明媲美，他同意把我們討論的細節暫時擱下，給我們幾個月的時間整理，看能不能先有成果發表。即使如此，馬克和我還是不敢掉以輕心，尤其這時候我們都很忙，想要趕緊完成任務，勢必得尋求外援。感謝上天，當日出席研討會的還有彼得・多茲（Peter Dodds），他是哥倫比亞大學的數學家，與我在同一個研究團隊工作。事實上，我們已經合作過另外一個問題（見第九章），所以我知道，他撰寫電腦程式的速度幾乎跟馬克一樣快。

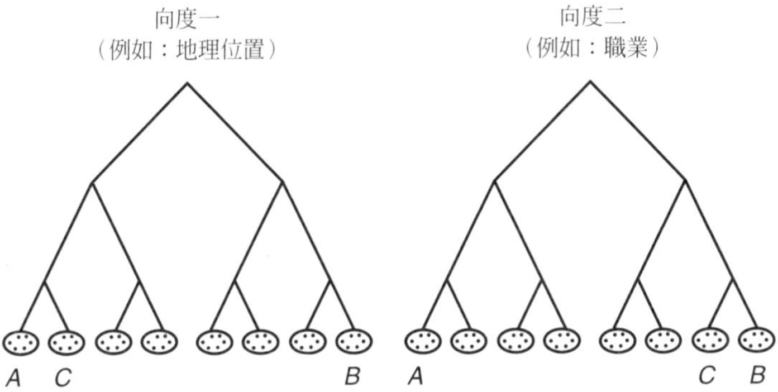

圖 5-7
個人同時依據多重而獨立的社會向度將世界切割。本圖的案例顯示A、B、C三人在兩種向度的相對位置。A和B於地理位置上靠近，而B和C在職業向度上靠近。因此，C覺得自己與A、B兩人都靠近，但是A、B之間卻互相覺得遙遠——違反了圖5-5所示之三角不等式。

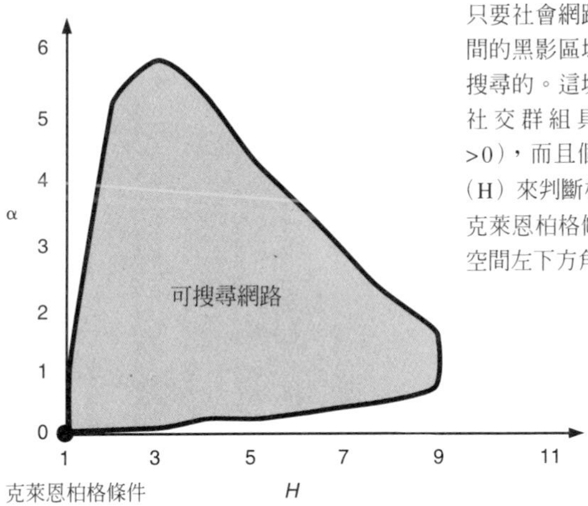

圖 5-8
只要社會網路落在模型參數空間的黑影區域之內，它就是可搜尋的。這塊區域代表的是：社交群組具有類聚性（α>0），而且個體沿著多重向度（H）來判斷相似性。相反地，克萊恩柏格條件只相當於網路空間左下方角落的一個點。

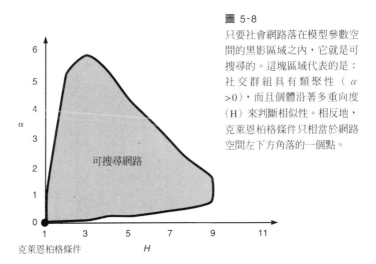

況且，馬克已經回到聖塔菲了，遠水畢竟救不了近火！克萊恩柏格的演講過後沒多久，彼得和我便放下手邊其他的計畫，專心研究搜尋問題。耗費幾個禮拜的時間，結果終於出爐，比預期的還要好，馬克看了不禁大吃一驚。

我們的主要發現是，如果允許模型中的個體採用多重社交向度，他們相對上就很容易在大網路中尋得隨機選取的目標，即使該網路的類聚性很高。事實上，如圖5-8所示，可搜尋網路的依存條件主要並不在類聚參數或甚至社交向度的數目。從圖形來看，只要類聚參數落在黑影區的任何一點，可搜尋網路就能夠存在。至於克萊恩柏格條件的對應位置，則在圖形底部最左邊的角落。所以從某種意義而言，我們的結果跟克萊恩柏格恰恰相反。克萊恩柏格條件明確地指出，世界一定要出現一種非常特別的架構，小世界之搜尋才會成功；我們的結論卻是，幾乎任何方式皆可達到目的。只要個體比較容易認識跟自己相仿之人（具有類聚性），而且很重要地，他們在測量相似性時所根據的又是多重的社會面向，那麼不僅幾乎任何地點的任兩人之間存在著短小路徑，並且只擁有網路區域資訊的個體也能夠找到該路徑。

然而，更叫人吃驚的是，當社交向度的數目只有兩個或三個時，搜尋狀況最良好。從數學的角度而言，其實不無道理。當每個人只用一種向度（比如：地理位置）來面對世界時，人們就無法藉由多方結盟的力量在社會空間做長距離的跳躍。於是便回到克萊恩柏格的世界，只有當各種長短刻度都具有同等連結機會時，目標性的搜尋才會成功。反之，如果每個人向外伸展連結觸角時，憑藉的面向太多，使得你的朋友之中沒有人同屬某個群組，那麼情況就回到了隨機網路的世界。因此，可搜尋網路應該是要介於其間，個體既非單一面向，亦非過於散漫。能夠發揮最佳功效的向度數目爲二，說起來蠻令人高興的，因爲現實世界的人似乎原本就傾向於兩個面向的思考。

在米爾格蘭發表劃時代的小世界論文之後，隔了幾年，有另一批學者從事「反向的小世界實驗」，當中的靈魂人物包括羅素•柏納德（Russell Bernard，人類學家）和彼得•基爾渥斯（Peter Killworth，非常博學的海洋學家）。他們不像米爾格蘭，實際追蹤郵件傳遞的情形，而是把實驗過程描述給參與者聽，然後要參與者想像，如果被要求傳遞郵件給特定目標的話，他們會使用怎樣的標準。結果，大部分的人在決定該把訊息傳送到哪裡的時候，都只考量兩個面向（出現頻率最高的向度爲地理位置和職業）。這和二十五年後我們的分析不謀而合，心中不免又驚又喜（我們事先固然不知道分析結果，但也不會猜測是二）。事情不僅如此，還有好戲在後頭。

配合米爾格蘭實驗的情況，我們將估計出的參數值注入模型，然後比較模型之預測數據及實驗的實際結果（見圖5-9）。結果，兩組數據不僅**看起來**雷同，而且用標準統計檢驗法也無法將其區分開來。就各方面來解讀，它們都是一樣的。這樣的結果確實超乎預期，尤其我們的模型是以如此高之自由度來面對世界的複雜性。爲了更明瞭其中的過程，讓我們再回到中國農夫的假設情況。我們之所以選擇艾瑞卡作爲傳送信件的第一個中繼站，乃出於兩組資訊。首先，

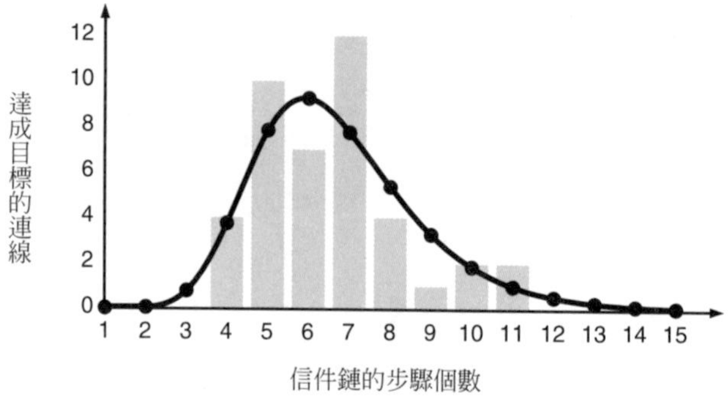

圖 5-9

社會網路搜尋模型與米爾格蘭內布拉斯加實驗的結果比較。圖棒代表的是四十二條起始於內布拉斯加州的成功連線，曲線所代表的則是根據我們模型模擬之搜尋結果的平均數據。

我們秉持的社會距離觀念讓我們感覺到目標離得很遠。但是，它又同時告訴我們，什麼樣的群組成員會比較靠近目標。於是，社會距離的概念便可以幫助我們確認出如何選擇傳送訊息者的標準。第二，我們還使用了網路的區域資訊，探尋滿足傳送訊息條件的朋友——也就是說，看看是不是有任何朋友屬於能更接近目標的群組？由於艾瑞卡曾經住在中國，自然而然成爲一個理想的對象。

基本上，這也是米爾格蘭實驗之參與者所採用的方法，因此我們的模型顯示出底下的結論：只要參與者在判斷人與人之間的相似性時，至少運用了兩個面向，則不管世界的類聚性有多高，他們都可以實際找到短小路徑，即使鎖定的目標是遙遠而陌生的。由於模型和米爾格蘭結果有如此強烈的一致性，選擇任何的特定參數幾乎都不會產生影響，這說明了一件關於社交世界的深層現象：社會網路不像電力或腦細胞網路，因爲它的個體對於自我身分之認知有各自不同的想法。也就是說，社會網路中的每一個體都有自己的社會認同。藉由網路的創建以及各種能讓個體航行其中的距離觀念，社會角色得以確認，網路也隨之變成可搜尋的。

點對點網路的搜尋

由上述分析我們知道，可搜尋性爲社會網路的一種屬性。根據多重向度之社會距離的觀念，我們將世界拆解成好幾個部份，再把搜尋過程分爲幾個能夠掌控的階段，如此一來便可不費周章地解決一個看起來極度困難的問題（試試看，在不用電腦的情況下，玩凱文・貝肯六度分離的遊戲）。對於網路來源以及社會認同深深影響後續性質的理解，現在看來似乎自然而然，不富新意（很多流傳於世的眞知灼見皆是如此），但是回到當時，物理學家在科學界當道的情形愈來愈嚴重，要把社會學重新引入科學性的研究，本身就是一項深具意義的智識發展。我們從中習得的教訓是，雖然從事簡化模型的研究並沒有錯，但是世界如此之複雜，這樣的簡化模型必然很多，唯有深入思考世界實際運作的方式——社會學和數學性的思索**同時並進**——才能挑選出適切的模型。

另外還有一個實務性的理由，讓我們想要探索網路之目標搜尋——也就是在社會網路中，藉由一連串原本結識之中繼者來尋找既定目標的過程，這種過程跟試圖從散佈之資料庫中尋覓特殊檔案或資訊的行爲並無二致。近年來，愈來愈多人關注所謂的「點對點網路」（peer-to-peer networks），特別是在音樂產業。此類網路的第一代可以音樂拷貝之 Napster 網爲代表，雖然它跟我們現在所講的點對點網路不完全相同。網路中的檔案存放在個人電腦之內——稱爲「端點」（peers）——而檔案的交換直接在端點與端點之間進行，至於所有可資利用的檔案目錄（包括個別檔案之所在位置）則由中央伺服器控管。

理論上，有了中央目錄的存在，資訊搜尋就不再是嚴重的問題，即使網路之規模非常龐大——只要做個查詢的動作，目錄便會引領你找到檔案所在的位置。然而，中央目錄之啓用與維繫需要昂貴的成本。從使用者的觀點而言，像 Google 這類網際網路的搜尋引擎就有點像是中央目錄，其尋覓資訊的本事大體上還說得過去（儘管有時候也讓人產生挫折感）。但是，Google 不若一般的網站。它爲了處理幾百萬筆同時輸入的巨大需求，必須具備好幾萬個高效能的伺服器。幾年前，我在舊金山的一場會議遇見 Google 的創辦人賴利・佩吉（Larry Page）。據他表示，他們公司每天都得增加將近三十個伺服器，才能應付與日俱增的需求量！中央目錄的運作，或許可以有效解決搜尋問題，但是它們實在不便宜。並且，中央化的設計是很容易受傷害的，Napster 的使用者就曾經赫然發現，自己最喜愛的音樂檔案交換機制竟被一家盛怒的唱片公司給關閉了。就像航線網路，如果只有一個主要的轉運站，所有飛機都得以此爲中繼，一旦這個中心發生問題，整個系統都無法運作。

然而，其實在 Napster 步入死亡之前，更極端的資料傳輸形式——可謂**貨眞價實之點對點網路**——已經出現於網際網路的地下世界。其中一個叫做 Gnutella，由某位反叛性很強的AOL（America on Line）程式設計師所建。他在二○○○年三月，將通訊協定（protocol）張貼於AOL的網站上。由於任何檔案分享系統都可能涉及侵權行爲，再加上AOL才剛與華納公司（Time Warner）完成合併事宜，實在不願意節外生枝，於是不到半小時就派人將侵犯性的密碼去除。但是，一切爲時已晚——它已經被成功地下載，像藥物注入血液般快速地流竄於駭客社群之間，衍生出幾十種變形或升級的版本。Gnutella 早期的徒子徒孫中，有一位名叫金康（Gene Khan）的軟體工程師表示，Gnutella 可謂所有檔案交換者的救星，也是唱片工業無法阻擋的復仇女神。由於 Gnutella 只是一種通訊協定，根本無法沒收。而且，它又不具任何控管中心，既無對象控告，亦不能將其關閉。按照金康的說法，Gnutella 像是個擁有不壞之身的超強者。

一年之後，金康所言有一半被證實是對的。沒有人能夠成功地摧毀 Gnutella，但是似乎也沒有這個需要，因爲 Gnutella 被自己生出的死結纏繞住了，主要原因正出於那個讓它前景看好的完全分布架構。沒有任何一個伺服器知道所有的檔案位置——因爲中央目錄並不存在——於是每一次的查詢都像是個漫無目標的搜尋，詰問網路中的每一端點：「你有沒有這個檔案？」所以，Gnutella 這類型的點對點網路，如果舉例來說，擁有一萬個結點，則所產生的訊息量將是相同規模之 Napster 類型網路的一萬倍（因爲在後者當中，每一次的查詢只需把訊息送交給一個高效能的伺服器）。我們知道，點對對網路的目標是讓自己愈大愈好（如此才能增加可使用的檔案），但是網路愈大，表現就愈差——這是不是代表了此類網路在本質上傾向於自我毀滅？

Gnutella 類型世界所隱含的意義，在很偶然的情況之下被發覺。差不多一年前，珍娜・佛瑞斯特太太 (Mrs. Janet Forrest) 在北卡羅萊納州 (North Carolina) 的泰勒斯威爾小學 (Taylorsville Elementary School) 教授一班六年級的社會研究課程，當中進行一項「電子郵件計畫」：老師和學生把一則甜美的訊息寄給所有的家人和朋友，並要求接收者把訊息傳送給「你認識的每一個人，然後再要求他們傳給每一個認識的人（如此延續下去）。」他們另外還要求接收者回報接獲訊息的事實，好讓發件者知道有多少人得到訊息，以及訊息傳送到哪裡去了。眞是危險的想法啊！幾個星期之後，計畫不得不終止，因爲班上已經獲得四十五萬件的回覆，包括全美各地以及其他八十三個國家——這還只是實際回覆的人呢！想想看，要是全世界每一個六年級的社會研究課程同時進行類似的實驗，那怎麼了得。（不可置信地，我最近才又接獲類似的訊息，從紐西蘭的某所學校發出，還受到紐西蘭教育部長的認可。唉，有些人就是學不到教訓。）更糟的情況是，如果**每個人**在任何時間想要傳送訊息給其他人，採行的方式都是類似的全球廣佈法，整個網路就要爆炸了。運輸管道被蜂擁而至的訊息充斥，交通狀況鐵定比曼谷的高速公路還糟糕，網際網路的時代恐怕得提前落幕。

一般而言，雖然中央目錄的設置既昂貴又容易毀壞，但是廣佈式的搜尋也產生了更多的問題。因此，一種只需要區域性網路資訊的高效能搜尋計算法則，便深具實務價值。這也正是小世界現象最吸引人的面向之一，使得社交網路中的個體能夠解決點對點的搜尋問題，即使他們自己並不明瞭是怎麼完成的。從社會學的角度出發，理解並探索相關問題的特質，我們希望設計出一套能夠解決網路搜尋問題（不必然是包含人之網路）的新穎方法。爲了解決點對點網路中目標搜尋的問題，已經有許多方法被提出，它們著重於網路結構的其他面向，我們可將其視爲互補性的研究進路。其中最值得注意的是，任職於加州巴羅奧托（Palo Alto）惠普（HP）實驗室的物理學家伯納多・修柏曼（Bernardo Huberman）和他的學生拉達・亞當米克（Lada Adamic）。

亞當米克和修柏曼觀察到Gnutella網路的度分配似乎（在某種範圍內）遵循著冪次法則，於是設計出底下的演算方法：結點向**連結性最強的**鄰點提出查詢，然後這個鄰點查閱自己的區域性目錄，並進一步對其鄰點提出查詢，直到所需檔案被找到爲止。用這種方式，每一次的查詢都會尋得某個高連結性的轉運中樞（在無刻度網路中，轉運中樞的數目相對上是很少的），幾次下來就可以連結網路中大部分的區域。隨機性地搜尋「中樞網路」，既可以在短時間內找到大部分的檔案，又不會讓整體網路負荷過重。這種方式確實巧妙，不過卻也像是中央目錄的弱勢版本，同樣得面對類似的問題——轉運中樞必須比一般結點擁有更大的容量，而且網路的表現強度依賴於幾個主要中樞的運作能力。相反地，社會網路展現出的搜尋性就顯得「平等」多了。在我們的模型當中，一般個體也可以尋得短小路徑，所以不需要特別的轉運中樞。

然而，整件事情的關鍵點或許在於：小世界現象包含了許多（表面上）不同的問題，也刺激出各種新穎的解決之道，這正提供一個完美的例子，說明不同學科之間可以互相合作，共同建造一門網路的新科學。回到一九五〇年代，寇全（數學家）和普爾（政治學家）是最早思索相關問題的人，但是在沒有電腦奧援的情況之下，無法解決問題。接著，米爾格蘭（心理學家）、懷特（物理—社會學家）、柏納德（人類學家）、和基爾渥斯（海洋學家）都先後用實證的方式進一步地探究，但還是不能解釋它實際的運作方式。三十年之後，史帝夫和我（數學家）將其普遍化，視作網路的一般性問題，不過卻忽略了其中的演算層面，直到強（電腦學家）才開啓了這扇大門。然而，強也留了一扇門給馬克（物理學家）、彼得（數學家）、和我（現在已經成爲某種社會學家），讓我們得以發掘（現在看來）已經躺在那裡很久的解決方法。

歷經將近五十年的漫長歲月，我們終於找到了答案，而理解問題的同時，又覺得好像應該早就有人想出來才對。但是，它**卻必須以這種方式發生**。舉例來說，如果沒有強，我們就不會了解要如何思考搜尋問題——我們根本不會知道該穿越哪一扇門。如果沒有史帝夫和我早期針對小世界網路所做的研究，強就連碰都不會碰這個問題。如果沒有米爾格蘭，我們就根本不知道我們想要解釋的現象是什麼。如果沒有普爾和寇全，米爾格蘭很可能會做出迥然不同的實驗。

回顧起來，每一件事似乎都想當然耳，但眞實的情況是，要解決小世界問題，非得結合許許多多不同思想家的努力，從不同角度切入，運用各種技巧、觀念與視野。科學彷若人生，你不能逕自把錄影帶快轉，直接看看結果爲何，因爲結果是由過程塑造出來的。並且，就像是一部成功的好萊塢電影，即使結局帶有某種終結的意味，卻只是續集的前部曲。對我們而言，後續發展就是動態學的部份。面對網路上的動態奧祕——無論是疾病的傳播，電力系統的串能失效，或者革命的爆發——我們到目前爲止解決的網路問題，只不過是海岸邊激起的一點浪花而已。

6 瘟疫的流竄與失敗

警戒區域

我想，我們當中大部分的人都不曾因爲擔憂致命傳染病的蔓延而睡不著覺。或許因爲我們多半沒看過普雷斯頓博士（Richard Preston）所著的《伊波拉浩劫》（*The Hot Zone*）吧。這是一本描述伊波拉（Ebola）病毒的眞實故事，它無情激烈地殘殺其受害者，無人能擋。此病毒以伊波拉河（Ebola River）爲名，源自北方原稱薩伊（Zaire），而今爲剛果民主共和國的地方。一九七六年伊波拉第一次自隱身的叢林中竄出，首先打擊蘇丹，大約兩個月後侵入薩伊，五十五個村落幾乎在同一時間爆發瘟疫。單單那一年，就奪走了將近七百條人命。

雖然對它所知甚低，一般認爲伊波拉和ＨＩＶ一樣，是由猴子傳染給人類的，而且包含至少三種會增加致命的因子。最近一次在烏干達發現的伊波拉是屬於蘇丹一支，致死率僅有百分之五十，算是家族中孱瘦的弱者（薩伊的伊波拉，致死率高達百分之九十。）儘管如此，二〇〇〇年十月到二〇〇一年一月間，足足有一百七十三人在大爆發之前死於古魯（Gulu）這個地區。還有幾次發生在近三十年的傳染，死亡人數相近，蔓延的環境亦類似——幾乎都在孤立，而且健康醫療設備貧瘠的小部落。這些有關瘟疫的恐怖故事紛至沓來——患者來看當地的醫師，述說自己有了類似流行感冒的症狀。幾天後，突然流血不止地昏倒在附近的小診所內。這種駭人的事實通常發現得太晚，爲求抵抗，勇敢的醫護人員在第一線上自行封鎖隔離。然而恐慌廣泛地擴散開來，數十個流血不止的屍體在無人的小茅屋中發現，村落被荒廢遺棄，整個地區陷入恐怖的驚慌之中。伊波拉是個眞正的惡魔——直接來自於地獄的使者。

諷刺的是，伊波拉驚人的破壞力，反而是它的弱點——說是它的致命傷也不爲過。不像安靜狡詐的ＨＩＶ，伊波拉擁有的奸巧手段，像火車出軌一般，幾天內就露出本色，在很短的時間內殺死受害者。一旦受感染的症狀出現，患者便失去工作能力，因爲明顯的虛弱而無法旅行；並且能很快地被辨識出來，所以降低了病毒傳染給新宿主的機會。正因爲如此，主要的疫區多在靠近雨林的偏遠地區，遠離人口稠密的主要城市。

只有一次，在一九七六年二度爆發之時，伊波拉眞的找到機會入侵大都市。一個被稱爲梅因佳（Mayinga N.）的年輕護士在薩伊受到感染，而在剛果最大的城市（也是首都）金夏沙（Kinshasa）發病，當時未被鑑定出來。很幸運的，大災難沒有發生，其原因在於這種病毒的另一種怪癖——伊波拉至少在初期並不太具有傳染性。就算患者在發病的末期——因爲內出血而將帶血之痰咳出，散播於空氣中——病毒通常也需經由皮膚的傷口，或是有滲透性的薄膜，如鼻子和眼睛，方能進入新宿主。然而，當護士梅因佳到達這個階段時，她已經知道自己的情形，同時醫院也檢測出來了。

讀到這裡，你或許會以爲，伊波拉不過是發生在非洲撒哈拉內，長串悲慘禱文中的另一行而已。這個充滿異國風味的悲情大陸，也的確遙遠得就算有個瘟疫發生，對我們的影響，恐怕只是在早晨翻過報紙時，會略微遲疑一會兒罷了。但是，如果《伊波拉浩劫》只教導我們一件事，那就是你現在不可再掉以輕心。伊波拉並不只是非洲的問題，而是全世界的問題。正如HIV從叢林中的發源地，經由金夏沙的高速公路到達某個海岸城市，找到了蓋登・道格斯(Gaetan Dugas)，一位加拿大航空公司的空服員，也就是一般所知的「病人0號」，然後將它帶到舊金山，就這樣愛滋病傳入了西方世界。同樣地，伊波拉也可能找到正確的管道，將自己從鐐銬中釋放出來。

雖然普雷斯頓對於伊波拉造成的死亡有著非常生動的描述，但最讓人感到不安的是，這個病毒具備造成全球性浩劫的潛能。過去一百年來，人類不僅過度侵擾了非洲雨林的原始生態——有些極具致命力的病毒，靜靜地在那裡等待機會。此外，我們也製造出國際性的交通網路系統，讓這些傳染性病毒有可能在幾天（或甚至更短的時間）內，就侵入世界各大都會或是動力中心。

普雷斯頓在書中描述一個將死之人，在前往奈若比（Nairobi）的小飛機上，一面口吐黑血，一面說道：「查里斯・莫內和他體內的生命體〔指病毒〕已經進入了連結網中。」

預期伊波拉出現在地方上的購物中心，這種情景恐怖得讓人無法設想，不過看完《伊波拉浩劫》後，你會很慶幸，類似的現象並沒有發生。事實上，書中最主要的情節在描述第三種伊波拉病毒於猴子群中爆發的情形。發生的地點是在華盛頓特區外圍的維吉尼亞州內，位於瑞斯頓（Reston）的陸軍研究實驗室。這種病毒——如今被命名爲伊波拉瑞斯頓（Ebola Reston）——並不會傷害人類，但對可憐的猴子則絕對致命，實驗室裡所有的猴子都死了。然而它和伊波拉薩伊非常相似，當時沒有任何一種標準測試法能夠區辨它們。就在那幾個叫人束手無策、焦躁不安的日子中，發現病毒的科學家和動物管理員都以爲它就是伊波拉薩伊。如果那回果真是伊波拉薩伊——之所以不是，只出於單純的僥倖罷了——我們對伊波拉的了解或許會比現在更多一些。

網路病毒

當然，在現代的社會中，不是只有生物上的病毒會到處流竄。就在二〇〇〇年聖誕節前，克莉爾・史外爾（Claire Swire）便發生了一件叫她遺憾終身的事。克莉爾是個年輕的英國小姐，幾天前和一位名叫布萊德利・薛特（Bradley Chait）的年輕男子邂逅。身爲一位現代女性，她寄給他一封電子郵件，當然少不了寫上幾句動人的讚語。布萊德利決定將這封信和幾位朋友——幾位最親近的朋友——分享，我可以告訴你，只有六位。這幾位朋友也覺得這封信非常有意思，因此也分別轉寄給**他們**最親密的好友，而他們的好友也有相同的想法。這封短短的電子郵件，加上薛特自己修改的小標題「來自一個小姑娘的美好讚語」，就這樣在世界上傳播開來。不過幾天的時間，很驚人地，大約有七百萬人看到了這封信。**七百萬耶**！可憐的克莉爾羞慚地躲了起來，避免新聞界的追逐，而薛特則因濫用個人的電子郵件帳號，而受到所任職之法律公司的處罰（不得於工作時間內發送私人信函）。這或許只是個八卦故事，但可是展現幾何成長威力的最佳範本，尤其又摻雜了網路近乎免費的傳播管道。從這個觀點出發，有許多嚴肅的事情值得探討。

病毒（不論是人類的還是電腦的）本質上提供了我們先前稱之爲網路「廣佈搜尋」的範例。就如第五章中所提，廣佈搜尋代表一種最有效力的搜尋方法，從任何一個特定結點出發，藉由系統性的分支方式，再從新連結結點傳到各自的鄰點，如此持續下去，最終找到任何一個目標結點。然而，當一種疾病參與某項「搜尋」時，它並非眞的尋找某個特定對象——它只單純地將自己儘可能既多且廣地傳佈出去。所以「有效性」對病毒而言，通常只是種無心的搗亂。愈具傳染性的病毒，通常會讓宿主保持感染狀態的時間愈久，因而「搜尋」的效果就愈顯著。伊波拉比ＨＩＶ有效，因爲它的感染性更強（ＨＩＶ的病人不會在急診室內吐血），但也因爲殺死病人的速度太快而降低有效性。不過無論是HIV還是伊波拉，都遠遠比不上流行性感冒病毒的有效性，因爲流感病毒非但能使病人活得更爲長久，而且還能經由空氣傳染。想要了解疾病有效性的重要，或許可以如此設想，倘若伊波拉能經由空氣傳染，則現代文明或許在一九七〇年代末期的某個時候便劃下句點。

當我們高度關切人類滅種的可能性時，也要了解到，如果就有效性的角度而言，電腦病毒遠比人類病毒更加麻煩。病毒──無論是人類的還是電腦的──可被視爲一組自我再造的指令，它們利用宿主之基本物質爲其建構的材料。從病毒的角度而言，人類的免疫系統正如一種剷除異己或是具危害性的工具。然而，電腦一般並不帶有免疫系統。本質上，電腦的功用在盡可能有效地執行指令，而不管這個指令的來源。因此，對一些惡意的訊號來說，電腦遠比人類脆弱得多。雖然，一種流傳全世界的電腦瘟疫或許不會造成文明的終結，不過還是會導致巨大的經濟災難。這類的事件還不曾眞正發生，但我們可眞的經歷過一些動盪不安的時機。二十世紀的最後幾年，在Y2K於千禧年虎頭蛇尾的落幕前，一連串電腦病毒在世界各地被發現，嚴重擾亂成千上萬的電腦使用者，造成他們的困擾和不便。因此，政府機關、大型企業、甚至向來漠不關心的一般大衆都開始關注這個問題。

電腦病毒在我們身邊出沒已經有數十年了，爲何至今才出現全球性的規模？原因就在一九九〇年代後期出現了許多問題的網際網路。在網際網路時代來臨前，病毒就已到處流竄，並且三不五時造成電腦使用者的困擾。但在那時，病毒由一台電腦傳染到另一台的方式，幾乎都得經由磁片，而這些磁片還得經由使用者的手將之揷入另一台機器的磁片槽。當然受到污染的磁片很可能在許多人之間流傳，受到感染的電腦也可能影響相關的檔案，而繼續傳染給乾淨的磁片。因此，以幾何成長方式擴大污染的可能性是存在的，但因爲需要大量人工的傳播——就好像伊波拉需要有出現傷口的皮膚一樣——基本上會減低病毒有效感染的能力，一些小的缺口並不會導致全面流行的大瘟疫。

但是網際網路——尤其是電子郵件——改變了這一切。一九九九年三月爆發的梅莉莎病毒（Melissa virus），開始引起全世界的關注。雖然梅莉莎一般被稱作病毒（或病菌），但它其實與另外一種稱爲「蟲」（worm）的惡毒密碼極爲相似。蟲入侵破壞的個人電腦遠不如電腦網路群來得多，它從一台機器到另一台，大量的複製傳送，完全不須使用者來啓動。梅莉莎可說是那時所知散播最快速的病毒，以電子郵件的方式出現，主題欄寫著「來自『某某人』的重要訊息」，正文則是「這裡是你要求的文件…可別讓其他人看到喔：-)」，然後再附上一份微軟的文字檔案叫做「list.doc」。如果附加檔案被打開，梅莉莎病毒便會開始自我複製，繼續傳送給使用者之電子郵件通訊錄中的前五十人。如果當中的某個住址又剛好是一組分送名單，則名單中的每一個人都會收到此病毒。

造成的結果相當驚人。三月二十六日星期五時首次發現，短短幾小時內梅莉莎便散佈於全

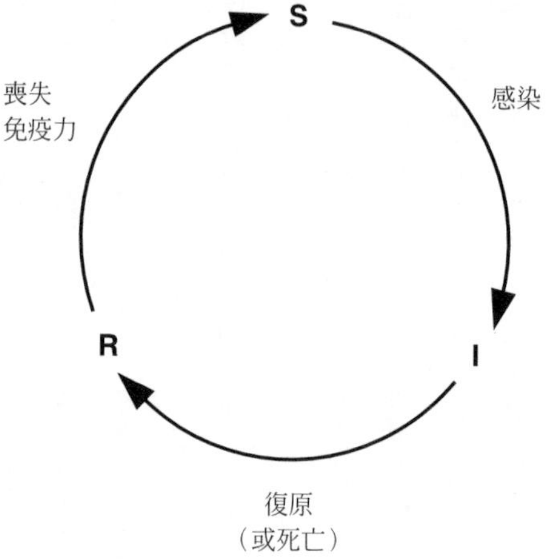

圖 6-1
SIR模型中的三種狀態：易受感染的，有傳染性的，以及病菌離去的。易受感染的個體如果接觸到感染源，就容易受到感染。感染源可藉由復原或死亡而中止上述動態狀況的參與。如果是復原的狀況，有可能因爲免疫力的喪失而再度感染。

球各地。星期一早上，已經有三百個組織的十萬台電腦受到入侵，有些地方因爲短時間湧進太多的信件（某個案例是，在四十五分鐘內收到了三萬兩千個郵件！）而不得不中斷其郵件收發系統。但是我們要知道，還有可能發生更糟糕的情形。這不僅因爲梅莉莎的破壞力相對溫和（比如說，不會把使用者的硬碟重新規格化），而且它只會經由微軟的 Outlook 郵件程式傳遞。沒有此種郵件程式的使用者雖然還是有可能收到病毒，但是並不會繼續發送——這與我們待會兒談到的情形，一種眞正癱瘓全球的病毒（甚至包括微軟公司自身也不得倖免），將有很大的不同。不過在我們繼續談下去之前，必須先了解一兩件有關傳染疾病的數學性質。特別是在哪種條件下，一個小規模的疾病就會造成大型的瘟疫感染。

瘟疫的數學性質

現代的數理傳染病學大約誕生於七十年前，始祖是威廉・卡爾麥克（William Kermack）和麥肯瑞克（A. G. McKendrick）這兩位數學家所製造的**S－I－R模型**——至今它還是大部分疾病模型架構之基本雛形。這個模型的初始外觀非常基本，它以一個人感染到某一疾病的三個階段（如圖6-1所示）爲名：S代表**易受感染的**（Susceptible），也就是指個體容易受到感染，但還未患病之時；I代表的是**有傳染性的**（Infectious），即個體不僅本身受到感染，而且還會傳染給別人；R表示**離去**（Removed），也就是個體已經痊癒或沒有任何危害能力（也許已經死去）。感染之所以會發生，只因爲有傳染性的個體——通常稱之爲感染源（infective），直接接觸了易受感染者。在這種情形下，易受感染者受感染的機率取決於病菌的傳染能力，還有感染者本身的某些特性（很明顯地，有些人就是比他人容易受到感染）。

當然，哪些人會接觸到哪些人，則和大衆間的結合網路有關。爲了完成模型的建立，首先必須對網路做一些假設。例如，模型的標準版本假設三種階段之族群間的互動是純然隨機的；就像圖6-2所示，所有的人都被放在一個大桶子內攪動。從圖像顯示的狀況來看，我們知道用這種比喻來解釋人類互動並不是非常恰當，但是很清楚地，它能簡化分析時的考慮因素。在SIR模型中，隨機假設意味著：感染源碰到易受感染者的機率，完全由兩類族群的個體總數來

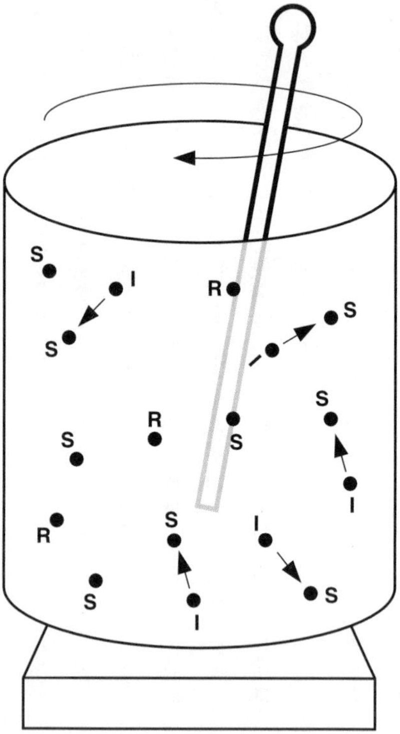

圖 6-2
在SIR模型的古典版本中，互動被假設爲純然隨機的。設想隨機互動的一種方式是，把個體混攪在一個大桶之內。隨機假設的一個重要結果是，互動機率單單取決於人口的相對數量，這大大地簡化了我們的分析。

決定——在一個大桶子中，實在沒有什麼人口結構可言。整個問題當然還不是很明顯，但是現在至少可以寫下一組方程式，而它們的解乃由爆發時的起始規模值和一些參數（例如：病菌本身的傳染力和痊癒率）來決定。

根據模型，當瘟疫產生時，其遵循的是數學中一種可預期的情況，我們稱之爲**對數成長**（logistic growth）。圖6-3概要地指出，每一個感染的產生都需要同時有感染源和易受感染者的參與。所以新感染的發生率和兩者的個體總數有關。當疾病發生的早期階段，感染源的數量很小，因而新感染率也很低。就如最上面的圖示，那時還沒有足夠的感染來製造相當的災害。在這個「緩慢成長的狀態」，正是中斷瘟疫發生最有效率的時期，只要少數阻礙感染的行爲，就能夠防止疾病的擴散。很不幸的是，大瘟疫的早期階段，很難由幾個不相干的隨機群體中發覺出來，尤其是當大衆健康權威組織無法有效動員，或是不願承認他們出現問題的時候。

一旦感染者的密度增加至無法掩飾或忽略的階段，瘟疫便進入典型對數成長的「爆發狀態」（圖6-3的中間圖形）。此時有太多的感染源和易受感染者，因而新感染的發生率趨於極大。爆發階段的瘟疫，一般而言幾乎無法阻擋。就像二〇〇一年，當英國農夫發現了口蹄疫後，半年內便席捲全英國和蘇格蘭的一部份。瘟疫在二月中旬被辨識出來，離第一個病例發生的時間只有三個星期，但已有四十三個農莊遭受感染。這個數字看來或許已經不小了，但一切才剛開始，屬於緩慢成長的階段。到了九月，受到病毒感染的農莊超過九千個，爲避免疫情擴大，總

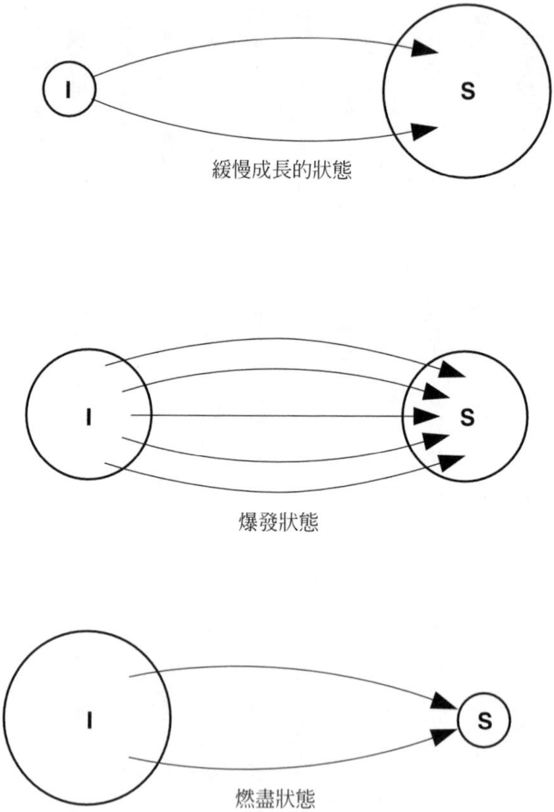

圖 6-3

在對數成長的模型中，新感染的比率取決於易受感染及有傳染性的人口數量。當兩者皆低時（上圖與下圖），新感染鮮少發生；但當兩者大小不低時，感染率趨於極大。

共屠殺了近四百萬頭的牛羊。

然而，儘管是個完全失去控制的瘟疫，最終還是會結束，只因爲它總會走向自我滅亡的途徑。由於受到感染的人（在口蹄疫的例子中則是動物）數目不斷增加，因而病毒可感染的對象便越來越難找到，所以疾病的曲線於是漸趨平緩，也就是對數成長接近結束的階段，稱爲「燃盡狀態」。在口蹄疫的例子中，這個自我限制的過程，來自於有效的農地檢疫隔離和大量的撲殺動物（大約只有兩千個病例被眞正的檢測出來——佔屠殺總數極小的百分比）。從一開始到最後，整個疫情的圖形就像圖6-4所示，有如一個S形的曲線。整條曲線的幾個主要表徵——出現、爆發、結束——都可以用對數成長的模型來說明。由此可知，當瘟疫發生時，其操控的力量基本上是相當簡單的。

但是瘟疫並不會一直發生。事實上，不論是人類的介入還是因爲自我毀滅（經常都是後者），大部分的疾病都會在感染相當少數的人口比例後便結束。比如，二〇〇〇年出現之駭人聽聞的伊波拉病毒爆發，都還稱不上是個眞正的流行瘟疫。雖然總共一百七十三個受害者，已經算是值得注意的數目了，但發生的地點一直都保持在區域性的小村落中，不曾威脅到人口密集的地域。反觀二〇〇一年爆發的口蹄疫，則影響了幾乎整個國家。在SIR的模型中，要阻擋瘟疫流行差不多就等同於防止它進入圖6-4的爆發成長期，也就是說，重點不在發現初期患病個數的多寡，而在其**成長的速率**。從這個面向來看，一種疾病的重要測量指標是其**再造率**——也就是，受感染個體會產生新感染者的平均數。

就數學上而言，瘟疫造成的條件爲再造率大於一。如果再造率總是低於一，則受感染者從人口中離去的速度將快於感染者的增加速度，因而疾病患者將漸漸減少而不會造成流行。但是若再造率大於一，非但患者的數目將會增加，而且感染速度還會因爲新感染源的加入而增快，無可避免地轉變成爆發性的成長。兩種狀態的分界點，就在每一個單獨的疾病宿主會將病毒正好傳給一個個體的時候，這被稱之爲瘟疫的**門檻**。避免瘟疫的流行，就得將再造率維持在門檻以下。

在典型的SIR模型中，人口結構是被忽略的，再造率及流行病之門檻乃由疾病本身的性質（它的傳染力，患者痊癒或死去的速度）和會與疾病宿主互動之易受感染群的多寡來決定。所以，安全性行爲的教育將減縮HIV在世界上某些地區的流行，就是把控管目標放在感染率上。而口蹄疫流行期間，在英國境內以全面撲殺動物來降低其危害性，目的則在於減少易受感染群的數目。

在傳統模型中，再造率的門檻剛好爲一，這個數字在數學上格外受人注目。事實上，流行瘟疫的門檻可以完全類比於第二章隨機網路中出現一個巨大連結分支的臨界點；從數學的角度而言，這裡的再造率等同於網路鄰點的平均數量。而且，受感染數目的大小（視爲再造率的函數；參見圖6-5）也可完全類比於圖2-2中巨型連結分支的大小。換句話說，流行病的發生

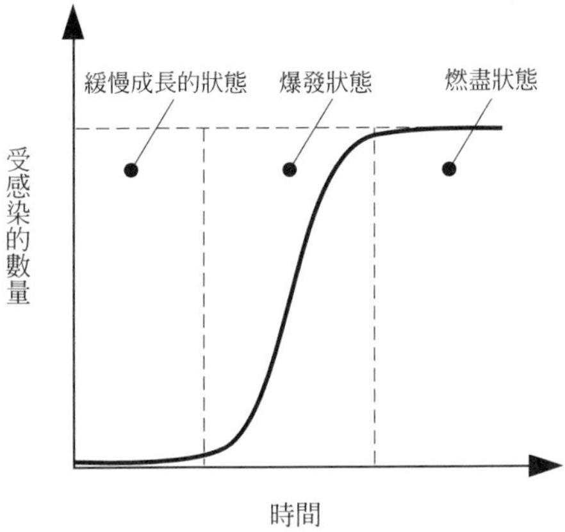

圖 6-4
對數成長模型，顯現出緩慢成長狀態、爆發狀態，及燃盡狀態的情形。

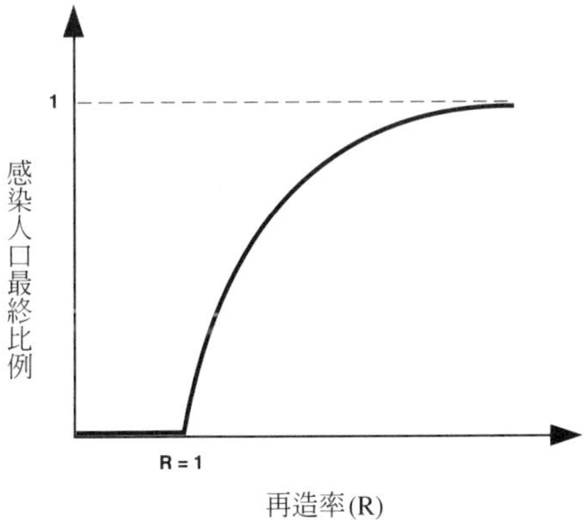

圖 6-5
SIR模型裡的態變。當傳染病的再造率超過1(流行病之門檻)，瘟疫就會發生。

要經過一個態變的階段，這和艾狄胥與芮易在全然不相關的問題——通訊網路——中發現的幾乎完全相同。這種顯著的類似，也將招致某種嚴重的批評。如果我們先前否定了隨機模型能實際表現眞實世界的網路（無論是社交網路還是其他），那是否也要否定流行瘟疫根植於相同假設所得出的結果？例如，再造率只與易受感染群的大小有關，並不牽涉或許對抵禦瘟疫會有幫助的社會或網路結構。我們後頭會說明，雖然傳統模型透露的某些訊息在複雜的網路世界中依然有效，不過還是需要探索一種以網路爲導向的新課題。

小世界中的瘟疫

還記得史帝夫和我一開始對動態就很感興趣嗎？畢竟，最初將我們引入網路問題的是蟋蟀的對偶振盪動態學。因此，一但有了可供利用的網路模型，很自然地就會想知道不同的動態系統會在其中產生何種行爲。我們第一個試著了解的系統，是第一章內提到的「藏本振盪子」模型；對此，史帝夫在他早期的事業生涯中已經做了不少的研究。不幸的是，儘管簡單如藏本振盪子模型，其於小世界網路中的行爲已因太過複雜而無法解釋（這個說法在好幾年之後依然存在）。所以，我們開始尋找一些更簡單的動態行爲，當然史帝夫在生物學上的知識，自然成爲一個順手的方向。「SIR模型是我能想到最簡單的非線性動態模型。」一天，他在辦公室中說道。「而且，我相當肯定還沒有人將SIR模型放到網路的研究上——至少沒有一種像這樣類型的網路。我們爲何不試試看呢？」

我們就這樣開始了，但這次，我先做了些前置作業。我們相當肯定，雖然基本的ＳＩＲ模型曾經應用在許多地方，包括一些研究特別疾病的特異性和多種相異人口統計學的易受感染群特性，但都不曾在文獻中見到類似於小世界網路的研究。還有一點對我們深具鼓舞，那就是典型ＳＩＲ模型和隨機圖形的連結性之間具有非常強烈的等價性。無論疾病在一般小世界網路中的行爲如何，我們都能確定必須將傳統的ＳＩＲ模型類比於，所有連線都出於隨機重組的限制（就像圖3-6的右邊圖形）。不只因爲我們有個在此階段算是相當明瞭的網路模型，而且也有個相當確立的指標可供比較。

對隨機限制的第一個自然比較爲：疾病的傳播發生在一維度的晶格上——位於小世界光譜的有序端點，也就是圖3-6左邊的圖形。在晶格中，正如我們第三章所討論的，結點間的連結具有高度的群聚性，因而疾病的傳染被網路限制於已經感染的人口中。如圖6-6所示，在一維度的晶格中，無論被感染的人口數有多大，這種**疾病前緣**（disease front）的大小——也就是新感染者最大的可能數目——將會被固定住。所以在晶格中，流行瘟疫表現出和先前混入隨機假設的情況完全不同的內容。同時，它也使得再造率的直接計算變得有困難，所以我們決定直接拿受感染數來和其他的網路比較。它們之間的差異相當明顯。如同在圖6-7中看到的，相同的疾病，在晶格中傳播時，不只影響的人遠少於在隨機圖中，而且還不再有個明顯的門檻。這個

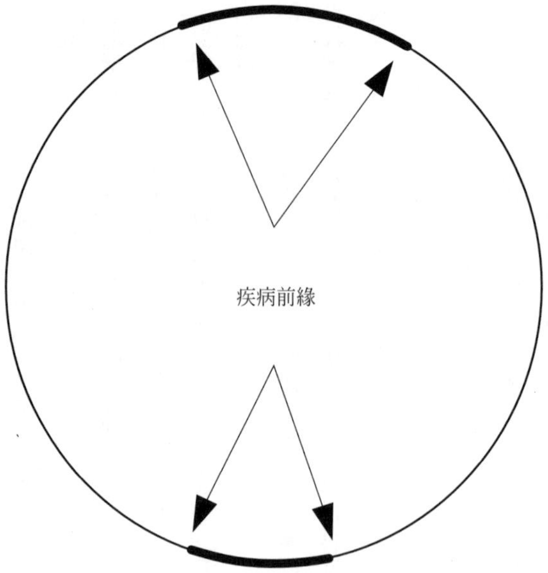

圖 6-6
在環格中，疾病前緣（感染源與易受感染者互動之處）是固定的。當被感染的人口數量增加時，更多的感染源處於前緣內部，無法接觸到新的易受感染者。因此，疾病在晶格中的散播速度緩慢。

重要的訊息是，當疾病只在極有限的維度中散播——或者甚至可以說，只在二度的地域中散播——只有最具傳染性的疾病才會發展成眞正的流行瘟疫。而且就算如此，它也只會是個很緩慢擴延的瘟疫，不會快速爆發。因而，將讓大衆衛生當局有時間去應變，並區隔出一個必須專注關照的地域。

有個瘟疫正是這類慢速蔓延的例子，那就是十四世紀時橫掃歐洲的黑死病（the Black Death），幾乎消滅了總人口數的四分之一。統計數字本身確實叫人膽戰心驚，不過這樣的災變不可能發生在今日——至少不可能發生在工業化的世界。如圖6-8所示，這場大瘟疫開始於義大利南方的一個小鎮（有種說法是，病毒來自一艘在中國受到感染的船隻），然後就如一顆石頭掉入水中，疫情如漣漪般地擴散開來。由於疾病大多是經由老鼠身上的跳蚤來傳播，它總共花了三年的時間（一三四七到一三五〇年），才從發生地擴散到整個歐洲。七個世紀以前，既無醫藥科學，也沒有大衆健康當局來阻止這個瘟疫殘酷的蹂躪，所以其相對緩慢的速度並沒有對結果造成太大的差別。然而在現代世界中，任何行進速度和產生效果如此緩慢的疾病，基本上都能控制得住。

不幸的是，今日疾病傳播的媒介比起急速奔行的老鼠要快速多了。只要我們允許網路中的連線可以是隨機的（就算只是很小一部份比例），則晶格模型中相對的穩定性將會破碎開來。要看出這個結果，可以考慮圖6-7中橫過圖形的水平直線。兩條感染曲線和直線的交點，代表的

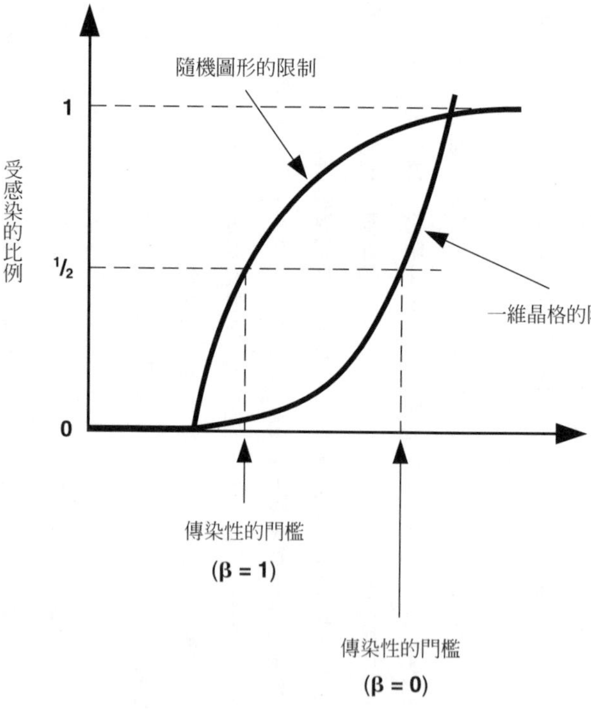

圖 6-7
隨機圖形（β=1）和晶格貝塔模型（β=0）中被感染者和具傳染性者之間的相對比例。傳染性的門檻值代表了使得一半人口被感染的傳染值。

是總人口中受到感染者比例的傳染値（在圖中的值爲二分之一，但可以是任何數）。我們稱這個數值爲**傳染性的門檻**（threshold infectiousness）（記得我們不能再用再造率來定義流行病的門檻，所以我們用人口的固定比例計算）——也就是疾病的傳染性大過了某一固定的門檻——然後探討它和網路隨機捷徑比例之間的變動性。就如我們在圖6-9中所見，傳染性的門檻一開始很高——疾病本身必須具有高傳染性，才能汚染相當多的人口——但是接下來則很快地下降。更重要的是，當它本身還遠非隨機網路時，就很逼近完全隨機這個極端狀態。

上述觀察或許能夠解釋，爲什麼像口蹄疫這類的瘟疫會爆發得如此快速。口蹄疫必須經由動物間的直接接觸或者觸碰感染源的糞便或遭受病毒汚染的土壤方能散播，但是無論是牛還是羊，少了人類的介入，都無法在不同的地域中快速移動。所以，你可以想像一開始病毒只沿著二維向度的地域空間在英國的鄉村間散播，大致就如七百年前的黑死病一樣。然而，混雜了現代的交通工具，現代的牲畜市場（在此，來自各地的牲畜進行交換，或僅做肢體上的接觸），再加上旅遊健行者可能沾染受汚土壤，於是地域的藩籬被打破了。因而，英國的牛羊農場利用這些交織成的網路，能在一夜之間被販賣並運送到全國各地。而且，這些連結（不管其多種用途及目的）可以當成是隨機的，所以病毒只要能找到其中幾條路徑，便能將自己送進一個全新的疆域。另外，還有個對抗瘟疫早期流行的問題，那就是最早偵測到口蹄疫的四十三個農場並不相鄰，因此必須同時在好幾個疾病前緣對抗病毒，更不用說每天的前緣數還不斷增加。

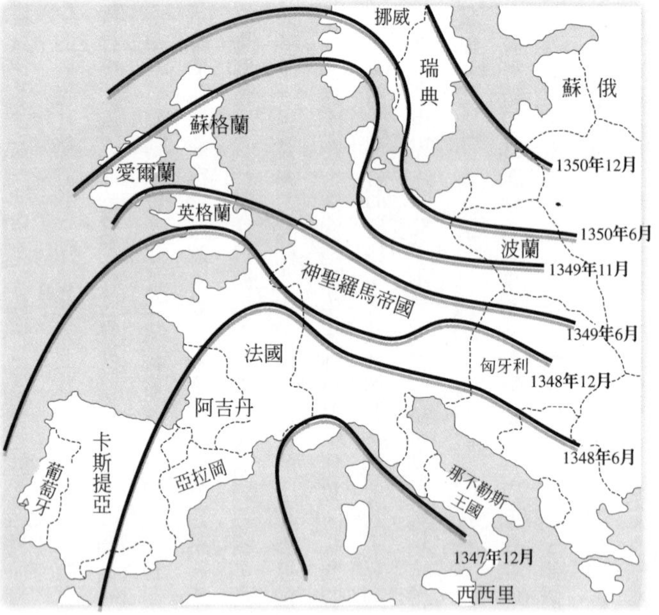

圖 6-8
一三四七到一三五〇年間，黑死病在歐洲傳播的路徑圖。

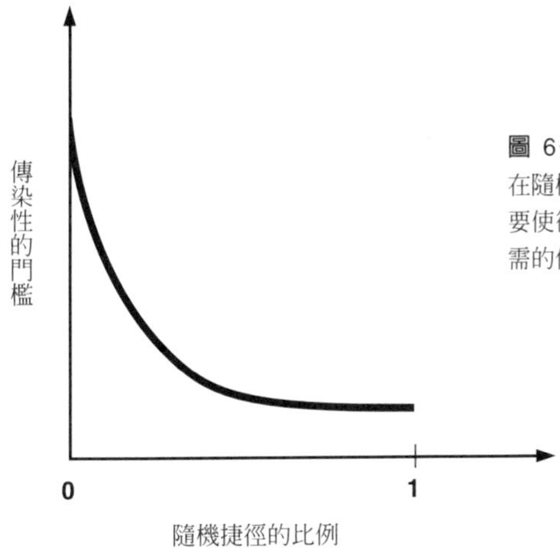

圖 6-9
在隨機程度低的網路中，要使得流行病劇烈減緩所需的傳染性門檻。

這種隨機混合模型得到的結果，就算在群聚性很高的網路中，也很容易就可以重複獲取，而這對世界來說可不是個好消息。如果疾病眞能在小世界中散播（看來似乎眞是如此），則我們彷彿必須繼續面對其中最壞的狀況。更麻煩的是，我們當中只有極少數的人，知道自己所處區域外的網路消息，所以大衆健康當局便很難讓每個人了解，看來遙遠的威脅其實近在眼前，必須趕緊採取行動。十幾年前，當ＨＩＶ第一次被檢測出來時，它被認爲只會影響極少數的特殊社群——男同性戀者、妓女、靜脈注射的毒品使用者。所以，如果某甲還有他或她的性伴侶不曾和上述三者有性行爲的話，則某甲是安全的，對嗎？錯了，現在我們都知道，這種病毒目前已經入侵南美洲幾乎每個國度。我們也知道，ＨＩＶ能夠突破它最初的疆界，至少有部份原因是人們以爲它沒有這個能力。

有句話說「全面性的思考，局部性的行動」，或許對抵禦瘟疫再恰當不過了。要記住，傳染性疾病並不像前一章提及之搜尋問題，它其實是以我們稱之爲廣佈搜尋的方式進行。所以如果網路中，感染源和易受感染者間存在著一條短的路徑，無論人們是否知道它在那兒，或是想找就找得到，都不重要。除非這條路徑能夠被截斷，否則病菌總會找到，因爲它們是盲目地試探每一條路徑。而且不像 Gnutella 或是佛瑞斯特太太的六年級學生，病菌會很快樂地將自己的分身，在整個網路上超量複製——這就是傳染性疾病所作的事。所以我們對傳染性疾病風險的認知，不管是HIV、伊波拉、或甚至是西尼羅（West Nile）病毒，都該作好最壞的打算。

然而，情況也不全然是黑暗悲慘的。如同先前所提，一種疾病的發生，通常並不會轉變成流行的大瘟疫，而小世界網路多少也提醒我們這個事實。在小世界網路中，疾病轉變成爆發成長的要件是捷徑。就如前面所說，在晶格中疾病的傳播並不會很有效率，而且雖然小世界網路展現了隨機圖形一些重要的特徵，但是在**區域上**，它們依然保持了晶格的性質，大部分的接觸都有高度的群聚性。所以就區域性而言，疾病的成長行爲非常接近其於晶格中的行爲——受感染者接觸的對象大多也是受到感染的個體，因而避免了將疾病快速散佈給易受感染的族群。只有當患病群組接觸到一條捷徑——譬如伊波拉患者搭上了飛機，或是口蹄疫感染的肉類被送往市場——才會開始進入最壞的情況，也就是隨機的混合性行爲。所以不像在隨機圖形中的流行瘟疫，小世界中的瘟疫必須先能在緩慢成長的階段存活，而在這個時期，它們通常都很容易受到破壞。而且，如果捷徑的密度越低，它們必須經過的緩慢成長期就越長。

因此，防止瘟疫流行的正確網路策略，應該不只減少整體的再造感染比率，還必須特別注意產生捷徑的來源。有件相當有趣的事情，更換注射針頭的計畫，對降低靜脈注射的毒品使用者感染HIV非常有效。很明顯的，在大環境中丟棄受到污染的針頭是可以減少一種散播病毒的途徑，當然會直接降低整體的感染率。而且它也同樣避免某些特殊的傳染。共同使用骯髒針頭的不僅是朋友，還很有可能是不曾見面，完全陌生的人。換句話說，重複使用針頭，就好像是疾病網路中一條隨機連線的來源。因爲在系統中減少捷徑的產生，更換針頭的計畫也減少了疾病從緩慢成長階段逃脫出來的缺口，也讓大衆健康當局有比較好的機會捕捉疾病。

思考網路結構還可以解釋一些疾病傳播的微妙細節，這在非網路取向的進路中是看不清楚的。前不久，西班牙的物理學家羅馬多・帕斯特—薩托拉斯（Romualdo Pastor-Satorras）和義大利的物理學家亞歷山卓・維斯比拿尼（Alessandro Vespignani）就指出了一個電腦病毒的特性，如果採用傳統SIR模型非常難以解釋。研究了大衆網路的線上病毒公報中廣爲流傳的病毒資料後，他們得到了個結論，大部分的病毒都是長時效和低階的特殊組合。這種組合非常奇特，因爲根據基本的SIR模型，每一種病毒，要不演變成流行瘟疫（在這種情形下，總人數中將有相當多的比例會受到感染），要不應該很快地就會自我毀滅。換句話說，病毒不是爆發就

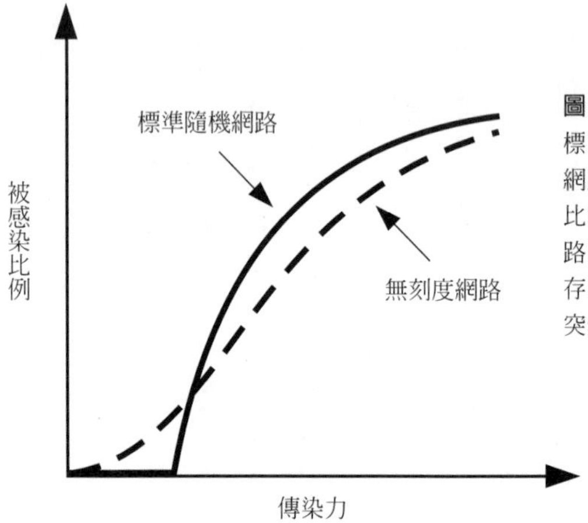

圖 6-10
標準與無刻度隨機網路之感染曲線的比較。在無刻度網路中並沒有臨界的存在，因而瘟疫會突然出現。

是不會爆發。但是除非病毒的再造率剛好是1——也就是圖6-5中狀態轉換的臨界點——他們不會什麼也不做，就這樣過去。但事實並不然，八百一十四種公報中有時間記載的病毒內，有許多的確如前所述，可是也有些起伏轉側了好幾年，無論有關的解毒軟體是否在它們被發現後，幾天或是幾個星期就公諸於世。

帕斯特—薩托拉斯和維斯比拿尼提出了一種解釋，正好能夠包含電子郵件網路的訊息，其中他們假設病毒一定會擴散開來。利用巴拉巴西和亞伯特的無刻度網路來代言電子郵件網路結構——由德國物理學家組成的小組，一年後以研究報告支持這項假設——這兩位西班牙學者證明，在無刻度網路中傳播的病毒，不會如一般模型一樣產生門檻的行爲。而且，就像圖6-10，整體的感染率將由零開始，隨著疾病感染者的增加持續地緩慢成長。在無刻度的電子郵件網路中，大部分的結點都只有少數的連結，這表示大部分的人，在正常的情況下，都只透過網路和少數人交流。但是有極少數的使用者，他們擁有很大本的通訊錄，裡面有一千個或許更多的名字，而且看來還很用心地保存所有的資料！就是這些少數者，多少要對病毒的長時效性負責——只要有一個人每隔一段時間就感染一次病毒，就會持續對整體產生某種程度的循環。

就算是眞實世界網路中最簡單的表現，比如區域群聚和無刻度之度分配，都能對疾病的擴散展現出重要的結果，其中最重要的，就是控制流行瘟疫的條件。所以，研究疾病模型變成新近網路科學中，重要而且持續成長的一門。如今每年仍舊有成千上萬的人繼續受到HIV的感染，其普遍的程度，就算在非洲，由低於百分之二，到近全國三分之一的人口不等。因而了解疾病在網路中的傳播情形，這個問題的重要性是不可低估的。還有很長的路要走，但是已經有些可行的方向，在網路研究論文中被指引出來了。當SIR模型還是關注的重心時，物理學家們已經開始用自己的方式來嘗試問題。特別是，當他們被引介入流行瘟疫的研究後，一些技術已經漸漸形成了**滲透理論**（percolation theory）。

疾病的滲透模型

就歷史而言，滲透理論可以追述至二次世界大戰。當時保羅・佛羅里（Paul Flory）和他的同事華特・史塔克梅爾（Walter Stockmayer）用滲透理論來闡述聚合物的**凝膠化**（gelation）。如果你煮過雞蛋，那應該很熟悉聚合物凝膠的現象。當蛋開始受熱，蛋白中的聚合物便兩兩地相互連結。當臨界點到達時，蛋白會經歷一個突然，但是很自然的轉變——即所謂的凝膠——那個時候，非常大數量的聚合物一下子結聯在一起，變成單一凝結的物質，充斥了整個雞蛋。在早餐中，未凝膠的蛋是液狀的；但是凝膠後的蛋，則是固狀的。第一個成功的滲透理論就是佛羅里和史塔克用來解釋，爲何這種轉變的發生幾乎是瞬間的，而非如想像中，是緩慢而循序漸進的。雖然，起初的發展只是爲了解答有機化學中的問題，滲透理論結果被證明是用來思考許多問題的有效進路，無論是森林火災的規模、地底油田的探勘，還是複合物質的導電性。晚近。它則被用來探討有關疾病的散播。

一九九八年末期，我剛到聖塔菲後不久，就與馬克談到我和史帝夫一兩年前所做的疾病傳播研究。以簡單的ＳＩＲ模型爲基準，史帝夫和我已經有了些關於隨機捷徑的密度，和瘟疫門檻相關的結果。但是我們並不了解，這個結構到底是如何運作，也不知道網路密度對隨機捷徑會產生如何的影響。在那之後，我曾自修了一些基本的滲透理論，因爲那看來是提出某些類似問題很自然的方向。而身爲統計物理學專家的馬克，當然是個明顯的詢問對象。接下來的一切，就如馬克一向的作風，一旦我提出讓他感興趣的問題，不久後，便會有些結果出現。

想像一個很大的集團所包含的個體（在滲透理論的術語中，稱作**地基**［sites］），其間以網路的連接（**鍵結**［bonds］）來相連，而疾病便是經由這些連結來傳遞。每一個地基都可能是或不是易受傳染的，我們將針對每個基地給定一個機率——稱作「侵佔機率」（occupation probability）；而每個鍵結可以是**開的**（open）或**關的**（closed），反映疾病的感染與否。結果有些像圖6-11所示，疾病就如某種想像中的液體，能夠從一些發源點中被唧打出來。自發源點開始，疾病總是會沿著開的鍵結，流向隔壁的鄰點。傳播便從一個易受感染者，傳向另一個，一直到新的感染源旁邊沒有開的鍵結爲止。從一個隨機選取的始點出發，以這種方式接觸到的所有結點形成的集合，稱之爲「群落」，當一種疾病進入了選定的群落，可以推知，所有群落中的結點都會受到感染。

圖6-11中最左邊的圖形，發生機率很高而且還有很多開的鍵結，因而產生了高傳染的疾病，幾乎大部分都受到了感染。在這個條件下，最大的群聚涵幾乎蓋了整個網路，所以網路中之要一個隨機的區域有了個缺口，就會發生了大型的散播。反觀其他兩個圖形，一個感染力很低（中間者），另一個發生機率很低（右者），因此無論流行瘟疫是否發生，其爆發的情況很輕微，而且只具區域性。在這幾種極端的狀態間，存在著一組複雜而連續的可能性，其中各種不同大小的群聚會同時存在，而且顯示疾病是否傳播開來，端視這個特殊群聚的起始大小。滲透理論主要研究的對象，就是群體大小的分配，然後用以決定它們是如何相關於問題中之各種參數。

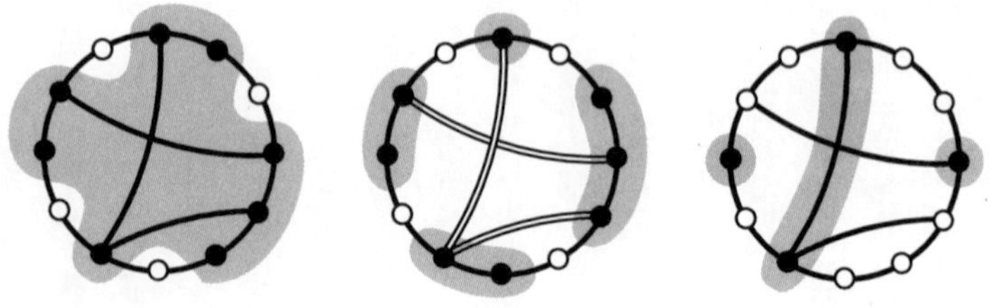

圖 6-11

在網路中的滲透情形。實心圓圈代表被侵佔的基地；實心的線表示開的鍵結。連通的群落則為陰影部份。

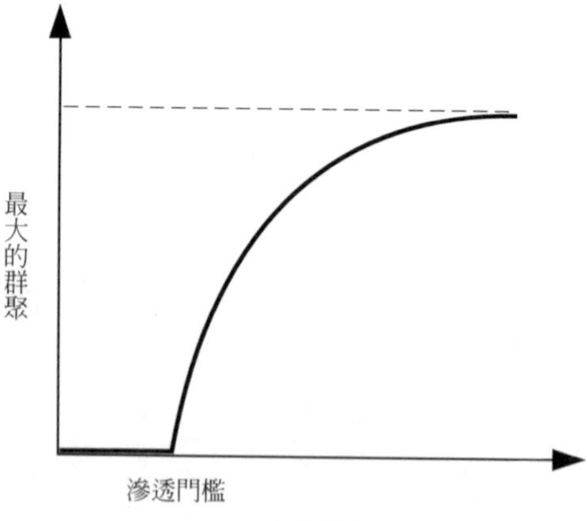

圖 6-12

網路中最大的可受感染群聚。超越滲透門檻之後，這個最大群聚將會佔據整個網路中的一個有限比例，然後一旦找到了個出口，就會爆發成流行瘟疫。

以物理學家的語言來說，瘟疫流行的機率取決於所謂**滲透群聚**（percolating cluster，一種單獨的易受感染地基群體，與一些開的鏈結相連）的存在與否，而這種群聚將滲透至整體。沒有了滲透群聚的存在，還是會看到瘟疫的發生，然而只會是小型而且區域性的。但是一種疾病只要從群聚的某處開始向外發展，如果沒有自我毀滅，則將散播至所有的地方，就算是個很大的網路亦然。這種經由滲透群體的過程——通常就稱之爲**滲透**——剛好和佛羅里與史塔克梅爾對聚合物凝膠化的解釋完全一致，也正巧和SIR模型中的瘟疫門檻相符。在模型中再造率首次突破1，由於一再結合，連結性將在隨機圖形中擴延開來。就圖6-12所示，如果將群體大小視爲對整個集團的比例來看，門檻之下，最大群體之大小是無關緊要的；然而一旦突破了臨界點，我們可以發現一種戲劇化的轉變，能夠將病毒散佈至整個集團的滲透群體，彷彿無中生有般地突然出現。

病菌在自我毀滅前，能在網路中蔓延的距離，物理學家一般稱之爲**相關長度**——這個用詞在第二章談到整體座標系時曾經出現過。在那裡，相關長度的發散性，導致整個系統進入一種緊要的關頭，只要一點區域性的騷動，就將蔓延至全體。相同的結果也會出現在疾病傳播的滲透模型。在滲透的傳遞中，相關長度變成無限大，所以就算是很遠處的結點，也能一個接著一個地滲透過來。在小世界網路中，馬克和我發現相關長度是如何由隨機捷徑的比例來決定。史帝夫和我大約在兩年前，就得到了些相關的粗略結果。馬克和我證明出，就算隨機捷徑的比率非常小，也有可能很戲劇化地改變相關長度。但是，現在爲了在相對長度發散的條件下解決這個問題，我們必須確切地找出滲透傳遞的位置——即瘟疫門檻。

網路、病毒和微軟

一開始我們就知道（後來也得到證據顯示），要了解瘟疫的問題，利用滲透的進路要比基本的SIR模型來的好。很不幸的是，在眞實的網路中，滲透是個非常困難（甚至無解）的問題，而接下來的過程也被證明出是很難通過的。爲了得以繼續分析，大部分的滲透模型，都假設網路中所有結點都是易受感染的，而且將關注焦點放在鏈結上（稱之爲**鏈結滲透**［bond percolation］）；或是，假設所有的鏈結都是開的，然後關注於地基（即**地基滲透**［site percolation］）。大致上將相同的模型套用於兩種滲透之中，在許多面向上，它們都表現出相類似的風格。馬克和我研究基地滲透時，之後不久，他就和聖塔菲另一位物理學家克力斯・摩爾（Cris Moore）一同研究鏈結滲透。然而，在有些面向上，基地和鏈結滲透非常的不相同，導致類似的瘟疫卻得到迥然不同的預測。

然而，在跨越分析結果之前，我們必須審愼地思考，哪一種滲透比較能完美地抓到疾病本質上的問題。例如，在依波拉這類病毒的情形中，假設所有的人都是易受感染的，應該相當合理；所以能夠將焦點放在病毒是如何傳播的。因而，對應於伊波拉的滲透問題，應該是鏈結滲透。然而，像梅莉莎這種電腦病毒，一直會從一台電腦傳向另一台（也就是說，所有的鏈結都是開的），但並不是每台電腦皆是易受感染的。因此，電腦病毒的滲透模型，或許該是各種不同的基地滲透。以梅莉莎爲例，一如我們先前所說，全世界只有一個比例的電腦會受到這種病毒的汚染，因爲病毒只會經由微軟的Outlook電子郵件程式傳播出去，當然並非所有的人都使用Outlook。

對微軟的使用者而言，不幸的是，有那麼多的電腦使用Outlook，而其中最大的連結群體，幾乎可以確定是被滲透的。事實上，如果不是這樣，我們就不會看到發生於全球的梅莉莎，還有最初發生的愛情小箋（Love Letter）和安娜・寇努庫娃（Anna Kornukova）病毒。全盤軟體的相容性，的確爲個人使用者帶來相當大的便利；但是一個有容易受傷害體質的系統，當每個人都用相同的軟體時，自然也帶著相同的弱點。而且每一種軟體都有其弱點，尤其像微軟，這種大型而且複雜的操作系統。就某個方向而言，梅莉莎這類病毒唯一叫人驚訝的是，他們並不會經常發生。而且，一旦它們發生的頻率變高——也就是微軟的軟體持續保有其易受傷害性——則將會產生大型的崩潰，全球的使用個人也無法承受電腦經常性的當機，而開始尋找替代品。

微軟公司應該採取怎樣的措施呢？一種簡單的方法爲，儘量讓他們的產品安靜無聲，以避免任何蟲狀病毒的侵襲，而且一旦有任何狀況發生，則必須盡快提供解毒軟體。上述所有的措施，都有助於降低發生機率，故可縮小甚至消滅滲透群體。不過像微軟這樣雜亂無章的企業，任何企圖攻擊他們的駭客，其實都值得給予光環與榮耀。微軟若想要保護他們的客戶和市場佔有率，實在必須在思考上更爲周詳嚴謹些。一種解決之道或許是，將一條一貫作業的生產線轉換成幾種個別發展的不同產品，而且將它們設計爲不完全相容的。

從世俗對軟體的視角看來——通常都強調其相容性和經濟層面——區隔單一的生產線，聽起來像是個瘋狂的想法。但就長遠的角度而言（所謂的長遠，也許並不如想像中的長遠），增加不等同的產品，無論對任何病毒，都能降低易受入侵的電腦數，而整個系統相對上就強壯得多。並不是說，這樣一來，微軟的產品受到病毒入侵時，會比較不易受傷，但至少和其他品牌相比，就不至於成爲最易受傷害的。很諷刺的是，對他們復仇心旺盛的評斷部門而言，非一貫的生產線似乎是微軟近來企圖避免的（或許可說是種）信仰。有一天，微軟或許終能看清，它就是自己最糟糕的敵人。

存在於疾病傳播的機械系統，以及關注焦點不同的一般滲透架構（其結果有可能差異極大）間之微細分別，促使我們將一些物理方法，應用到瘟疫的問題上。事實上，在下一章，我們將會看到，爲了瞭解生物學上的傳染，與社會上的傳染問題之間的差別。例如，科技發明的普及——其間同樣帶著我們冀望了解的，有關眞實世界現象的重要推論。將滲透模型應用到網路上，是種極自然的進路。所以，在網路傳播問題上，它將繼續扮演重要的角色。而且，馬克和我沒多久就察覺的道理，和其他的理由，使得滲透變得相當有趣。然而，必須再次提起的，一切正因爲巴拉巴西和亞伯特他們踏出了第一步。

失效和強固

就像所有複雜性系統擁有的表徵，全體性的連結，不能說是種好事還是壞事。在傳染性疾病或是電腦病毒的脈絡中，滲透群體的存在，代表著瘟疫流行的可能性。但是對通訊網路——如網際網路，我們希望一組資料能保證在合理時間內，將會到達它們的目的地——而言，滲透群體的存在似乎是絕對必要的。就保護下游結構的面向看來，無論是網際網路，還是航空網路，都在於網路連結的**強固性**（robustness），是否會受那些我們想要避免的，意外衰敗或是惡意攻擊的影響。而就這個觀點而言，同樣的，滲透模型非常的有用。

已經證明，有一些眞實的網路，如網際網路和全球資訊網，就是他們所稱的無刻度，亞伯特和巴拉巴西開始懷疑，無刻度網路相較於一些其他的傳統網路，是否限制僵化了一些有競爭性的好處。還記得嗎？在無刻度的網路中，度分配是由冪法則來支配，而不是我們在均勻隨機圖形中所發現，那種帶有尖點的卜瓦松分配。其間最特別的不同在於，有一小部份帶著很多連結之「富有」的結點，但其他大部分的結點則都很「貧窮」，很少有對外的連結。現在亞伯特和巴拉巴西有興趣的問題是，一但網路中的個體開始衰退，這兩種網路——均勻隨機網路和無刻度網路——是如何做出好的連結。

思考有關網路的強固性，可視其爲一個連結性的議題，將這個問題細膩地映射至網路上的基地滲透。然而，在這個應用中，發生機率和它在疾病傳播上扮演著完全相反的角色。其實，馬克和我最原先的興趣在於被佔領（即易受感染的）結點之效力，而亞伯特他們關心的則是未受侵佔的結點——這些點基本上已經失效。以強固性的術語來說，在網路連結中，未受侵佔的結點效用越低越好。亞伯特和巴拉巴西對連結性的看法，與我和馬克的也不盡相同。我們關心的是滲透群聚的存在與否，而他們想知道的是，一個訊息從網路的一頭到另一頭，確切上需要幾個步驟。沒有一個全盤的定義，能夠提供一條好的方法來思考什麼叫做強固性，但是他們的定義很明顯地與類似網際網路的系統相關，當一組資料中典型的跳躍數目增加，那預期的傳遞時間和被丟棄的可能性就相對的增加。

巴拉巴西他們最先證明的是無刻度網路抵抗**隨機**失效的能力遠遠超過一般的隨機網路。理由很簡單，無刻度網路的性質被少部份高連結中樞的結點所限制。因爲這類結點太少了，就隨機許取的角度上看來，中樞結點相對上，就比連結較少的其他結點較不易失效。就好像美國空中網路內，少了個鄉村的小機場，這個「貧窮」結點的缺失，將會使其鄰近的區域，大大地被忽視。反之，在平常的隨機網路中，最高連結的結點並不那麼具決定性，而不太連結的結點也不是那麼微不足道。就結果來說，每個失落的結點都將被遺忘——或許沒什麼大不了。但在無刻度網路中，則影響要大得多。就最近得到的證據顯示，網際網路事實上是種無刻度網路，亞伯特和巴拉巴西想以他們的模型來解釋，雖然總是有些個別的路線不停的失效，爲何網際網路還是那麼可信賴。

此外，他們還指出強固性其他的面向。雖然像網際網路這類的網路，其路線失效的發生，看來是隨機的，但也有些是刻意攻擊的結果，這種就絕不能說是隨機的。例如，在網際網路中，拒絕服務的攻擊，易於以高連結的結點爲標的。另外一個例子，無論是航空網路還是通訊網路，中樞結點很明顯經常是任何陰謀攻擊的主要目標。亞伯特和巴拉巴西所證明的是，當由網路中最具連結性的結點首先開始失效時，無刻度網路比均勻網路更加的不強固。很諷刺的是，無刻度網路受攻擊的易受傷害性，和它表現出的強固性如出一輒——在無刻度網路中，最具連結性的結點在整體網路功能上，其關鍵性比同樣的結點在均勻網路中要緊要得多。因此整體的訊息變得非常模稜兩可——網路的強固性高度地取決於失效這種特殊的自然原因，但是隨機和有被刻意攻擊的失效卻產生如此迥然不同的結果。

雖然兩種失效都很值得去考慮，但優先失效的中樞結點似乎看來特別重要，因爲它既非經深思熟慮，也非惡意的。許多網路的下層結構，非常不相稱地依賴一部份很小比例的高連結結點，依賴程度遠高於這些結點的平均失效率，而且無可避免地對其連結性產生影響。舉個航空網路的例子來說，某個主要中樞的過大運輸量，將增加其失效的形成——這種現象，紐約空航旅遊者應該有身歷其境的痛苦經驗。位於皇后區的拉瓜地（LaGuardia）機場，入境和出境的航班非常緊密地一一銜接，就算是系列性經過規劃的延遲計畫——通常利用小機場正常航班的相隔時間，便能吸收這種延遲——累積之下，就算是天氣晴朗的好日子，飛機都有可能被迫停在地面好幾個小時。事實上，二〇〇〇年，整個國家一百二十九個最常誤點的班機中，有一百二十七班的出發地爲拉瓜地！像拉瓜地這種中樞航站，誤點不只是當地旅者的問題。每一班在中樞轉運站誤點的班次，通常都會造成目的地航運站的延誤，所以中樞航站處理的航班越多，造成的不僅是擴大它們本身必須有的延誤，而且這些延誤機會的增大，有可能將癱瘓了整個系統。

現代航空網路如此高度地依賴中樞結點下的子網路，致使它們本身對會大肆蔓延的偶發延誤，特別容易受到傷害。不過，這也點出了一個解決方案。與其保持一個系統，需要中樞站來承受所有的痛苦，好將人們由甲地送往乙地，不如將一些最大且最具失效趨向之中樞的連結，轉連向一些較區域性的小機場，在那裡，中樞站的誤點問題將變得有辦法處理。在這種安排之下，像阿不奎爾克（Albuquerque）和雪城（Syracuse）這類城市將直接連結，而不須將所有的飛機都取道芝加哥或聖路易。在此同時，最小型的機場，如伊色佳和聖塔非，則將繼續維持原來的營運。經由降低中樞結點的影響度，整個網路將保有較好的有效性，原因是雖然放大了部份結點的規模，但降低了個體失效的機率。而且就算中樞失效的事件還是發生了，但受到影響的班次將較少，整個系統的損失也自然較低。

回過頭來看，這實在是個非常細膩的結果，彷彿水到渠成般的自然。亞伯特和巴拉巴西的論文〈網路攻擊和失效〉（"Network attack and failure"），很榮耀地登上的《自然》（*Nature*）的封面，在媒體間引起了一波激盪。我們再一次頓足搥胸，爲何忽略了這樣顯而亦見的問題。然而，在得到另一個史托蓋茲的學生——鄧肯．卡拉威（Duncan Callaway）——的協助，我們在後面努力，企圖迎頭趕上。事實上，卡拉威成功地解出比聖母大學團隊所研究的要困難許多的問題。利用馬克、史帝夫和我研究隨機圖形的連結性時所發展出的技巧，卡拉威直接處理不同滲透傳遞的計算，而不是只做電腦的模擬。他也同時處理連結和結點兩種失效問題，並且證明該如何應用這些模型，不只在無刻度網路上，也在任意度分配的隨機網路。一切看來，這都是個叫人印象深刻的努力，我們四人也試著一同將得到的成果撰寫成一篇好的論文。不過這些已經不會再有什麼差別了。粗略地看來，我們的結果和亞伯特與巴拉巴西他們的非常相近，而我們必須承認，是他們先想到的。

很幸運的是，將滲透技巧應用至現實世界的問題，可算是種非常縝密的工作，所有還有很多有趣的問題留下來。不只因爲，處理眞實網路比任何隨機模型——不管是無刻度的還是其他——所能捕捉的要複雜得多；而且，過程本身加入了滲透理論的基本假設後，其表現通常都很貧乏。例如，滲透模型一般都假設所有的結點，其易受傷害性都相同。但實際上，人類的相異性是種很重要的表徵，在許多非人類的團體中亦然。就像疾病的傳播，個體間先天的易受感染性和傳染他人的能力，其實有天淵之別。而且，當行爲和環境等因素也被考慮進來的話，團體間的差異，可以因爲各類因素間的強烈相關，而變得繁複雜亂。這類情況，在性傳染疾病中，最常發生。存在著高風險的個人，有很顯著的傾向，與同樣是高風險的人互動——這種行爲特徵，或許有社會根源，但很清楚地會產生流行病學中討論的結果。

如果繼續深究，個體的位階不只和他們的社會特徵有關——這種相關有可能是動態的。有個很好的類比，就是我們在第一章中提到的，WSSC電流傳輸的串連失能。如果我們隨機地設定每個結點的衰敗機率，或甚至根據他們實値的差異來訂定，你還是會漏失了問題的一個本質——**偶然性**（contingency）所扮演的角色。還記得嗎，一九九六年八月十日發生的重大失效，並不是好幾個獨立失效所產生的結果，而該說是個失效的**串連**，每一個造成部份失效的原因，都非常相似。偶發性的串連失效和相互依賴的失敗，比到目前爲止我們所面對的滲透問題更難模型化，但它們經常發生，而且不是只發生在像電力這種工程系統。事實上，或許影響最廣，最有趣的串連問題，其實發生在社會和經濟的決策領域。我們現在正在往這類深具意義、迷人、而且神祕的問題前進。

7 決策，幻覺，與群體瘋狂

離開氣候絕佳的聖塔菲，來到雨雪霏霏的麻省劍橋後不久（我抵達時正巧碰上弗羅伊德颶風），我開始在想，馬克和我從研究疾病傳播所學到的教訓是否可以應用在金融市場中的感染問題。那是一九九九年的秋天，網路泡沫正處於熱潮的巔峰狀態。投機資金似乎隨意流竄於沒什麼合理投資規劃的一般大眾，而在我暫居的ＭＩＴ史隆管理學院，學生們迫不及待地想步出校門大賺一筆。創業熱的高燒不退，使得向來是ＭＩＴ畢業生最大雇主之一的美林集團（Merrill Lynch），揚言要取消其年度徵才活動，因為沒有人出席他們的發表會！

在這熱潮當中，安德魯．羅，一位金融經濟學家，也是我當時的指導教授，建議我看一看查爾斯·馬凱（Charles Mackay）所寫的《奇特的大衆幻覺與群體瘋狂》（*Extraordinary Popular Delusions and the Madness of Crowds*）。就如這誘人之書名所提示的，馬凱這本書討論狂熱的多種表現，從女巫審判到十字軍東征，在熱潮當中，向來明理的，通常還受過教育的人們往往卻會做出日後令人難以索解的行爲。並且，正如馬凱淸楚所言，狂熱最好的朋友是金錢。過了一年，在網路公司陸續倒閉之後，你大可以逕下結論，說那些（現在已經失業的）企管碩士眞是被「奇特的幻覺」所惑，而那一堆華爾街股票分析師就更不用說了。

你很可能以爲像這樣對虛幻價值的妄想——不僅只有一九九〇年代後期對科技的迷戀，還有一九八〇年代德州的存放款危機，一九八七年十月的嚴重倒閉，墨西哥的披索危機，以及日本和稍後韓國，泰國，與印尼的泡沫經濟——是晚近日趨嚴峻險惡的金融景況所獨有的特性。在自動交易系統、全天候市場、以及通暢無阻的國際資金流動之前的時代——或者甚至在電話、電報，或跨州鐵路尚未出現之前——這種無端信念之快速繁衍以及資金後盾隨時到位的情形是絕對不可能發生，至少不可能以大規模的方式進行。但其實不然——《奇特的大衆幻覺與群體瘋狂》出版於一八四一年，而馬凱研究的對象又已經橫跨在此之前的兩百年歷史了。

鬱金香經濟

我很快就從安迪那裡得知，金融危機至少跟羅馬帝國一樣古老。但是現代時期的第一個例子，也是馬凱所敍述的有趣故事之一，是荷蘭的鬱金香泡沫。一六三四年，即鬱金香泡沫開始的那一年，鬱金香才剛從原產地土耳其引進西歐，而且顯然夾帶了高度的社會地位。鬱金香嬌弱不易栽種的天性只更增添人們對它的渴望，在阿姆斯特丹的花市，單單是球莖就可以賣得高價。而沒過多久，專業投機客介入，開始人爲操作球莖的價格，希冀日後能賣到更高的價錢。受到立即財富的吸引，再加上外國投資者大量資金的湧入，即使是一般的正常公民也捲入瘋狂的漩渦，原本例行的商業經濟活動幾乎完全停擺。根據馬凱的說法，在熱潮巔峰時期，總督級之稀有品種的一顆球莖可以兌換「二拉斯（相當於八千磅）的小麥，四拉斯（相當於一萬六千磅）的黑麥，四隻肥牛，八隻肥豬，十二隻肥羊，兩大桶的酒，四噸的啤酒，兩噸的奶油，一千磅的起司，一張完整的床，一套衣服，外加一只銀製的酒杯。」如果那還不夠荒謬，最高貴的 Semper Augustus 品種可得再花上兩倍的代價。我絕對不是瞎掰的。

有著這麼多的熱錢投資在一個客觀價值如此低廉的商品上，也就難怪荷蘭人開始出現怪異的行爲表現，有些人甚至賣掉所有的生計，只爲了換取一兩株得獎的花卉。相對而言，有形資產就變得沒什麼價值，很容易就購買得到，也因此買賣與借貸的活動熱絡無比。有一段時間，就如馬凱所言，荷蘭成爲「財神的前廳」。當然，這無法持久。到頭來，鬱金香畢竟是鬱金香，就算是最瘋狂的荷蘭人也沒法兒假裝下去了。無可避免的崩盤發生在一六三六年。鬱金香的價格從令人暈眩的高峰迅速下滑，幾個月的時間便落到不及十分之一，此時憤怒的群衆爲了找尋代罪羔羊以及除卸身上快速累積的債務，表現出來的行徑甚至更加瘋狂。

數十年後（但還是比馬凱的書早了一百多年），另外兩個大帝國，法國跟英國，幾乎同時遭受類似的金融泡沫打擊。它們跟先前的鬱金香慘跌不僅在起源與基本發展過程上相似，就連在國民間激起的荒謬程度也不惶多讓。這次投機的標的是英國南海公司和法國密西西比公司的股票；這兩家公司保證，由於它們有管道通往大致尚未開發的全新疆域（英國公司有南太平洋，法國公司則有位於現在美國南方的殖民區），投資者將會有極高的報酬率。就像先前鬱金香造成的情況，投資者大量湧進，股票價格扶搖直上，激勵更進一步的投機、更多的需求、以及更大的價格攀升壓力。就像荷蘭一樣，英國與法國都開始有紙鈔浮濫的現象，越來越多的不動產被換成紙鈔，導致鉅額財富的普遍幻覺，而更確立價格不穩定的上揚走勢。不幸的荷蘭人，九〇年代末期的網路投資者，還有其間許許多多砸錢投資的傻子通通都一樣，泡沫幻影終究破滅，扯碎了曾經洋溢幸福感之群衆的發財夢。

恐懼，貪婪，與理性

那爲什麼我們沒能學到教訓呢？將近四百年過去了，是什麼讓人總覺得下一個金融泡沫不會破滅，直到一切都已太遲？我們可以一貫嘲諷的回答，貪婪與恐懼就像任何人類特質一樣普遍不受時代侷限，而一旦被引發出來，任何思考分析，甚至過去經驗都拿它沒輒。沒有大發財的承諾，成功的律師就不會搶著替在網路上賣雜貨的新公司工作，也沒有明智的荷蘭人會賣掉他在阿姆斯特丹的公寓來換取一株鬱金香球莖。並且，要是沒有內心深處對商品本身價值之疑慮所造成的恐慌，就不會有這麼多網路相關公司幾乎同時突然倒閉（其中有一些公司，在較爲審慎的投資氛圍下應被判斷爲頗具競爭性）。不過，如同大多數嘲諷式的解釋，這個說法不太有幫助，只不過強而有力地宣告了我們在財務上的處境就像電影《土撥鼠日》（*Groundhog Day*）演得一樣，只差沒有好萊塢式的快樂結局（電影裡比爾·莫瑞〔Bill Murray〕終於學到了教訓）。這些犬儒式的嘲弄，指稱我們無法改變人性，也許並沒有錯；但是它們也無法告訴我們金融危機實際運作的機制是如何，一個金融危機跟另一個的差別在哪兒，或者我們能夠設計怎麼樣的制度來幫助人們至少與自己內心的惡魔和平共處。

至於標準的經濟決策理論，卻更幫不上忙。要記得，經濟學正是犬儒嘲諷的相反論述。經濟學宣稱，人們雖然自私，但也是**理性的**。因此知識總會降低貪婪的程度，而恐懼則全然不存在。結果會像亞當·史密斯（Adam Smith）聞名之預測一樣，理性的行爲者在盡己所能追求個人最大利益時，「被一隻看不見的手引導」到某個集體的績效，而這績效最起碼也跟其他可能的績效一樣好。管控行爲——不單是指政府的管控，還有制度，法規，以及各種外加的限制——只會妨礙市場的正常調節運作。雖然史密斯是針對國際貿易的政治經濟而言，但是他的邏輯日後被應用在所有類型的市場，其中包括金融市場；由此推演，金融市場自然不會有任何危機。

這樣樂觀的見解有何基礎？依照前述的標準看法，金融交易商是尋求最大利益的理性行爲者。如果沒有造成不穩定的投機客去操作，泡沫就不會發生，而造成不穩定的投機客照理是不應該存在的。爲什麼？因爲造成不穩定的投機客並不依據資產的「眞正」價值，而是跟隨價格走勢進行買賣，一般是在價格上揚時買進，在走跌時賣出。於是，這類投機客通常被稱爲**走勢跟隨者**，跟**價值型投資者**——於資產被低估時買進，被高估時賣出——有明顯的區分。當資產因某種原因價格上揚超出其眞正價值時，走勢跟隨者就會急著進場買進，因而付出比實際所值更高的價錢。當然，他們這麼做就把價格哄抬得更高了，進而希望能把資產再以更高的價格賣出來獲利。每一個在賣出時獲利的走勢跟隨者都得要有另一個走勢跟隨者來買進（因爲沒有價值型投資者會感興趣），而接棒者便犯下了比前一個人還要大的錯誤。

愚人接龍的戲碼終究會結束，屆時價格將開始跌落，而一些走勢跟隨者便會賠錢。如果價格跌得夠多了，以致低於其眞正價值，價值型投資者就會進場開始買進，因而獲取從走勢跟隨者之損失得來的利潤。無論有多少走勢跟隨者獲利，他們的利潤只會來自其他走勢跟隨者的損失，因此整體而言，走勢跟隨者一族永遠會把錢賠到價值型投資者身上。由於投機的根本狀態是財富會從走勢跟隨者淨移轉到價值型投資者身上，任何具有理性的人都不會選擇跟隨走勢；如此一來，市場價格應該總是反映資產的眞實價格。然而，如果眞實的人就是這麼愚蠢呢？理論上這樣的質疑也有答案：就算這些人很愚蠢，但是因爲投機行爲之整體趨向是賠錢的，在達爾文物競天擇的法則下，他們終究會被迫退出交易市場。價值型投資者會從走勢跟隨者身上賺到錢，直到後者破產離場。長期來說，市場中只有價值型投資者會留下來，而回歸正常秩序。不會有投機現象，不會有超漲問題，不會有泡沫。

儘管聽起來頗合乎邏輯，理性必然勝利的邏輯實際上卻揭露了金融市場運作的弔詭。一方面，全然理性的投資人在正常運作的市場中，匯集所有可得的資訊，應該會讓每一資產趨近於能夠正確反映資產價值的價格。沒有人會完全依據價格的波動來做決策，而如果有人試著這麼做，終究會被迫退出交易市場。但是另一方面，如果每個人都很理性，價格就一直都遵循價值，如此一來，沒有任何人能夠賺到錢，即使是價值型投資者亦然。其結果是，不僅不會有泡沫，也不再有任何交易！這樣的結論對於一個市場理論而言是有點問題，因爲沒有了交易，市場就根本沒法兒依據「正確」價值調整價格。

另外一個看待上述理性邏輯的方式是——這當然是從歷史經驗得來的觀點——它跟金融市場的實際運作並沒有太大的關連。是的，人們試圖獲取最大利潤；是的，投機客通常會賠錢。經過一段夠長的時間，所有的投機客，甚至那些偶爾賺到大錢的，很可能眞的都會賠得精光。就像賭場裡的賭客，有些人也許贏一陣子，但最後唯一的贏家是莊家（這可以解釋爲什麼賭場是一間接著一間的開）。然而人們依舊會投機，就像人們依舊在賭博一樣。

不過，即便人類不完全如經濟學家定義般的理性，他們也並非全然受到難以控制的情緒驅使掌握。就是最嚴重的投機客在瘋狂中也有其方法。至於其他的人——大多時候，我們只想要平安過日子，想辦法充分利用眼前的處境，並盡可能地避免麻煩。這聽來並不是太不可靠的組合，而坦白說，大多時候也的確不是。事實上，雖然泡沫和倒閉容易引起關注，但是金融市場的活動通常很平靜，就算是面臨外在事件的干擾——好比政府的轉變、恐怖攻擊等一般認爲容易造成過度反應的事件——也是如此。所以金融市場的眞正秘密不在於它是理性還是非理性，而在於它兩者皆是；或者兩者皆非。無論是什麼，當一大群普通人聚集時，雖然他們大多時候表現得很理性，但是偶爾卻會表現得跟瘋人沒兩樣。金融危機只是團體、群衆、甚至整個社會可能展現出來的，通常明理但時而怪異之行爲表現的一個例子而已。

集體決策

當我開始研究金融危機之起源前不久，正在研讀另外一個吸引我的主題：合作行爲的演進。合作在人類行爲中非常普遍，所以有時候被誤以爲是把人性跟獸類區隔出來的主要特質之一。然而自發性合作行爲的起因實際上相當弔詭，讓好幾個世代的思想家，從生物學家到哲學家爲之殫精竭慮。這裡的弔詭，究其本質，是爲什麼尋求自利的人類，在一個幫助他人會付出昂貴代價又容易受到剝削的世界裡，會有不自私的行爲表現。

假設你們一大群朋友一塊兒到一家不錯的餐廳用餐，打算最後大家平分帳單。菜單上選擇的範圍很大，從便宜簡單的義大利麵食到奢侈的菲利牛排。如果每個人都點了精緻特別的食物，這個晚上大家的花費就會很多，因此很自然地，你會體貼大家只點麵食。而另一方面，如果你點了牛排而其他人都吃麵食，你將以幾乎一半的價錢享用到一頓大餐。也許更切重要點的情境是，如果你**不**點牛排而其他人都點牛排，你結果很可能所費不貲卻只吃到一碗義大利麵。問題當然就在於，當大家坐在那裡考慮各種選擇時，相對於你的朋友們的福利，你有多在乎自己私人的享受？

儘管上述情境乍看會顯得奇怪，這個**用餐者的兩難困境**（the diner's dilemma）——由物理學家納塔利・葛蘭絲（Natalie Glance）與伯納多・修柏曼所提出——確實是**社群活動兩難困境**（social dilemma）的經典例子。社群活動之兩難困境也被稱作**公共財遊戲**（public goods games），面對的是公共利益相關事務，如回收服務或大衆運輸系統，其存在須仰賴足夠多數的人口肯爲了公衆福祉而放棄較爲方便、較爲有利、或較爲自私的選擇（例如開車而不搭乘巴士）。爲了更充分理解社群活動兩難困境內含的困難，讓我們看看賦稅的例子。政府設施的存在（如醫院、道路、學校、消防與警察局）、運作良好的交易市場、法庭，以及法律規範本身，全都仰賴稅收（幾乎所有國家都是如此），而正如同我們經常會抱怨政府無能，一個社會若少了幾項這些重要的公共設施，就絕對沒辦法長治久安。繳稅因此很清楚地是符合每一個人的利益，甚至到了不繳稅就代表腦袋有問題的程度。可是就如葛蘭絲和修柏曼所指出的，世界上沒有一個國家能靠國民自動自發的繳稅。

難道我們連很明顯有助於我們（共同的）最大利益的事情都不會去做嗎？根據「公有的悲劇」（the tragedy of the commons）——一九七〇年代政治學者蓋瑞・哈丁（Garret Hardin）所

提出之深具影響力的理論——答案很顯然是不會。讓我們設想一個前工業型態的村莊，環繞著一大塊在中央的共有土地，稱之爲「公有地」。這塊地大多被村民用來放牧牛羊，而讓他們接著得以剪羊毛、擠牛奶，或宰殺牛羊來換取溫飽或牟利。由於沒有任何人擁有或掌管公有地，所有人都可以自由使用這塊地，但是多養一頭牛或一隻羊所產生的利益會完全歸於擁有這牲畜的村民。每個人於是就有持續擴大牛群或羊群的動力，在不增加經常性開支的情況下，不斷增添個人的獲利。

接下來的發展很容易想見。公有地終究會被過度放牧，到無法養活任何牲畜的地步，而**每一個人的**生計都受到損害。只要村民有所節制，這裡就不會有問題——公有地能夠維持下去，足供人們生活所需，直到永遠。但是就算假設某處的一個村莊很偶然地暫時達到這樣一個烏托邦式的平衡，不穩定的因子還是存在。即使每一個人都開開心心地做正確的事，追求自我利益的村民（他們通通都是自利的）總是有個動力在那兒鼓勵他去多養一隻牲畜。不會有人制止他，也沒有人抱怨。他不需付出任何代價，就會變得更富有，更有能力養家。公有地不會到別處去，也沒人會發現在這片廣大豐美的草原上多了一隻羊——那麼，爲什麼不做呢？

是啊，爲什麼不做。就是這樣造成悲劇的，莎士比亞式無可避免的死亡。沒有人做出瘋狂的舉動。的確，他們對世界之所知既是如此，若不這麼做那才叫蠢（或至少是不理性的）。無論多麼不祥的災難隱伏著，局中人持續按照鎖定的步伐走上毀滅之途，受著個人自我利益無情地驅使走向集體的厄運。哈丁的理論就如其名稱所示，提出了一個灰暗但卻不容忽視的世界觀；它讓我們想到許許多多眞實世界中的悲劇——不需要的戰爭無限延長，不好的習俗恆久永存，還有無可挽回的環境破壞。如果能夠，我們是多麼強烈地希望這些不好的事情消失無終啊，但實情卻是這一切全都由我們自己所造成。就像用餐者的兩難困境，公有之悲劇呈現出這無法逃避的問題：每個人心中都會考量自己的利益並且只能控制自己的決定，但是卻也得承擔其他所有人的決定所造成的後果。

資訊串連

然而，也不是所有兩難困境都得在淚水中結束。就好像文化時尚能橫掃冷漠成習的一般大眾，社會規範與制度也能改變，有時似乎是在一夕之間。今日看來稀鬆平常的家用物品資源回收，從塑膠瓶到報紙，是相對晚近的現象。才不到一個世代的時間，西方工業世界已經大幅度改變其日常行爲模式，以回應還相當遙遠的環境危機，這在先前只有少數摟抱樹木的長髮嬉皮才覺得無比重要。資源回收是怎麼從主流社會的邊緣位置變成清楚確立的自我期待呢？不管它有多麼不方便，我們已經不再質疑它的正當性。

很可能這只因爲三不五時回收一些空罐子不費太多功夫，因此改變這習慣所需付出的代價並不大。但是也有些必須付出更大個人代價的社會劇變確實發生，如一九八九年萊比錫（Leipzig）市民的示威抗爭。他們每個星期一都走上街頭，持續了整整十三週。最先是數千人，然後是幾萬人，接著是數十萬人，一同上街抗議當時東德的共產政權壓迫。雖然現在已少有人想起，但是萊比錫大遊行應可算是眞正的歷史轉捩點。它們不僅成功地推翻了東德社會主義黨，還導致三個星期後柏林圍牆的倒塌，以及最後德國的統一。跟許許多多在此之前就有的日常革命一樣，萊比錫遊行隊伍顯示不自私的合作行爲是可能自發地發生於普通人之間，即便他們很可能會因此付出沈重的代價——監禁，身體傷害，甚至於死亡。事實上，在一九八九年底，全東德都知道萊比錫是個「英雄之城」（Heldenstadt）。

那麼，爲什麼就連最嚴格推行的秩序，最牢固的兩難困境，都能突然而戲劇化地瓦解？而如果現狀連在根基穩固的情況下都可能無預警地垮台，又如何可能在衝擊、雜音及擾動接續不斷、一點一滴的侵蝕之下而永遠屹立不搖？我和許多研究先進一樣，對合作的起源與先決條件格外感興趣。但是，歷經一番思想的錘鍊之後——無論是在聖塔菲研究室苦讀論文，或是在MIT附近街道閒步尋找舒適咖啡館的過程當中——我逐漸明白到，這一陣子探討的所有問題，從文化時尚、金融泡沫，到突然形成的合作行爲，全都是**一個相同問題**的不同展現。

以經濟學的枯燥術語而言，這個問題稱做「資訊串連」（information cascade）。在這樣一個事件當中，群衆裡的個人基本上不再以個人立場，而開始像全體一致的集合體採取行動。有時候資訊串連發生得很快——萊比錫遊行就只在幾星期內策劃爆發。有時候資訊串連發生得很緩慢——例如新的社會規範，像種族平等、女性選舉權、對同性戀的接納等，得要好幾個世代才得以普遍。而所有資訊串連共有的特性是，它一旦發生就會自我永續生存；也就是說，靠著先前吸引到追隨者的力量，它就能不斷找到新的追隨者。因此，就算一開始的衝擊本身還很微弱，它卻能在很大的體系中擴展開來。

由於它們通常具有令人矚目或影響深遠的特質，各類資訊串連容易造成新聞效應。這種行動偏好儘管是可以理解的，但卻也掩蓋了資訊串連不常發生的事實。東德人民一定有很多不滿其統治者的理由，但是他們長期不滿的時間已經三十年了，卻僅在一九五三年有過另一次值得注意的叛亂發生。每一個有足球觀眾毀壞運動場，或股票市場自我崩盤的日子，就相對有一千個日子沒這種事發生。每誕生一個突然憑空而降，緊緊抓住觀眾注意力的《哈利波特》(*Harry Potter*)或《厄夜叢林》(*Blair Witch Project*)，就有成千上萬的書本、電影、作者和演員，在現代大衆文化沒有特性的塵囂當中無聲無息地度過一生。因此，如果要瞭解資訊串連的現象，我們不僅要解釋小小的衝擊何以有時能撼動整個體系，還必須解釋何以大多時候它們不能。

我們必須瞭解，表面上看來，資訊串連的各種顯現——比方說文化時尚、金融泡沫，及政治改革等——彼此間有相當大的差異。要找到根本的相似性，我們必須剔除個別情況特有的細節，使勁兒穿過不相容的語言、衝突的術語，還有模糊不清的技術問題所構成的雜亂莽叢。但是這裡的確有共同之處。在我一個問題接著一個問題持續研究好幾個月之後，一個大概的輪廓開始在心中凝聚成形，就好像喬克・克羅斯（Chuck Close）畫的巨幅肖像，當你稍退一步去看它，會有影像從一粒一粒的小點中浮現出來。不過，這個影像並不明顯，得要湊合經濟學、賽局理論，以及甚至實驗心理學的觀念才能拼出圖形。

資訊的外緣影響

在一九五〇年代，社會心理學家所羅門・亞旭（Solomon Asch，他正是史丹利・米爾格蘭的老師），進行了一系列很有趣的實驗。亞旭以八人爲一組，安排在小型電影室般的房間裡。然後，研究員會放一組十二張的幻燈片給他們看，幻燈片上有不同長度的線條，如同7-1那樣的圖形。在放幻燈片的時候，研究員會提出簡單的問題讓實驗對象回答，像是「右邊三條線哪一條的長度最接近左邊這條線？」之類的問題。設計的問題，答案都很明顯（如圖7-1，答案很清楚是A），但是其中的竅門在於，觀衆中除了某個特定的對象之外，都預先被指示要說出一個相同的錯誤答案（比方B）。

這樣的安排讓可憐的實驗對象陷於極度的困惑之中。我之所以知道，是因爲碰到過其中的一個人。有一次我到耶魯演講，談資訊串連的問題，一位聽衆——現在是該校傑出的經濟學教授——發言表示他當年還是普林斯頓大學生的時候，就當過亞旭的實驗對象。一方面，實驗對象的眼睛明明能夠清楚地看到A的長度比B要接近左邊這條線；然而另一方面，這裡卻有七個

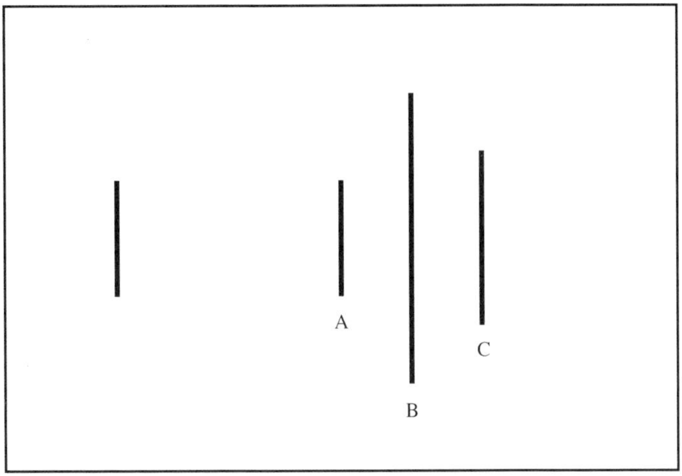

圖 7-1
亞旭在實驗人們於群體壓力下會如何做決定的測試圖形。其伴隨的問題會是：「右邊三條線哪一條的長度最接近左邊這條線？」正確答案設計得很明顯（這裡是A），但是八名實驗對象中的七名被指示要答錯（好比說B）。

跟他一樣明智理性的人，自信滿滿地宣稱答案應該是B。怎麼可能七個人都錯了呢？很明顯地，許多實驗對象就認定不可能。在整整三分之一的個案裡，當事人違背自己的判斷，贊同全體一致的「錯誤」意見（我該附帶一提，這位聽衆始終是堅持自己看法的）。不過，這些實驗對象在放棄自己的常識時經過了很大的掙扎。亞旭也於報告指出，在這些面對選擇——選擇相信自己還是同儕——的人們身上，他觀察到明顯的焦慮徵狀，如清晰可見的出汗與煩躁不安。

但是爲什麼我們的看法竟會如此強烈地受到他人左右？再一次地，標準經濟學告訴我們說應該不會如此。一般的經濟決策模型主張，個人所考量的每一個選項都會被期待能帶來某種報酬或「效用」（utility），而如何選擇就要看他個人的偏好爲何。如果兩個人的偏好組合相同，就表示他們喜好跟嫌惡的事物都一樣；反之，如果允許各人有不同的偏好，就表示有人會喜好他人所不喜歡的事物。然而，一個人有多想要一樣東西總是非常清楚，有待決定的只是有沒有辦法得到它。

這就是市場的工作：市場替貨品和服務的供給定下適切的價格，讓它剛好與當前的需求相符，以確保每個人能在他願意（或能夠）花費的代價下取得。很多人都想要的東西價格就會上揚，而大幅上揚的結果很可能造成部份人士不再這麼想要該物而寧願要別的（例如他們的錢財）。不過，重要的是，別人的慾望並不會讓我們**更想要**或**更不想要**某樣東西，也不會改變這樣東西對我們的有用與否。偏好是固定的。市場唯一能決定的，是在什麼價格下人們的慾望得以滿足。在策略遊戲中，事情就比較複雜。遊戲參與者在規劃行動的時候，必須把其他人的偏好納入考量——也就是說，我選擇**做**什麼會受到我知道你想要什麼的影響。但是我**想要**什麼依然不會改變。在這樣高度理性的世界，詢問你的朋友對事物的看法是沒有意義的，因爲他們無法告訴你任何你還不知道的事。他們的偏好無法改變你自己的偏好。

然而，回到眞實的世界，許多我們所面對的問題不是太複雜就是太不確定，以致於我們無法衡量哪個選擇最好。好比說，有時當我們要決定是否採用一個複雜的新技術，或者雇用一個應徵者的時候，我們就是缺乏充分的資訊去知道其他的可能選擇。而另外一些時候（比如在股票市場）我們又可能有大量的資訊卻無足夠的能力有效地評估。想像你正走在一個陌生城市的街道上，想找個地方吃飯，你看到兩間餐館，一間挨著一間，有著看來很類似（也同樣不熟悉）的菜單，差不多的價格，幾乎一樣的裝潢。但是其中一間人聲鼎沸，另一間卻乏人問津。你會選擇哪一間？除非你特別討厭人多的地方，或者你同情在這間空蕩蕩的餐廳裡跟你招手的服務生，你在沒有更多資訊的情況下，一定會跟我們所有人一樣做同樣的選擇——跟著衆人走。畢竟，怎麼可能有這麼多人都錯了呢？

因此，亞旭從實驗發現到的顯然是人類解決問題時的深層運作機制，而要對這機制進行瞭解，必須略微修正經濟學家長期使用的人類理性觀點。純粹的經濟理性觀點，對人類行爲者的能力有著令人難以接受的假設。例如說，策略性的理性行爲者被假設爲完全知道自己的偏好也知道別人的偏好；並且每一個行爲者知道其他每個行爲者也知道這些，而且知道其他人知道他知道其他人知道，如此無限類推下去。而在確立了這每個人都知道每件事的無限延展之後，理性行爲者就被假設爲以尋求最大預期效用爲行爲準則，而這裡的基本條件是其他每個人也都是如此。

當然，就連經濟學家也不相信人會這麼聰明；他們認爲人只不過是以這樣的認知在行動，**好像**自己眞是如此理性。這裡的標準論證很像先前所提主張投機客不存在的推論方式：**不**按照理性期望行動的人會比依據理性行動的人做得糟。所以無論策略上的不同是否刻意爲之，人們終將**學會**依理性行事，因爲他們發現要這樣事情才會做得比較好。如此一來，唯一有用的行動是從理性的預期發展而來，因爲整個體系無可避免地會往這個方向聚攏，達到平衡。就一個理想化的人類行爲理論而言，這個理論簡潔漂亮，很有吸引力。事實上，從純粹美學的角度來看，許多新古典經濟理論都相當優美；但是看看關於投機客這個例子，理論所描述的世界畢竟經常跟眞實世界大不相同。

在一九五〇年代，赫柏・賽門（我們在第四章講述差別性成長模型時，已經約略提過他的想法）指出，理性效能最大化的理論儘管從數學角度來看很吸引人，但終究是編造出來的，所以只有在確實有用的情況下，才能被視爲人類行爲模式的良好描述。如果實證經驗或一般常識告訴我們，人類並不依照理性行事，那爲什麼不建立一個更可信的理論？以直覺取代數學上的方便，賽門提出的說法是，人們嘗試要依理性行事，但是他們依理性行事的能力會由於認知和資訊取得的侷限而受到限制。簡而言之，人類表現出來的，是他所謂的「受限理性」。

亞旭對人類決策行爲的觀察，便可看作是受限理性的一種特殊形態。我們經常無法確定如何採取最佳行動，因爲總欠缺自己找出答案的能力，所以我們註定得留心別人的行爲舉止，認定別人知道一些自己不知道的事情。我們對此已習以爲常，而且效果通常也不錯，因此我們會很明顯地表現出一種反射傾向，把別人的所做所爲看得相當重要，即便在答案很明確的時候亦是如此。

當一個人的經濟行爲受到交易本身以外的任何事物影響時，經濟學家稱之爲「外緣影響」(externality)。一般而言，經濟學都把它看成是純粹市場交易法則外的麻煩特例。但是如果我們認眞看待亞旭的實驗結果，如果我們相信眼前的日常經驗——從在車站跟著人潮走，到選擇手機的電信服務——那麼，我們所謂之「決策的外緣影響」顯然是無所不在。而在亞旭實驗的例子裡，外緣影響來自我們對世界所知的侷限，甚至我們如何檢視所知的侷限；這一類的外緣影響，由於沒有更好的辭彙，我們姑且稱之爲「資訊的外緣影響」(information externalities)。

強制性的外緣影響

儘管亞旭之實驗對象的眞實意見，明顯受到同儕（假造的）意見影響，但是有些實驗對象並沒有改變他們**私底下**的意見，只是在壓力下勉強表示贊同。就如亞旭後來所證明的，這裡發覺到的配合性壓力確實存在：在一個略作變化的實驗裡，只有一個參與者被要求說出錯誤的答案，而不知情的多數還眞的就取笑他一番。由此可見，在許多相同的決策情境下，「強制性的外緣影響」(coercive externalities) 跟資訊的外緣影響有時候很難區隔。例如幫派型犯罪的模式常會以這樣的方式來解釋：脆弱的青少年爲了證明自己夠格成爲團體中的一份子，而在同儕和仿效對象的壓力下從事暴力或破壞行爲。然而就是在這裡，資訊也有一定的作用在。如果一個年輕人看見在經濟或社會上成功的例子絕大多數都跟幫派領導掛勾，那麼他若選擇走上相同的路，不惜犯下他在不同環境下可能會視爲錯誤的罪行，恐怕看來也順理成章，很難說是壓力所迫。

順應別人的看法而改變意見的行爲也不見得只發生在脆弱或缺乏資訊的人身上。在一九六、七〇年代，政治學者伊莉莎白・諾勒—紐曼 (Elisabeth Noelle-Neumann) 在西德進行了一個深具開創性的研究，調查兩次全國性選舉之前呈現的民意狀況。研究顯示，人們就政治性話題進行交談時，被認爲是多數意見的一方會壓過被認爲是少數意見的一方，變得愈來愈勇於表達、也愈來愈堅持自己的看法。然而這裡的關鍵辭是「被認爲的」。諾勒—紐曼指出，個別選民在私下所表達之對兩個政黨的支持度都大致維持不變，改變的是個人對主流意見的印象以及預期獲勝的政黨。在諾勒—紐曼所謂的「沉默循環」(spiral of silence) 裡，「少數者」會愈來愈不願意公開說出自己心裡的想法，因而更強化他們的少數狀態，這又更進一步降低他們發聲的意願。

然而投票卻是不公開的活動，因此選前論述的平衡或許並不重要。但其實不然，諾勒—紐曼的研究有個出人意表的結果。她發現在投票日當天，最有力的勝選指標不是個人私下支持哪一個政黨，而是他預期哪一個政黨會贏得選舉。其他人的信心關係到個人的信心，因而似乎能影響個人決定的形成，就算在私密的投票空間裡（或者很可能影響到個人是否去投票的決定）。就像亞旭的實驗和犯罪擴張原由的推論一樣，我們不清楚是什麼力量造成沉默循環或影響了個人最終的投票決定，但是極可能強制性外緣影響跟資訊外緣影響兩者都有份。除此之外，決策的外緣影響也還可能以其他方式出現。

市場的外緣影響

從一九七〇年代開始的高科技產業榮景，激起了經濟學家對會隨使用者的增加而增值的產品發生興趣。例如傳眞機，它本身就跟汽車或影印機一樣，是一個完備自足的設備，有著自己清楚的特性。但跟汽車及影印機不同的是，它的使用須仰賴別人也使用傳眞機。除非你提供獎金給第一個使用這最新發明的人，不然在其他人買傳眞機之前自己就先有一台是沒用的。然而，越多人買它，它就會越有用，最後便從一個新巧的科技產品轉化爲眞正的必需品。

像傳眞機這樣的產品，其功能至少部分來自於其他設施的存在，因此在決定是否購買這類產品時，就會受到外緣影響。但是跟購買傳眞機有關的決策外緣影響，不同於亞旭實驗中出現之認知型或強制型的外緣影響。儘管我們在考慮要買某個**特定**機器的時候，或許會聽取有科技頭腦的朋友的意見（於是用到了資訊的外緣影響），但到底要不要買傳眞機的決定，根本上還是建立在成本與效用的經濟考量上。因此對於傳眞機這樣的產品，我們要討論「市場的外緣影響」（market externalities）才能掌握它底下的特性：產品本身的效用——還有其成本，通常會隨著這項技術的普及而降低——要看產品賣出多少而定，也就是說要看它市場的大小。（順帶一提，經濟學家比較喜歡用「網路外緣影響」（network externalities）這個語辭，但由於我們所有的決策外緣影響都有賴於影響力的網路，用「市場外緣影響」比較不會造成混淆。）

市場的外緣影響通常會間接受到經濟學家所稱「互補產品」的強化影響。兩項產品（或服務）如果彼此能增加另一項產品單獨存在時的價值，便可稱作互補產品。例如軟體應用程式跟作業系統就是互補產品，因爲只有其中一項產品而沒有另外一項基本上是毫無價值的。市場的外緣影響，尤其若再受到互補產品的強化，就能造成正面的回饋效應，叫作「遞增收益」，跟第四章討論到的「馬太效應」十分類似。愈多的電腦採用某一種作業系統，對在這作業系統上跑的軟體應用程式的需求就愈大。而如果有愈多的軟體可以應用在某種作業系統上，對使用這套作業系統之電腦的需求就更大。事實上，微軟視窗多多少少就是這麼佔領個人電腦市場的。因爲微軟在作業系統市場上搶得了先機（IBM選擇了它），而它在生產與自己作業系統相容的軟體上面又很自然地比其他人占了優勢，所以微軟能夠在作業系統跟軟體應用程式**兩方面**都享有很高的市場占有率。相反地，蘋果電腦一直都得掙扎於作業系統市場占有率不夠大的現實問題；就這樣，麥金塔使用者從來沒辦法像微軟視窗使用者有那麼多的軟體應用程式可以選擇。

協調性的外緣影響

由此可見，決策之外緣影響的發生有可能是因爲眞實世界裡的不確定因素讓我們尋求同儕的知識或建議（**資訊的外緣影響**），或甚至直接屈服於他們加諸於身的壓力（**強制性的外緣影響**）。外緣影響也有可能在缺乏不確定因素的情況下發生，而只因爲要決定的事物本身會受制於遞增收益的影響（**市場的外緣影響**）。但是另外還有一種決策的外緣影響，是從如用餐者之兩難困境和公有悲劇這樣的公共財賽局結構產生的。

要記得，這些賽局的運作方式是，「做正確的事」——塑膠和玻璃的資源回收，選擇不在交通頻繁的街道並排停車（即使是「一分鐘就好」），或者在倒了最後一杯咖啡之後把咖啡壺裝滿——會造成個人的負擔，但對集體卻有好處。從集體的觀點來看，如果有足夠的人做正確的事，每一個人都會過得比較好——世界的自然資源不會耗竭，交通不會擁塞，咖啡壺也絕不會是空的。但是從個人的觀點來看，如果其他人都做正確的事，我們很容易會想搭順風車坐享其成，在自己沒有付出的情況下享受公有資源的福利。或者更糟的情況，如果沒有人做正確的事，那麼自己努力有什麼用？你即使付出同樣的努力，卻還是完全於事無補。

這種兩難困境的本質在於，做出決定者是個人而不是集體。因此，應付社會兩難困境的策略大多都會嘗試這樣的安排：給予個人利己的誘因以達成集體希望的目標。政府藉由法令，通過從公衆考量出發的法律，以法律力量強制公民服從。市場派也有解決困境的辦法，只不過方式截然不同。藉由財物完全的私有化，並允許所有者自由交易，市場便能（如亞當・史密斯最早指出的情況）有效驅策個人的自私心而得到更大的好處。

但是並非每一件事政府都能有效管理，或者市場都能輕易分裝成交易物品。我們也不見得希望如此。在缺乏一個不須戰爭就有力量讓所有國家歸順之世界政府的情況下，我們實在沒有什麼可執行的國際條約（我們無法因爲某個國家拒絕合作，就把這整個國家關進監獄）。並且，由於許多國際協定所牽涉的事物在本質上是無法分割的，如空氣與海洋，要單靠市場力量調節個別與整體的利益通常是不可能的。反之，國際協定的達成與維持需要透過獨立主權國家的合作，每個國家把自己的考量與利害關係帶到談判桌上。就算要以停止貿易的制裁方式懲罰一個違規的國家，也得靠其他國家的合作，不會因自己有利可圖而違反制裁。

在缺少高效能的中央政府或運作良好的市場的情況下，要產生並維持集體合作是很難，但還是可能發生的，而且不僅侷限於國際舞台，社區、公司，乃至家庭的層次上都有可能。儘管讓合作得以在自私決策者間出現的必要條件爲何仍然深具爭議性，過去二十年來大量的理論與實證研究已經對這個問題提出相當可觀的解釋。而所有解釋的核心都指向兩個根本要求。首先，這些獨立的個體必須關心未來。再者，他們必須相信自己的行爲會影響他人的決定。如果你毫不在乎下一刻會有什麼事情發生在自己或別人身上，那麼，眞的，你不會有任何動力去從事不自私的行爲。只有在人們會緊張未來的情況下，帶動他人的願景才可能令短期的犧牲顯得有價值。然而只有關心未來還是不夠的。你得要相信你對集體利益的支持能帶動別人的加入，你才有個利己的動力讓自己這麼做。而讓你衡量自己可以造成多大的改變，以及這樣的改變是否足夠的唯一方法是留心於他人的行動。如果看來有足夠的人參與，你也就能決定參與是值得的。如果不夠，你便很可能認爲這不值得一試。於是，是否要合作的決策取決於「協調性的外緣影響」(coordination externalities)。

社會決策的形成

無論是彌補資訊的欠缺，屈從於同儕壓力，驅策由科技連動帶來的獲益，或者嘗試協調共同利益，我們人類一直持續地，自然地，無法避免地，還常是不自覺地在做各種決定時——從微不足道的小事到改變一生的重要抉擇——看著別人怎麼做。然而，這並不是一個我們能完全坦然面對的狀態。我們喜歡把自己想成是獨立的個體，能夠自己決定什麼是重要的，自己要如何過日子。特別是在美國，對個人的崇尚長久以來一直為人們普遍而忠實的追隨景從，掌控著我們的直覺與制度。個人要被視為獨立的單位，他們的決定要被看做發諸內心，而他們經驗出來的結果要被當作他們天賦本質與才能的指標。

這是個蠻好的故事，不僅暗示了一個在理論上很吸引人的觀念，把個人看做依循理性追求最大利益的行為者，同時還傳遞了一個在道德訴求上也具吸引力的訊息，每個人對自己的行動負有責任。不過，要求一個人對自己做的事情負責，跟相信決策行為是完全自足的解釋，兩者之間還是有很大的不同。不管我們是否察覺到，我們很少是（就算不是從來沒有過）完完全全地獨立，在隔絕的狀態下做決定。我們經常受到環境、個人特殊的生命經驗、以及文化條件的限制。我們也毫無選擇地受到媒體推動之大量的、全球放送的訊息所催眠影響。這些普遍的影響在決定我們是什麼樣的人、在什麼樣的背景下生活行動的同時，也決定了我們會把什麼樣的專業知識與偏好帶進決策的場景。但是一旦進入了這個場景，就算我們的經驗與傾向也不足以完全左右我們的決定。這就是外緣影響——無論是資訊、強制性、市場，還是協調性的外緣影響——進來扮演重要角色的地方。當有推力產生時，人類基本上是社會性的生物；如果忽略社會資訊在人類決策過程中扮演的角色——忽略外緣影響的角色——就會曲解我們是如何產生行為的。

我最近在報上讀到一篇關於青少年流行在身體上穿洞的文章。這些叛逆的年輕人在受訪時表示，他們決定要穿洞並不是爲了讓保守的父母抓狂，或是因爲朋友們這麼做，而純粹是因爲自己的喜悅滿足——一名年輕女性說：「因爲我想要。」也許吧，但是這個便給的說明不過帶向了另一個眞正的問題：爲什麼她想要穿洞？當然文章中這位年輕女士會宣稱這是個獨立自主的決定，獨立自主是美國青少年間特別被追求的商品。但是這些「獨立的」穿洞決定會在特定的時間、地區及社會蜂擁而出，就說明了這絕不是「獨立的」決定。事實上，這個潮流像傳染病一樣擴散，從一個城市到一個城市，跨越不同社會族群，大量的決定如洪水般湧出，彼此間似乎越來越沒有關連性，而做出決定的個人完全沒能察覺自己的選擇是嵌在一個更大的圖案模式裡。但這個圖案模式確實存在，而且爲許多其他社會現象——從現代金融令人暈眩的高點到草根革命的深淵——所共有。要瞭解這個圖式，我們需要更深入研究個人決策形成的規律，以及在這過程中，表面看來獨立的選擇是如何緊緊纏結在一起的。

8 門檻，串連，與可預測性

我記得是在二○○○年華盛頓特區召開的AAAS研討會中跟史帝夫談到資訊串連的。當時，哈里遜・懷特有一場關於社會脈絡的演說，促使我們跟馬克開始進行關聯網絡的研究計畫。一個寒冷的星期天早晨，我們在國家動物園閒逛，等著猴子醒過來的時候，得到了一個共同看法。我們都同意，資訊串連最棘手的問題在於，爲什麼即使經常面臨外緣衝擊，在大多時候系統都仍維持穩定的狀態。但是每隔一段時間，又會因著一些事先看不淸楚的理由，突然間爆發開來，產生大規模的串連現象。

資訊串連的關鍵似乎在於：個人做決定時（要如何行事或買什麼東西等），不僅受到自己過去經驗、印象及偏見的影響，也受到他人的影響。所以要瞭解集體行爲（從時尚到金融泡沫），一定得先明瞭決策**與外緣影響**間的動態發展。而問題的癥結又是網絡——這無所不在，交織著信號與互動，讓影響力從一個人接著一個人不斷傳遞下去的羅網。史帝夫和我已經談了很多散佈於網路中、具有感染力的東西，只不過我們大部分設想的對象都是ＨＩＶ、伊波拉等生物性疾病或電腦病毒。另外，我們也曾經研究小世界網絡內的合作演化問題（我博士論文的一部份），以及一個稱做「投票者模型」的特殊案例（跟諾勒—紐曼的「沈默循環」問題相類似）。但是那時候，我們都沒想到這些問題跟感染有什麼樣的關連。

然而現在似乎非常清楚，網路中的感染現象對合作行爲的出現，或市場泡沫的爆發扮演了舉足輕重的角色，就如同它對疫情擴散的影響一樣；只不過是不同類型的感染罷了。這一點很重要，因爲我們一般在談論社會感染問題的時候，多半使用疾病方面的語彙，比如說：想法具有**傳染性**，犯罪風潮如**流行病**毒擴散，市場防護措施是要建立金融風暴的**免疫系統**等等。作爲隱喻，這樣的描述沒什麼不對——畢竟，它們是現成的語彙，而且也鮮活地傳達了大概的意旨。不過這些隱喻也會產生誤導，因爲它們似乎意含著觀念想法在人與人之間散播的方式跟疾病傳染並沒有不同——所有的感染現象在本質上都是一樣的。但事實絕非如此，如果我們再回頭想想決策行爲的心理因素，或許就可獲得釐清。

決策的門檻模型

設想自己跟其他七個人參與亞旭的實驗，其中一些人被告知要回答正確的答案Ａ，剩下的則要故意說出錯誤的答案Ｂ。唯一不知情的是你，但這在開始的時候並沒有什麼關係，因爲一看到幻燈片，你馬上就很肯定答案是A。然而在你說出自己的意見之前，你得等其他每一個人先回答，此時便有可能改變心意。如果七人當中有六人選A，而只有一個人選B，這必然會強化你的看法。顯然答B的人是個白癡，每個人都在笑他——你絕對不會改變主意。如果有兩個人選B，情況也不會改變——你的自然意見還是得到大多數的強化，沒有理由懷疑自己。但是如果有三、四個人選B，你或許會開始擔心。這是怎麼回事？這麼明顯的事情怎麼會有這麼分歧的看法？你是不是忽略了什麼？此時的你，可能不再那麼確定了；如果你恰好是時常懷疑自己的人，可能就會改變主意。當然，你也可能對自己的答案**眞的**有把握，所以態度依然堅定。好吧，那麼想想看，若是有五個、六個、或甚至七個人全選B呢？

什麼時候你會認輸呢？什麼時候你會在心理層面豎起白旗，承認自己不瞭解其他所有人都明瞭的東西？也許永遠不會。有些人從來不會改變主意；但是在某些情境，只要我們抱有一絲的懷疑，很多人是會改變主意的。顯然，這就是亞旭實驗意圖顯示的重點。如果我們再進一步細察實驗結果，將會發現更有趣的現象。藉著房間人數的變化，亞旭證明實驗對象在同意多數意見的傾向上跟絕對數量大抵無關。是三個人還是八個人給了一個特定的答案並不重要——重點是他們的意見要一致。亞旭發現，全體一致的意見如果出現裂縫，即使只是很小的裂縫——多數中有一人被指示說出正確的答案，也就是跟實驗對象一致的答案——當事人通常會恢復自信，錯誤的比率因而大幅下降。

實驗結果的變化情形顯示，社會成員在下決定時所出現之相互觀察的通則有其微妙處。首先，共同做出某個特定選擇的人數本身（絕對數量）在促使個體起而效尤的效果上，還不如相對**比例**來得重要。這也不是說，樣本大小完全無關痛癢。如果你在做決定前只徵詢幾個人的意見，那麼單獨意見的份量就會比詢問很多人的情形要大。但是一旦周遭人數的大小確立，而且選項A或選項B的遴選狀況被清楚地呈現，那麼眞正會影響你決定的是選擇A（而非B）的相對人數。再者，選擇A（而非B）的人數比例上，即使產生了很小的變化，都會對你的最後決定造成強烈的影響。例如，當我們第一次聽到荒誕謠言的時候，多半會傾向於不相信；但是如果接二連三從不同來源聽到同樣的說法，那麼**在某個時點**，我們就會從懷疑的傾向轉變成接受（即使是不大情願地）。這跟前面的困境是相同的：怎麼可能有那麼多人同時犯錯呢？

因此，儘管決定的形成可以想成是受到某個想法的「感染」，這種感染的**運作機制**跟疾病的感染大不相同。如果是疾病，跟一個感染者接觸而成爲帶原者的機率都是一樣的，無論先前已經有過多少次跟病患接觸的經驗。換句話說，疾病的傳染每一次都是**獨立**發生，彼此沒有影響。例如在性病的傳染，如果一個人在跟受感染的伴侶性接觸後很幸運地沒有受到感染，下一次再跟感染者有性接觸時，即不會比較容易也不會比較不容易逃開——每一次的接觸都像擲骰子一樣是個獨立事件。圖8-1所代表的是感染之累積機率。雖然在感染鄰居數量多時，圖形近乎水平，但在人數少時，每多一次跟患者的接觸，整體感染機率都大致會以相同的數量增加。

相反地，社會感染的過程卻高度地依條件狀況而不同：某特定人士的意見會產生怎麼樣的衝擊，仰賴於先前意見的累積情形。例如：對某個職務候選人的一個負面意見，如果先前已經有許多負面性的評價，那麼很可能就會成爲他致命的一擊；但是，如果伴隨著一連串的正面評價，也許便絲毫不受影響。因此，社會性的決定法則看起來就像圖8-2所示，選擇A的機率在剛開始時會跟著選擇A的鄰居比例緩慢增加，而一旦過了**關鍵門檻**，機率就大幅躍升。因爲從一個選擇到另一個選擇的轉折是突發性的，我們把這類型的決定法則稱爲**門檻法則**；至於個體的門檻所在位置，就代表這個人有多容易受到影響。在亞旭的實驗中，門檻可能很接近一，因爲只要其他人不是意見完全一致，實驗對象不太容易犯錯。但是在確定性不是那麼高的情況之下——譬如選台新電腦或是投票給哪個政黨，什麼是比較好的選擇並不明顯——對應的門檻比例就會低很多。

相應於前一章討論到的各種決策外緣影響，找出門檻法則的方法也很多。例如：如果某種新的科技產品受制於市場外緣影響，那麼是否要採用此技術的決定就可以用門檻法則來呈現。在這裡，儘管外緣影響的來源完全不同於亞旭實驗中的資訊外緣影響也無所謂。就拿傳眞機的例子來說，在是否購買的決定上，要緊的是（除了價格之外）你的交往對象（或想要交往的對象）中有多少比例擁有傳眞機。如果擁有傳眞機的人數佔你交往總數的比例增加到符合經濟效益的門檻，那麼採用此科技產品的機率就會快速地轉變。

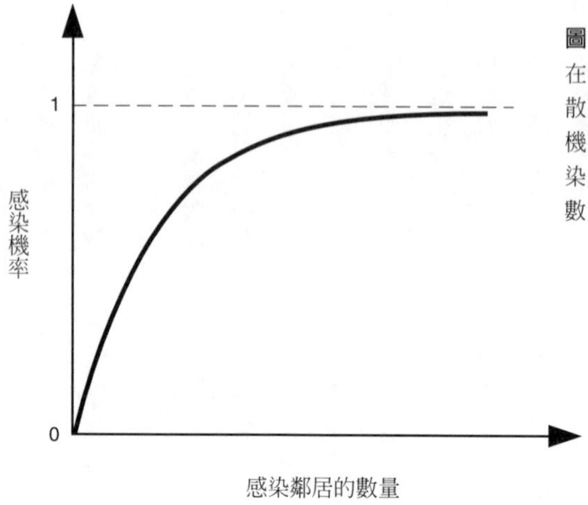

圖 8-1
在標準的疾病擴散模型中，感染機率爲個人之感染鄰居數量的函數。

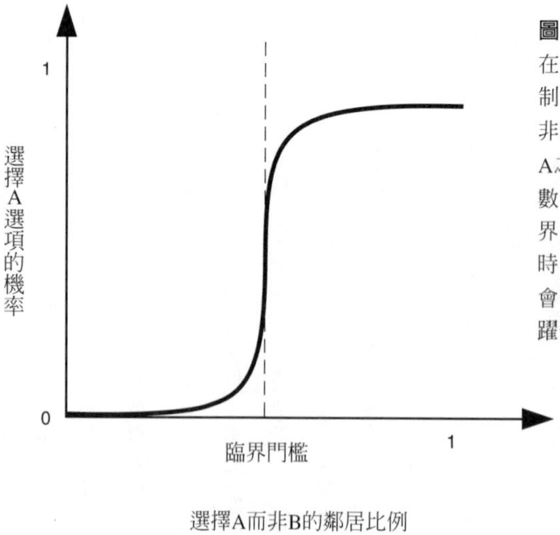

圖 8-2
在社會性決策的制定中，選擇A而非B的機率爲選擇A之鄰居比例的函數。當個人的臨界門檻被抵達時，選擇A的機率會急速從接近零躍升到接近一。

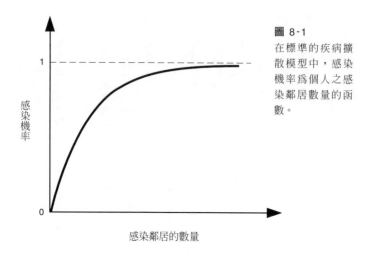

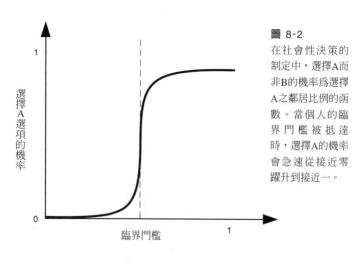

在社會兩難情境——這時個人爲了公共利益所付出的代價，只有在夠多的人也肯付出的情況下才值得——協調性的外緣影響也能夠導出門檻法則。個人門檻的確實位置，完全取決於這個人在跟自私行爲所得到的短期利益相比之下，有多在乎未來的報償，以及他認爲自己對周遭的影響力有多大。個人的門檻有可能高到他從來不願爲公共利益付出，無論他人做了些什麼，也有可能低到他總是不斷地奉獻。這裡的重點是，不管門檻在哪兒或者要如何達到門檻，每個人總是**有個**門檻。

這也正是爲什麼瞭解決策的門檻模型是如此重要。雖然有很多種方式可以導出門檻法則——無論從賽局理論的邏輯，報酬遞增的數學原理，或者實驗觀察——一旦建立了門檻的存在，我們就毋須操心它是如何導出的。因爲我們感興趣的是**集體**決策的形成，對於決定法則本身的相關事宜，我們只需要知道它具有形成**個人**決策的一些基本特質。眼前所關心的問題是，在**總體**的層次會有怎樣的**後續影響**。換句話說，當每個人四處尋求該怎麼做的訊號、自己也不斷拋出行爲訊號的時候，所有人口**作爲一個整體**會趨向於什麼樣的決定？會有合作發生，還是維持現狀？會有大量的買進把價格炒高，造成不穩定的泡沫，還是明智的內在價值判斷會佔上風？一個科技新發明會成功還是失敗？這些都是依據門檻法則建立之簡單模型希望能夠回答的問題。並且，既然門檻法則代表了這麼多類型的社會決策情境，它所透露之關於集體決策的訊息應該具有相當程度的普遍性。

掌握差異

然而，我要再一次強調，有些細節還是不能忽略。最重要的是，在各種社會感染問題當中，我們必須說明「每個人都是不同的」這項基本觀察。有些人，因爲某些原因，比別人更具有利他的傾向，於是就隨時準備付出很高的個人成本，去支持一個沒有機會實現的目標。這些人包括第一批的萊比錫遊行隊伍、天安門廣場前的示威群衆，還有馬丁路德及其追隨者——他們冒著生命與自由的危險在自己支持的聖戰中奮鬥不懈，少有人能夠看到最後的成果，但卻擔負了領導革命的關鍵角色。其他有些人雖然也具有同情心，並且願意付出，但是必須要等到計畫有可能實現、付出代價相對減少的情況下才會參與。另外還有些人，是因爲看到成功幾乎已經確定而又不想被摒除在外，所以才趕忙加入行列。

從決策觀點來看同樣重要的是，每個人對於特定問題擁有不同程度的資訊或專門知識；因此，有些人會比其他人更容易受到外界的影響。另外，每個人自我信念的強度也各有不同，這跟訊息掌握的能力並沒有絕對的關係。有些人是天生的創造者，不斷地構想新點子或既存物品的新用途。有些比較沒有創意的人，則時時刻刻獵取最新的時尙潮流，希望能夠從中獲取實質利益或者單純爲了向朋友炫燿。另外還有些人墨守成規，無論周遭世界如何變化，他們依舊不動如山。至於我們大多數的人，乃混雜於各種典型之間：忙著照顧自己的生活，沒有時間創新

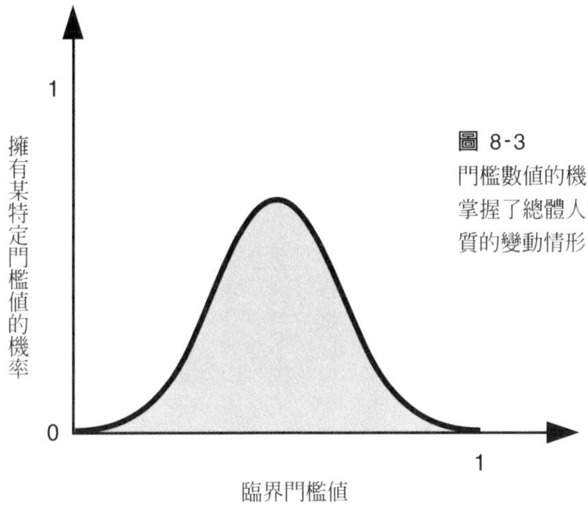

圖 8-3
門檻數值的機率分配，它掌握了總體人口中個別特質的變動情形。

事物或搜尋新鮮玩意兒，可是一旦發現風險成本降低，就樂於跳上新潮流的列車。

雖然現實生活中人類的性情和喜好多樣而複雜，但我們門檻模型掌握的方式卻相當直接。不像大部分的物理學（或甚至經濟學）模型，個體都被認爲是相同的：在這裡，網路中的個體可以有不同的門檻，而**門檻的整體分布情形**（圖8-3爲其中一例）被解讀成總體變化的測量。這種變化，我們或許可稱做「本質的變動性」（intrinsic variability），它對於資訊串連的傳播相當重要——影響的方式有時候頗叫人意外。例如，總體中的個別門檻如果出現差別很大的分布範圍，新觀念或新產品的流通就會比較順暢。

另外一種變化也很重要：如果我們都很在意別人的意見，那麼到底會傾聽多少人的意見勢必成爲一個關鍵。舉例來說，當我在買新衣服時，幾乎總會找個女伴，以免因爲錯誤的決定造成讓自己懊惱萬分的驚慌局面。最好，我能多帶幾名女伴，不僅因爲那樣會大幅提升個人形象，並且也可以集思廣益得到更可靠的意見。然而，基本上要請求我的女性朋友一同逛街是很困難的，所以能找到一個就不錯了。既然如此，該選擇哪一位逛街伙伴就必須謹愼——畢竟我一點都不懂得打扮自己——她的意見就彷彿聖旨一般，我最後決定的穿著完全任其擺佈。至於其他的狀況，像是要看哪部電影，去哪間餐廳，買哪一部筆記型電腦，或者是要雇用誰，我們會依照決策的重要性和時間的多寡向不同數量的人徵求意見。然而，愈多意見不總是代表愈好。當我們在做決定時，收集的意見愈多，其中個別的影響力就愈小，因此受到任何一個好建議的影響也就愈小。

思索總體統計數量的方法（比如民意調查或某項商品的市場佔有率等），基本上和我們從朋友之間接獲社會訊息的情形一樣，只不過前者的平均值是從更大的母體計算出來的。福特汽車經常宣傳旗下的 Explorer 是「美國銷售第一的休旅車款」，意味著既然有那麼多人喜愛它，你也一定會喜歡。特定股票的價格是另一個例子：**整個市場中**，愈多人想買這支股票，它的股價就越高。表面上看來，這類整體性的資訊應該比你從朋友那獲得的消息值得信賴，因爲它取自的樣本是這麼龐大。

然而，我們還是會不成比例地受到朋友、熟識、個人管道、同事的意見或行爲所影響。舉例來說，當我們在決定要買麥金塔或PC的手提電腦時，如果周遭的朋友和同事都是用麥金塔的產品，那麼PC電腦的銷路比麥金塔要好的這項事實對你來說就顯得無關緊要。最近蘋果電腦掀起的一場廣告戰就暗示：如果你是會計師（被解讀做：乏味、無聊、在派對中被排擠的對象），才會想要用PC；但如果你的工作是有關藝術、設計或時尚（意味著你是個領先潮流、又受歡迎的人）那你一定會選擇麥金塔電腦。這裡所透露出來的訊息是：鄰近朋友的意見要比全球性的資訊來得重要，因爲前者和你本身比較有關連。所以，詢問的對象太少固然不恰當，因爲很容易產生錯誤；但是問的人太多也不好，因爲眞正相關的資訊可能會被衆多噪音給淹沒了。

此外，社會資訊的網路之所以重要，不只是因爲它能幫助個人做出更好的決定，也因爲它能讓某處流行的事物傳播出去。既然這種傳播方式對資訊的流動是不可或缺的，那麼社會網路在「小事變大事」的觀念當中自然扮演了非常關鍵的角色。當 3Com 剛發表第一款的掌上型電腦時，只有最激進的科技產品狂才會購買。這一小群人大多是在北加州矽谷（Silicon Valley）和周邊灣區（Bay Area）工作的工程師或科技從業人員，他們不需要別人告知就會去買最新的產品。他們眞正關切的重點是這項產品的創新與否——凡是新穎的產品就非得去買不可，而不管別人會怎麼想。但是眞正的科技愛好者，就像眞正趕時髦的人或死忠信徒一樣稀少——少到不足以讓新產品成功的發行。然而，如果他們能夠將新產品從自身所處的小世界推廣到另外一個與之連結的小世界，然後這些小世界合起來或許就能把產品拓展到一個比較大的世界，進而產生瀑布式的串連效果。不過，到底該怎麼連結呢？

社會網路的串連

這是我一開始所提出的問題。希望最後能夠找到社會網路——群組、社群，以及個體橫跨其間的傾向——具有什麼樣的特點，可以讓小地區的影響成長爲全球性的運動。例如，如果一個人想要發起一項革命，或引領一種時尚，他應該怎麼做？網路有弱點嗎？就好像結構上有個阿奇里斯的後腳跟（Achilles' heels），如果正中目標，便會像傳染病一樣爆發，每個決定都跟後續的選擇環環相扣？如果眞是如此，有沒有人能夠利用這種知識去提高資訊串連的可能性？或者反過來去制止？同樣的推論能否擴展到電力網這類的工程系統，讓一九九六年八月那種大停電發生的可能性降低？以某種意義而言，能否將防火牆放入網路中（就像它們被放置於建築物的情形一樣），阻擋火勢的蔓延？

這些都是很好的問題，不過當我更進一步深究時，發現答案並不簡單。社會感染其實比生物性的傳染更違反直覺，因爲在門檻模型當中，一個人對另一個人產生的影響會因爲後者受到的其他影響而有所變化。反觀疾病的傳播（如先前所提），我們完全不用考慮上述的情形，因爲每一次的感染都是獨立運作的。然而，社會性的感染卻截然不同，影響與影響之間是密切相關的。

一群與世隔離的人——比如大衛教派（Branch Davidians）之類的宗教信徒——只要他們持續處於彼此強化的脈絡情境，又完全切斷外界的聯繫，就能夠永保狀似偏邪的信仰。但也因爲這個原因，他們的思想只限於起始的信彖，無法拓展出去。相反地，如果一個人同時參與各種不同的團體，他就能把自己的想法告訴各種類型的人，並且也會接收到更寬廣的資訊領域。所以他們最不容易被某種單一的世界觀主導，但是也必須時常在沒有奧援的情況下推銷自己的觀念。因此，不同於疾病之傳播，想法的擴散必須在組內凝聚力和群際連結性之間取得適當的平衡。

我在康乃爾讀書時，知道伊色佳有件非常古怪的事情：這個城市提倡一種叫「伊色佳時刻」（Ithaca hours）的代幣，可以在鎮上許多商店掙取或花用。詭異是，此系統雖然運行超過十年，卻還是保持高度的區域性，甚至連一個山頭都沒越過——康乃爾校園周邊的商圈始終不受影響。一九九七年，當我離開伊色佳頭一回搬到紐約時（在哥倫比亞大學做博士後研究），花旗銀行（Citibank）和曼哈頓大通銀行（Chase Manhattan）也試著在曼哈頓的上西區（Upper West Side）推行一種代幣——電子現金卡。即使靠著兩家規模龐大的銀行強力推廣，取代紙幣的計畫最後還是徹底失敗。

這兩個例子間有很多相異之處，不過跟當前討論息息相關的一點是：在伊色佳，買賣雙方形成的網路緊密連結，獨立而自主；相反地，曼哈頓的上西區跟紐約市的其他部份已經結合成一個共同體，以致於個人沒有足夠的資金去使用純粹地區性的代幣。如果上西區**確實**能夠通行現金卡的話，這樣一個新事物很可能早就散佈出去了（不像「伊色佳時刻」缺乏向外拓展的能力），原因正和它之所以失敗的因素相同。再一次說明，新產品的成功需要在區域強化與整體之間取得適當的平衡。而這項需求使得社會感染比生物性的傳染更難以理解，因爲只有連結性會對後者產生影響。

繞了一大圈之後，我終於發現，如果想要透過網路關聯的散佈情形來理解群組結構的複雜現象，勢必要更簡化原先的門檻模型。所以我決定從一個完全沒有群組架構的網路開始，也就是先從隨機圖形想起。雖然隨機圖形不是眞實社會網路的良好典範，不過卻是起頭的好地方。我向自己承諾，只要不一直**停留在**隨機圖形的層次，將它作爲一個探索更多眞實網路的起點是絕對可行的。結果我們會知道，即使是以隨機圖形爲研究對象，依然出現高度的複雜性；這當中有許多叫人意外的普遍現象值得學習。

由於門檻模型的技術層面有點抽象，我們或許可以使用直覺上比較能夠掌握的語彙「新奇事物的擴散」（diffusion of innovations）——它是由艾瓦瑞特・羅傑斯（Everett Rogers）於一九六〇年代所提出。雖然「新事物」一詞容易與新穎科技產品的誕生聯想在一起，不過它還可以指涉新的觀念或習慣。因此，所謂新奇的事物可以是非常深沈的，比如某個革命性的創意或新的社會規範，它們可能會延續好幾個世代；但也可以是非常平庸的發明，比如一個踏板車或是只流行一季的時尚。事實上，它們可以是兩者之間的任何東西，包括新的藥品、新的工業技術、新的管理理論、新的電子儀器等等。同樣地，「創新者」(innovators) 一詞不僅指涉發明新產品的人，還包括構思新點子的人，或者更普遍的說法是，涵蓋任何一個干擾舊有系統的小小衝擊力量。至於「採行先鋒」(early adopters) 一詞，則用來指稱很快就接受新事物並將之推廣出去的人，包括第一代信徒、傳道者，以及革命的追隨者。說穿了，他們只是茫茫人海中最早被某種外在刺激所影響的一份子，就像先前提及的矽谷工程人員一樣。

羅傑斯的術語雖具啓發性，但卻不夠精準，顯得有點模稜兩可。比如說，很難分辨一個人之所以接受某個新觀念是因爲天性容易受感染（臨界門檻很低），或是因爲受到非常強勢的外在影響（交往對象有很多先驅者）。兩種解釋都行得通，但卻有截然不同的意含。對於「創新者」、「採行先鋒」之類的辭彙，我們平常大多秉持比較主觀的態度，視當下的需要而採用不同的意義。不過在這裡卻不能打迷糊仗，因爲我們要處理的是一個精確的數學架構。如果想要有所進展，就非得改善不可。

所以從現在開始，「創新者」指的是在「創新循環」(innovation cycle) 剛開始時隨機啓動的結點。起初，每個結點都是「不動的」（或稱「狀況外的」），然後，藉由一個或多個隨機「啓動的」結點（從「狀況外」轉至「狀況內」，或稱之爲「原始種子」），新奇事物開始出現。這些就是我們的創新者。至於「採行先鋒」也可以被界定爲一個結點，它在某個活躍鄰點的影響之下，從不動的狀態轉爲活躍的狀態。既然我們想要了解網路是如何產生串連現象的，我們可以稱那些做爲先鋒部隊的結點爲「易受攻擊的」，因爲它們很容易受到網路鄰點的影響——即使是非常小的衝擊，也可能從不動轉爲活躍。相較之下，其他結點可稱得上是「穩定的」（雖然我們後頭會提到，這些穩定的結點也有可能在適當的時機被啓動）。因此，一個易受攻擊的結點可能出於兩種原因：一是，它的門檻太低（也就是本身具有容易改變的特質）；二是，它的鄰點太少，所以每個單一鄰點都會對它產生重大的影響。

事實上，採行先鋒可以有任何高度的門檻，只要它們的鄰點夠少。這樣的區分看起來很怪，但是很值得深究，因爲它徹底改變了我們對此問題的研究進路。現在，我們撇開門檻不談，回過頭把焦點放在連結度數上——記得第四章所提，它代表的是結點之鄰居數量。舉例而言，圖8-4假設結點A的門檻爲三分之一。上面那一組中，A有三個鄰點，其中一個是活躍的。因爲這個單一結點佔了A鄰居數量的三分之一，已經達到A的門檻要求，所以A就從不動狀態轉爲活躍，也因此像是個採行先鋒。然而，下面那一組中，儘管A有相同的門檻，但是鄰居數量卻由三轉爲四。因此，那個單一的活躍鄰點只佔了A鄰居數量的四分之一，沒有達到門檻，所以不會讓A變爲活躍。由此來看，三分之一的門檻究竟夠不夠低得讓A成爲採行先鋒，還得視其連結度數而定。或者換一種方式來說，針對三分之一的門檻，A有一個「臨界上度」（critical upper degree）爲三：這裡的臨界上度可以被界定成：結點能被單一鄰點啓動的最大鄰居數量。如果A

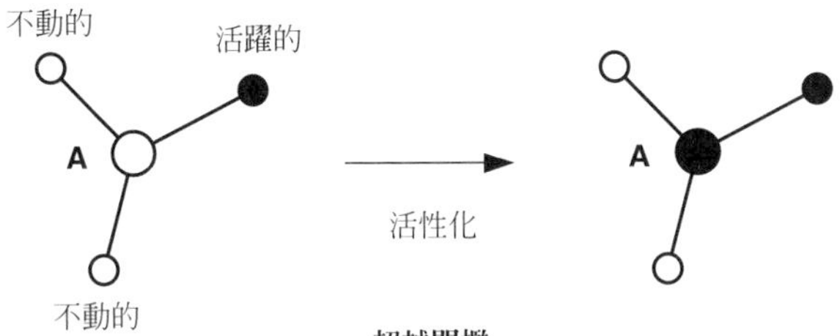

超越門檻

未抵門檻（鄰點過多）

圖 8-4
對於任何特定的門檻而言，一個結點能夠被單一結點所啓動，只有當它的連結度數小於或等於與門檻相對應之臨界上度。在這裡，結點A的門檻爲三分之一，因此它的臨界上度爲三。上方圖形中，A有三個鄰點，所以被單一結點轉爲活躍狀態；然而下方圖形中，A有四個結點，所以維持不動的狀態。

的門檻更低（拿四分之一來說），它的臨界上度就更高（爲四）；反之亦然。重點是，對任何一個特定的門檻而言，我們都可以裁定一個相對應的臨界上度。如果一個結點擁有比它臨界上度還多的鄰點，那麼對於單一結點的影響而言，它就是穩定的；反之，它就是易受攻擊的。因此，度數的變動——從我們先前的觀察可知，有些人擁有比較多的朋友或者比別人蒐集了比較多的意見——對個體的穩定性以及衍生出來的串連動態是非常重要的。

串連與滲透

有了這個架構，資訊串連的現象是否會在一群決策者中出現的問題便可以獲得明確的解答。在我們的個體網路中，每個人內在都有一個門檻，外在都有一組徵詢意見的網路鄰居。創新循環開始之際，某個新奇事物在網路某處釋放出來；等到循環結束之前，必然會發生下面兩種可能之一：這項新奇事物要不消失不見，要不爆發出資訊串連的現象。

但是，一種創新究竟要散播到什麼程度，才稱得上是個大規模的串連？回答這問題的關鍵，正是我們先前討論過的「滲透」觀念。記得在疾病傳播的脈絡底下，我們將傳染病的條件定義「滲透性群落」的存在——一個單一的連結群集，不管網路有多大，它都在網路中佔有一個有限的比例。類比而言，當一個滲透性群落出現在社會感染的脈絡底下，我們會說這個系統易招致全面性的串連。事實上，小規模的串連現象時時發生——任何一點衝擊都會觸發某種規模的串連，即使只有關涉到單一的創新者本身；但是只有全面性的串連才有可能永續發展，並進而改變整個系統的狀態。就像我們先前對傳染病的興趣，不只侷限於爆發的狀況，還更關切其散佈情形；在這裡，我們企圖尋覓的是全面串連的條件。

然而，不同於疾病傳播，每一個結點成爲感染群集一份子的機率都相等；我們現在所面對的有兩種結點——「易受攻擊的」和「穩定的」——必須要分別考量。如果我們設想一種新奇事物出現在某個起初不活躍的人群中，除非創新者至少跟一個採行先鋒有連結關係，要不然它是不可能被傳播出去的。明顯地，如果人群中存在愈多採行先鋒，新事物就愈容易散播。如果創新觸及之採行先鋒所在的連結群落愈大，新事物能夠傳播的距離就愈遠。如果被新事物「打中」的不穩定群落（也就是，包含某個創新者的群集）恰好是能夠滲透整個網路的分支，那麼勢必會引爆全面性的串連。所以說，如果網路存在一個**滲透性的不穩定群落**，全面串連就成爲可能；反之，絕對不可能——在還沒有影響到小小比例的人口之前，新事物便會消逝無蹤。

因此，系統串連能否成功之判定可以化約成滲透性之不穩定群落是否存在的問題知識。不管你相不相信，我們確實往前邁進了一大步。把本來的動態現象（從原初衝擊到最後階段的每一個串連軌跡）轉變成靜態的滲透模型（不穩定群落的大小），我們已經將問題在**沒有**偏離本質的狀況下大幅簡化了。然而，這還是個難題。過去三十年來，各種滲透模型都有長足的進步，但始終沒有一個普遍性的解決之道。事實上，由於滲透現象的研究幾乎完全是由物理學家發展的，它的應用總環繞在一般的晶格上，比較複雜的網路結構（如社會網路）就少有人注意。

這正是簡單的隨機圖形得以出頭的地方。事實上，我在思考這個問題時也發覺到，必須先從隨機圖形的串連現象著手。幾乎同一個時間，馬克、史帝夫和我想出了計算隨機網路連結特性的數學技術（見第四章）；後來在鄧肯・卡拉威的協助下做了一些修正，可以用來研究網路強固脈絡中的滲透現象（見第六章）。非常幸運地，相同的工具也幾乎可以照單使用，來尋找滲透性的的不穩定群落——但畢竟不全然適合，因爲現在所處理的是一種怪異的滲透現象。如圖8-4所示，擁有衆多鄰點的結點通常不容易受到單一鄰點的影響，而根據定義，這些穩定的結點不能成爲易受攻擊之群落的一份子。因此，易受攻擊的群落若要有效地滲透，則必然不得包含網路中連結性最強的結點。不叫人意外地，這種與標準滲透現象之間的偏差，產生了很有意義的結果。

雖然此方法的數學細節頗爲專業，但是主要結果可以輕易地從所謂的「相態圖」（phase diagram）理解。圖8-5就是其中一例：橫軸代表門檻分布情形的平均值——也就是個人對新觀念的標準抗拒力道；縱軸則是個人傾聽意見之網路鄰居的平均數量（即連結度數）。因此，相態圖包括了能夠納入簡單模型架構底下之所有可能的系統。平面上的每一點都代表一個特定的系統，一方面具體說明其網路的密集程度，另一方面也顯示總體的平均門檻高度。平均門檻愈低，整體容易轉變的傾向就愈強，所以我們可以期待圖形左側（低門檻區）發生串連現象的頻

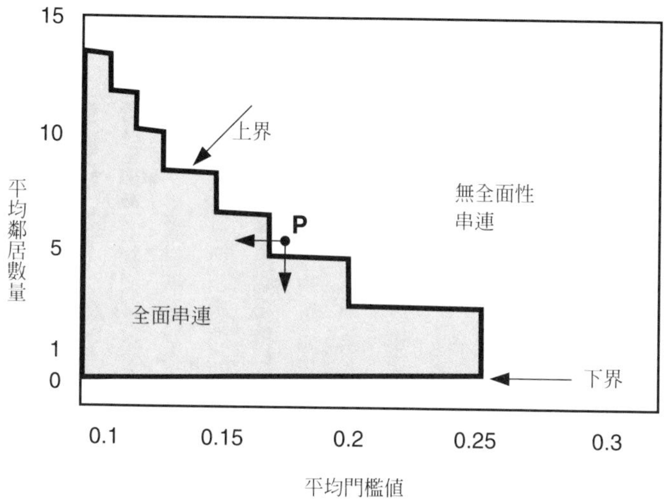

圖 8-5

串連模型的相態圖。平面上每一點等同於一個特定的參數選擇（門檻的平均值和鄰居的平均數量或「度數」）。全面性的串連能在黑線（串連視窗）內的範圍發生，但不可能出現於線外的區域。視窗界限對應於系統行爲的相變。P點代表一個全面串連不可能發生的系統狀態。從P點開始移動，全面串連可由兩種方式引爆出來：降低總體的平均門檻（向左的箭頭），也就是增加內部對新奇事物的喜好程度；或者減少網路的密集性（向下的箭頭）

率比右側高。結果也確實如此。不過這其間的關係會因爲網路的出現——網路是串連現象賴以傳播的媒介——而變得複雜。

圖8-5被稱爲相態圖的原因是：粗黑線將所有可能的系統空間切割成分爲兩個**相面**。線內的黑影區代表系統可能發生串連的相面。很重要的是，串連現象不必然會發生，只是有這個可能性而已。相反地，線外區域是絕對不可能產生全面串連現象的。至於「串連視窗」的界限則清楚地告訴我們，有三種方式可以阻絕串連的發生。第一種情形十分明顯：如果每個人門檻都太高，就沒有人會改變，於是系統始終保持穩定的狀態，無論網路是怎麼被連結的。即使不這樣，網路本身還有兩種方式斷絕串連的可能性：一是它的連結性不夠強，二是它的連接情況**太好了**（這是讓人感到驚訝的部份）。

相態圖的另外一個重要特點是：靠近串連視窗邊界的地方，系統會經歷「相變」的過程。這是大部分滲透問題的標準特質。不過，此處所言之滲透與第六章有很大的不同，那就是現在的滲透視窗有上、下兩個界限：上界的網路高度連結，而下界的網路連結性很差。單就這點，就可看出資訊串連與疾病傳染之間的明顯差異——對於後者而言，愈好的連結總會讓疾病傳播更容易。（如果我們爲疾病傳播製作一個相態圖，底限依然存在，但是上界卻會消失）。然而，實際的差異還更大。我們接著會討論，在兩個界限發生的相變，本質上是不同的。藉由思考相變的本質，我們可以預測，什麼樣的串連可能存在，它們的規模有多大，以及發生的頻率有多少。

相變與串連

在串聯視窗下界（亦即網路連結狀況不佳之區域）所看到的相變，與第六章提及之生物感染模型極為類似。對於這個現象的解釋是，當結點平均只有一個鄰點的時候，它們幾乎都低於其臨界上度，因此無論其個別門檻為何，對於新的影響都沒什麼抵抗力。然而，由於網路的低連結程度，這些影響也不會傳播很遠。所以造成的結果是，雖然新奇事物於初始階段都意圖廣佈，但終究被限制在它發跡的小小連結群落。只有當網路稠密到一定程度的時候，具有滲透性之不穩定群落才會出現。但因為區域中**大部份**的結點仍然易受攻擊，所以這個滲透性的不穩定群落事實上跟我們在第二章和第六章提及之隨機圖形中的巨大連結分支是一樣的東西。

因此，下界邊緣的社會感染大致等同於生物性的感染——它們經歷了非常類似的相變過程。所以我們可以說，在某些情況下，將這兩種感染合併論述是有道理的，畢竟其間的差異並不會對結果造成影響。因著同樣的理由——是網路連結性而非個別決策者之抗拒力為造就串連現象的主要障礙——在低連結的網路中，高連結之個體對於社會感染的散播有超乎比例的影響力。這裡的第二個觀察結果反映出我們對於創新傳播的標準觀念：意見領袖和社會核心人物被視為推廣新觀念、新習慣，或新科技最富成效的重要角色。

新聞工作者麥肯‧葛萊威爾（Malcolm Gladwell）在其新書《翻轉點》（*The Tipping Point*）當中，就強調高連結之個體在社會感染過程中所扮演的角色，他所提出的「翻轉點」一詞大致可與全面串連的概念相對應。雖然葛萊威爾認爲社會感染之運作與疾病傳染並無不同，其對於觀念傳播的想法也由此推展而得，但是在低連結網路的情況之下，他的觀察與門檻模型大抵相符。葛萊威爾所言之「連結者」（connectors）乃導源於社會中極少數的特異人士，他們的交往對象不僅多得驚人，而且涵蓋層面十分寬廣，跨越了各種不同的社會群組。在多數人都只有少數朋友（或做決定時只徵詢少數人意見）的世界裡，偶爾出現的連結者確實會發揮極大的影響力。

但是在網路連結過度良好的情況，這些影響也可能受阻。如同先前討論過的，在做決定之前參酌愈多人的行爲或意見的話，任何一個個體對你的影響就愈小。所以當**所有人**都將很多人的意見納入考量之時，就不會有單一的創新者可以憑藉一己之力，將個體從不動狀態轉爲活躍。社會感染的這項特質讓它跟生物性感染有所區別，因爲對於後者而言，易受攻擊的個體接觸到任何一個感染源所產生的效果都相同，其影響力不會因爲個體接觸對象的多寡而改變。要記得，在社會性的感染當中，重要的是鄰接點中「感染的」和「非感染的」（「活躍的」和「不動的」）兩者之間的相對數量。所以，雖然表面上高度的網路連結看似有利於各種影響力的傳播，但它們其實未必能支援社會影響的串連。因爲在這種網路中，所有個體都處於區域性的穩定狀態，根本沒有任何條件啓動串連現象。

總結而言，連結狀況不佳的網路無法讓串連現象從一個易受攻擊的群落跳躍到另外一個，因而阻遏了全面性的串連。反之，連結狀況過度良好的網路也會妨礙串連的發展，不過是基於別的原因：串聯會像淤血般地沈滯，每一個結點都將外來的影響力限制在己身，而不能進一步影響任何其他結點。因此我們可以把先前的觀察用更精準的語句描述：關於社會性的感染，除非能夠像圖8-5的串聯視窗所示，在區域穩定與整體連結之間取得適當的平衡，一個系統才能夠建立全面性的串連。

跨越裂痕

然而，社會感染還藏有另外一個叫人吃驚的現象：在串聯視窗的上界邊緣，易受攻擊的結點密度剛好足夠在網路中形成一個滲透性的不穩定群落。在這個不安定的狀態中，系統各處幾乎都呈現出區域性的穩定，除了那個不穩定群落的周遭部位。另外，在緊靠視窗內緣的區域，因爲易受攻擊的群落只佔整個網路的一小部份，單一的新奇事物要剛好打中它的機率並不大。因此串連現象趨於稀少，系統在大多數的時間不只處於區域性的穩定狀態，而且似乎更是全面性的穩定。然而，有時候（也許是一百次中的一次或是一百萬次中的一次）隨機的創新也會恰巧擊中那個易受感染的群落，進而觸發某種串連。到目前爲止所講的上界狀況，都和下界情形沒什麼兩樣——在那裡，全面性的串聯也很少發生。但是一旦串連開始產生，上界和下界的情況馬上就會出現分歧。

記得在下界中，串連現象會一直傳播，直到佔據了整個易受感染的群落，然後呢，就無處可去；因此，串連只發生在相對於整個網路的一小部份。但是在上界中，因爲網路的高度連結，採行先鋒形成之不穩定群落跟網路其餘部份緊密結合。如果只是面對個別的創新者，數量超出很多的總體人口自然處於穩定的狀態；但是一旦整個不穩定群落都變得活躍起來，原本相當穩定的結點將暴露於**多個**採行先鋒的活動範圍。多重影響的出現會超越穩定結點的門檻，因此也也開始活躍起來。

商業顧問和作家傑佛瑞·摩爾（Geoffrey Moore）將這種情況稱爲「跨越裂痕」（crossing the chasm），意指成功的創新（就像先前所提掌上型電腦的例子）必須從採行先鋒的初始社群躍進至更廣大的一般民衆。下界中並沒有這種裂痕必須跨越，存在的只有不同大小的先鋒群落。上述情形只有在上界中才顯得重要：不僅創新者需要找到採行先鋒，採行先鋒也必須處於適當的位置，對多數群衆產生影響。對於門檻模型而言，跨越裂痕確實是個戲劇性的發展，因爲任何成功影響不穩定群落的串連勢必會擴散至**整個網路**，進而觸發全面性的串聯。用物理術語來說，上界的相變是一種「不連續的相變」，因爲成功串聯的典型大小會從零（也就是毫無串連存在）馬上散佈至整個系統。

所以，視窗上界的串聯甚至會比下界更少，但規模會大出許多，因而出現了不同性質的不可預測性。靠近網路上界的大多數創新，在還沒來得及傳播到遠方之前，就會被個別結點的區域性穩定所壓制，進而消失不見。這樣的情況可以無限期的延續，誘使觀察者做出整個系統其實很穩定的結論。然後突然之間，一個新的影響——看起來跟先前的任何影響並無不同——征服了整個網路。而觸發串連的創新者也不需要具備任何顯赫的條件。不像下界的情況，連結者扮演了連繫不穩定群落的重要角色；在上界中，連結性根本不是問題。因此，由鄰居數量普普通通之個體引爆串連現象的機率，幾乎跟連結狀況良好者差不了多少。當串連之傳播受到區域穩定性的影響大於連結性時，重要的不再是連結狀況是否良好，而是能否連結上易受影響的個體。

這些串連視窗的特性，導引出一些關於創新散播的意外結果，也許其中最令人驚訝的是，一個成功的資訊串連和該新奇事物的特質或甚至創新者之間的關係，並沒有我們想像中的緊密。至少在串連模型的脈絡中，並沒有辦法特別區分觸發全面性串連的衝擊和其他類型的衝擊。更確切地說，所有的串連行爲都是由原始創新者連結之不穩定群落的連結性所引起。讓成功因素之判定更爲困難的原因是，滲透性的不穩定群落（如果它存在的話）乃系統中的整體資產，是無法捉摸纏繞著整個網路的細絲。會產生影響的，不只是某個個體擁有一個或多個易受攻擊的鄰點，還包括那些鄰點是否擁有一個或多個易受攻擊的鄰點，以此類推。所以即使你能識別潛在的採行先鋒，除非你也可以看清網路狀況，否則你無法知道它們是不是都連結起來。

以上所言，並不代表品質、價錢或是呈現方式等因素都不重要。藉由改變個體的採行門檻，新奇事物的內在特質仍然會影響其成功或失敗。這裡的重點是，由於門檻本身無法單獨決定結果，所以品質、價錢和呈現方式也都不行。在圖8-5的上方，串聯視窗右邊的區域（以P點為例），系統可以藉由底下兩種方式讓全面性的串連成為可能：降低平均的採行門檻（向左的箭頭），或是減少網路的連結性（向下的箭頭）。換句話說，關於新穎事物的推廣能否成功，網路結構所發揮的影響力可以跟該事物的內在特質相提並論。此外，就算是在串連視窗內，創新的命運也相當程度取決於偶然的機會。假如該項創新剛好擊中滲透性的群落，它就會成功；若未觸及，便將失敗。不管我們多麼希望相信，是觀念或產品的內在特質或呈現方式決定了它的後續表現，模型透露出來的訊息卻是：我們總會找到許多同樣值得推廣的新穎事物，不幸地得不到群眾的青睞。差別可能只是在，有些產品——像《哈利波特》、《剃刀滑板》（*Razor Scooters*）、《厄夜叢林》等——剛好擊中適切的不穩定群落，而其他大部分被淘汰的事物則沒那麼幸運。一般而言，在所有的活動停止之前，沒有人預先知道哪個會成功，哪個會失敗。

非線性的歷史觀察

要從個體之間的互動（時時刻刻對他人的選擇和行為做出反應）來理解成敗結果——這樣

的想法，呈現出一個異於慣常之因果觀點。傳統上，當某件事物或某人成功的時候，我們會假定這個成功和其潛在的價值或重要性成比例關係。成功的藝術家是創意天才，成功的領導者高瞻遠矚，而成功的產品正是消費者所期盼的東西。然而，成功僅只是一個事後才能被套用的描述符號，後見之明顯得輕而易舉。因此，以結果爲導向的世界觀總引導我們將成功歸因於該物彰顯出來的特質，不管這些特質在成功之前是否被特別注意過。

我們很少去設想的是，具有相同特質的相同事物也很有可能會招致慘痛的失敗。同樣地，我們也不會花很多時間去感嘆許許多多不成功的新穎事物——只要外在情況稍有不同，它們就很可能成爲市場中的佼佼者。換句話說，歷史傾向於忽略那些**也許會**發生但沒有發生的事情。當然，比起沒有發生的事情，確實發生的事情和我們現在所處的環境比較有關聯。此外，我們更有一種傾向去假定實際之結果**優於**其他所有的可能性，而這也是我們在認知世界的過程當中，武斷地誤建秩序的來由。從科學的角度來看，假如我們想要了解未來可能發生的事物，不僅要考慮已經確實發生的事情，還要考慮**過去可能會發生但卻沒有發生**的事情。

認爲意外和情勢在歷史中扮演重要角色的觀念並非全新的創見，但是資訊串連的想法確實更進一步揭舉出非常驚人的現象：投入和結果之間的聯結不成比例，或甚至沒有任何特別的關連性。假如十億人都相信某種特定的宗教，我們便會認定初始福音眞由天啓而來，要不然爲什麼有十億人信仰它？假如一件藝術品比其他任何作品名氣都大，它一定是比其他作品優秀很多，要不然爲什麼每一個人都在談論它？假如整個國家被領導者聚結起來，成就出偉大的事業，那麼這名領導者一定很偉大，不然爲什麼所有人都願意追隨他？所以，儘管在實際社會中所稱之「偉大」（或「啓示」、「聲望」等），通常都是事後才冠上的封號，我們一般的**認知**卻是：它們一直都存在，乃開啓重大轉變不可或缺的固有本質。

然而，**在成眞以前**，我們鮮少可以明確判斷任何一個特別條件會產生的結果。這不只是單純因爲「偉大」的特質像天才一樣難以判定或者常被誤解，而是它根本就從來不是個內在的固有本質。更確切來說，「偉大」可說是一大群人趨近的共同意見——這群個體不僅從事獨立判斷，也會深深受到他人見解的影響。人們有可能只因爲別人相信而相信一件事情，有可能只因爲別人正在談論而去談論一件事情，也有可能只因爲別人參與某種集會遊行而跟著參加。這種**依附性的決策**（contingent decision making）成爲資訊串連的本質，也使得最初起因和最終結果之間的關係嚴重地模糊。

就心理層面而言，這樣的觀點恐怕比較難被接受——每個時代都需要精神性的圖騰，就像每次革命都需要帶頭的領袖一樣。但是，當我們傾向於極力推崇革新者個人對最後結果的影響力時，往往忽略了實際影響轉變爲大衆運動的機制。就像在股票市場中，如果出現了一個歷史記錄上重大的事件，我們會試圖找出在那之前發生的事情，並賦予非常重要的意義——即使它從絕對的標準而言，其實只是普普通通而已。根據以撒·柏林（Isaiah Berlin）的說法，托爾斯泰對於歷史紀錄——尤其是軍事歷史——的憎惡起源於底下獨到的見解：在戰爭的煙霧中，沒有人（尤其包括那些將軍）知道當下發生了什麼事，而勝利者及戰敗者之間的天秤究竟往哪邊傾斜，運氣的影響力遠比領導能力或戰術策略來得大。不過，一旦戰爭的煙霧消散，勝負揭曉之後，一切的榮耀卻都歸於那些（意外）獲勝的將軍。

從這個角度來看，托爾斯泰對於二十世紀後期的科學可能會像對十九世紀早期戰爭一樣沒有好感。自從基因科學家克雷格・文特（J. Craig Venter）所領軍之塞雷拉公司(Celera Corporation)和柯林斯博士（Francis Collins）、藍德博士（Erik Lender）等人主導之國際合資計劃，在人類基因排序的競賽當中各有斬獲以來，這三位主角就常常被世人拿來評比，看看誰才是領先突破的眞正英雄。事實上，他們都沒有資格：基因計劃是上百或上千個辛勤科學家的共同研究，要是沒有他們，根本就不會有這項榮耀存在。建築界也有很類似的情形：法蘭克・萊特（Frank Lloyd Wright）、艾羅・薩利能（Eero Saarinen）和法蘭克・蓋瑞（Frank Gehry）都因其精湛的設計而備受尊敬，但要是沒有傑出的工程師以及衆多建築工人使他們的設計能夠實際呈現，這些建築師就根本不算「創造」出什麼東西來。重大的歷史事蹟或許難以直接了解，所以我們用某個部份或某一人物作爲代表性的圖騰。或許圖騰化是種合理的認知機制（並且坦白說，許多被視作圖騰的個人都是非常有才華的），但它也可能在我們想要了解集體行爲（而非個體行爲）時產生嚴重的誤導。

舉一個更貼近日常生活的例子：一九九九年初，十九歲的蕭恩‧范寧（Shawn Fanning）就讀於東北大學（Northeastern University）時，設計出一組程式密碼，幫助朋友從網路下載MP3的音樂檔案。結果，這個暱稱爲Napster的程式一夕之間成爲衆人矚目的焦點，不僅吸引了數以萬計的使用者，也激怒了整個唱片業界，於是范寧被捲入一個夾雜商業、法律，及道德的世界大漩渦。至少持續了好一大段時間，范寧成爲社會論述的中心人物，既被商業論文引述，也常登上雜誌封面；有些人把他奉爲超級明星，有些人則把他視爲惡魔。在被強迫收取音樂下載服務費用之前，范寧及其Napster公司（現在已幾乎廢止）成功地和全球性的出版巨擘貝塔斯曼（Bertelsmann）簽下合約。就一個大學的孩子來說，這成就不賴嘛！但是，到底這一切該歸屬於誰的成就呢？

無疑地，范寧創造出一個很棒的程式；但它的巨大影響力，卻不是因爲程式密碼本身有什麼特別巧妙之處，或者范寧本人有什麼獨到的見解——他只是單純爲了幫一個朋友的忙。Napster之所以發生如此重大的影響，其實起因於一大群人發覺這程式正是他們想要的，並開始使用它。范寧根本沒有預見這個史無前例的需求——他不可能預測得到。或許連後來Napster的那些廣大使用者在此良機出現以前，也都沒興起過從網路下載免費音樂的慾望，范寧怎麼可能預先知道呢？事實上，他也不需要擁有這樣的遠見。范寧需要做的只是釋出他的觀念，在無邊無際的廣闊空間裡，有少數人發現並開始使用，然後引領更多人聽聞這個消息，進而爭相使用。當愈多人使用 Napster，可以取得的音樂就愈多，也因此對其他人來說更具吸引力和曝光率。

假如除了范寧和他一些朋友之外，沒有人開始使用 Napster，或是假如他們沒有足夠的音樂收藏或不知道誰收藏了很多的音樂，Napster 也許根本不會有成名的一天。就某層面來說，Napster 若要成功就非得保持原來的條件不可。倘若 Napster 下載所費不貲、難以使用、或者只是針對少數需求（譬如破解差分方程或將波蘭語翻譯成義大利文等）而設計的話，它不可能有機會普及化。以門檻模型的術語來說，採行門檻必須夠低，Napster 才能散播。但是從另一個角度而言，Napster 的成功相當程度地獨立於其特有之形態與來源。雖然身爲創造者的范寧受到最大的注目，但眞正讓 Napster 從概念變成群衆現象的卻是那些使用者。

對人的影響

創新者及革命家——也就是那些以良知、意識型態、創造力或熱情主導行爲的人——可說是全面性串連的根本成分，會觸發串連或成爲傳播串連的種子。但是**單單只有種子並不足夠**，這也是爲什麼串連那麼難以理解。事實上，就串連成功與否的角度而言，可能產生變化的種子就跟生物學上相對應的東西一樣，多得一點兒也不稀罕。落地的種子或許已經包含開花結果的計劃，也因此在原則上背負著對最終成品的基本責任；但是開花結果的目標究竟能否實現，卻幾乎完全取決於它所賴以成長之下層土壤中的營養條件。樹木大量散播其種子，即是因爲衆多種子當中，只有一個可以順利結果，而且這個種子之所以順利結果並不是因爲擁有什麼獨特的本質，而是因爲它**落在合適的地方**。同樣的道理適用於社會性的種子：創新者及革命家**一直**都存在，總試圖引發新的事物，並依自己的想法改造世界。然而，相較於他們獨到的見解和個體特質，其運作環境中的互動模式其實更具有影響力，因此我們很難去預測他們是否能夠成功。

就像大多數歸納出來的普遍性結論一樣，上述說法不見得永遠正確。有時候，個體本身展現的效能如此深遠，一看便知必然會造成重大的影響。當愛因斯坦在一九〇五年首次發表其狹義相對論的論文時，他的理論顛覆了過去三百年來的科學秩序；從那時起，愛因斯坦的「偉大」就已經被確立。笛卡爾和牛頓也都在其所處時代的科學世界觀中，獨力進行徹底的變革——笛卡爾開創解析幾何學，而牛頓造就出萬有引力理論。也就是說，有時候深奧結果的出現也意味著同等深奧的起因。然而，這種性質的突破極爲稀少，大多數社會和科學的變革並不是因爲某個天才引導出認知上的大躍進。假若一個人想在山中引起雪崩，投下一枚原子彈固然是方法之一，但幾乎是沒有必要的；一般的雪崩根本不是這樣發生的。只要一個滑雪的人在錯誤的時間走到山中不適當的地方，滑過不正常的積雪，就能引發和其原因完全不成比例的巨大雪崩。

很明顯地，文化上的風潮、技術上的創新、政治上的革命、串連的危機、股市的崩盤和其他集體性的錯亂、瘋狂以及大衆行爲也都通用相同的理論。訣竅就在於：不只是要注意刺激本身，還要注意刺激所及之整個網路的結構。在這方面，仍然有很多地方需要努力。記住，隨機網路並不是能夠展現眞實網路的良好代表；近年來，已經有人致力於將最簡單的串連模型拓展至比較符合現實的網路——在那裡，群組結構、個體的社會認同以及大衆傳播媒體的影響都涵蓋其內。另一方面，門檻法則也是社會決策高度理想化之後的一個表徵，假若要應用於實際事物，勢必需要許多修正。不過現在，一些普遍性的見解已經成爲可能。

串連模型導引出最令人驚訝的特點或許在於：事件發生前無法區分之初始條件，會因爲網路結構而產生極度不同的結果。因此，品質高低（這裡可以詮釋爲採行門檻）不能作爲預測成功的可靠指標，甚至重大成就也未必出自於優秀的本質。成功創新與慘痛失敗之間的差異，有可能完全是因爲使用者（也許跟引介者絲毫不相干）之間的互動形態而產生的。這並不是說品質不重要——品質當然重要，就像人格特性和展現方式同樣也很重要。但是如果所處世界的情況是，當個體在做決定的時候，除了自己的判斷之外還會參酌他人的意見，那麼單單考慮品質是不夠的。

重新檢視強固性

除了預測性的意涵之外，對於網路系統全面串連的理解也可以爲我們在第六章所提到的網路強固性問題提供解答。在這個脈絡底下，我們完全不需要討論**社會性**的感染。有時候，由許多相互依賴的部份以複雜方式互動結合而成的系統，例如電力供應網和大型的組織，即使做了各種預防措施仍可能發生突然且巨大的失敗。專門研究組織性災難——從三哩島核能反應爐毀到挑戰者號爆炸等——的耶魯社會學家查理士・貝洛（Charles Perrow），稱這類事件爲「正常意外」（normal accidents）。他認爲意外的發生並不是因爲異常錯誤或難以原諒的疏忽所造成，而是在通常有助於事情順利進行的相同例行工作、報告程序和回應當中，一些相當普遍的錯誤不斷累積，最後以完全意料之外的方式使事情惡化而釀成意外。然而，不管它們的出現顯得多麼特別，這種意外最好以「正常行爲之不被預期的結果」來加以理解；也就是說，它們不只正常，而且不可避免。

貝洛在《正常意外》（*Normal Accidents*）一書中顯示的立場，看來有些悲觀，但卻和串連模型中固有的長期不可預測性非常相像。這種相似性不只是比喻而已。雖然我們先前從社會決策的特質中推導出門檻法則，但是門檻的產生也可來自於其他脈絡。每當網路中的結點狀態被視爲兩種依附於鄰點狀態之可能性的選擇——感染的或尚未感染的、活躍的或不動的、功能正常的或失效的——這基本上就是個感染性的問題。當感染現象展示出左鄰右舍間的依存度，其一的影響效果（譬如失敗）會因另一者而增加或減少，門檻法則便應運而生。因此，串連模型不僅可以應用到社會決策的串聯，也可用在組織網路或甚至電力供應網中失效的串聯。於是，串連模型的主要特性——表面上穩定的系統可能忽然發生大規模的串連現象——也可以被詮釋爲複雜系統的固有脆弱，即使看似強固的系統也無法倖免。

幾年前，加州理工學院（California Institute of Technology）的一位數學家約翰・道爾（John Doyle）和加州大學聖塔巴巴拉分校（University of California at Santa Barbara）的一位物理學家郡恩・卡爾森（Jean Carlson）提出他們稱之爲「高效容忍」（highly optimized tolerance，簡稱HOT）的理論，用以解釋從森林火災到電力中斷這類幅員廣闊的現象。其中最驚人的結論是，眞實世界中的複雜系統全都是既強固又脆弱的。由於它們必須在眞實世界中存活，不論是本來就被這樣設計或是慢慢進化而成的，複雜系統一般都能承受各種衝擊。事實上，如果它們無法承受衝擊，它們就必須被修改或從此消逝。然而，正如前面所提之串聯模型，每一個複雜系統都有其弱點，只要衝擊的方式得當，無論設計如何精巧也會被打垮。一旦這些弱點暴露出來，我們通常都急著修補，以某些特定方法改善系統的強固性（自然界也有獨特的天擇法則處置弱點）。但是如同道爾和卡爾森所顯示的，這些補強動作並沒有去除系統根本的脆弱——脆弱只是被暫時取代，直到另一種意外發生。

飛機正是既強固又脆弱之現象的好例子。一般說來，只要設計的瑕疵暴露出來（有時這種瑕疵會導致墜機），調查員就趕緊找尋問題的起因。然後，該款機種的所有飛機都必須接受檢查，如果需要的話，會做一些修補以避免類似的問題重複發生。總體說來，以同樣瑕疵再引起墜機的罕見爲證，這是一個相當具有功效的程序。但是這樣的程序仍然無法完全預防墜機，因爲即使是最完備的維修程序也無法保證可以預防尙不爲人知的缺陷。

像安龍公司（Enron）和美國凱馬特（Kmart）這兩家大型組織，在二〇〇一年十二月到二〇〇二年一月間（我正要完成本章節之際）毫無預警地宣佈破產，相較之下飛機只是小孩的玩具罷了。因此，在眞實世界中，沒有任何嚴謹的計劃或精密的科學可以預防偶然發生的災難。難道我們該就此放棄嗎？當然不，無論是貝洛、道爾或卡爾森都不認爲這一切是毫無希望的。相反地，我們需要的是一個對強固性更完備的概念。除了盡可能設計出一個避免疏失的系統，我們也應該接受不管我們多努力，失敗都還是有可能會發生的事實；一個眞正強固的系統，應該要能安然度過災難的發生。我們將在下一章探討複雜組織之強固概念中的雙重特性——一方面設法預防失敗，一方面準備承受失敗。

9 創新、適應和恢復

一九九九年一月,我正在聖塔菲學院擔任博士後研究員,有一次為學院的商業網路代表——也就是在財務上挹注學院的各公司代表——進行演講。與會人士中,包括哥倫比亞的法律教授喬克・塞博(Chuck Sabel),我和他只見過一、兩次面,主要印象來自他好強善辯的名聲。以前我已就小世界問題做過多次類似的演說,所以有點像是例行公事的味道,只希望不要引起太多人入睡就好。沒想到,當我結束演講正打包準備離開時,喬克卻衝過來找我熱烈地握手,並堅持一定要更深入詳談。據我所知,喬克的研究是關於現代生產及商業流程的演變,與我探索的議題沒什麼關連。況且,他講的話有時我一個字也聽不懂。雖然後來發覺喬克其實是個非常有趣的思想家,但是身受哈佛教育的他,有著一貫的堅執態度,又喜歡使用讓人望而生畏的艱澀辭彙,進行迷宮似的推理,結論又相當抽象——聽他講話,就好像用水管喝葡萄酒,儘管過癮卻可能被嗆死。

幾分鐘過後，在我難過得眼淚幾乎奪眶而出之前，趕快找個空檔將一本正在進行的著作手稿塞給他，然後逃之夭夭，並且希望這是最後一次和他見面。這是我眞正認識喬克之前的感受。隔了幾天，電話鈴響，竟然是喬克來電，而且他的語氣顯得**非常**興奮。他不但已經利用搭飛機的空間努力讀完我的作品，而且深信他原本的直覺是正確的，於是建議我們兩人稍後應該合作進行研究計畫。我雖然還是不太清楚他在講什麼，可是卻也不能不承認被他的熱忱所感動。然而，到了八月底，當喬克現身於聖塔菲學院時，我開始有點驚慌——我該如何和一個不甚熟識的傢伙一起工作整個月？而且甚至連計畫的內容都不太瞭解？當我快要將整個事件視爲不幸的錯誤時，喬克說了一個令我深深著迷的故事。

豐田－愛新危機

在一九八〇年代，日本的汽車製造業受到全世界的忌妒。日本公司像豐田和本田，以其擅長的全套生產流程如**即時庫存系統**、**同步工程**（相連接組件的設計規格是同時完成而非依序出爐）和**互助監測**等等，成爲當時虧損企業的學習典範。其中特別是豐田，更被世界管理專家推崇爲，以獨特彈性無痛結合嚴格效率的榜樣。以令歐洲對手畏縮的價格，製造出世界最佳品質的汽車，年復一年，豐田的表現讓底特律看起好像一隻八百磅的大猩猩在笨拙地表演特技。

令人驚訝的是，這個製造豐田轎車和卡車的工業巨人其實不單只是一家公司。實際上是由總數約兩百家左右的公司所整合而成的組織，這些公司基於共同利益專門供應豐田公司各種汽車零組件，從電子組件到座椅封套，以及衆所皆知的**豐田生產系統**（Toyota Production System；簡稱TPS）。所謂TPS是一些被應用在大多數日本生產事業的製造和設計流程協定（近來亦盛行於美國業界），所以在某種程度上這不算是什麼很特別的觀念。眞正造就其獨特風貌的，在豐田集團內以一種近乎宗教熱忱的方式實踐它。集團內的各公司，即使是互相競標豐田訂單的對手，其合作關係仍達到某種近乎違反本身利益的程度。他們定期地互相交流人員、智慧財產，甚至利用自己的工時和資源成本來互相幫忙，而且完全不需要簽訂任何正式合約或書面記錄。就很多層面而言，他們的表現比較像是同胞手足而不是公司，共同努力以求其表現能獲得大家長的認可。

這種方法對於維持一個家庭或許適宜，但是對於製造車輛而言是否恰當卻似乎充滿爭議。雖然如此，美國企業自一九八〇年代開始，從汽車製造到微處理器、軟體和電腦製造業，都一致擁抱這種日式的生產方法和傳統；這種「日本啓發」趨勢狂掃著一家又一家的美國公司，以其所謂**工程再造**、**總體品管**和即時庫存系統等概念，盤據了大家的口味。這股潮流風行的最後結果是：在一九九〇年代末期，各大車廠的組織面貌不再呈現垂直整合的階層架構，這跟一九二〇年代以來盛行之企業典範——亨利·福特（Henry Ford）及艾弗芮德·史龍（Alfred Sloan）生產汽車的模式——截然不同。可是無論怎麼努力，美國這些汽車製造業的效率始終不曾達到日本對手的水準。接著在數年前，豐田遭遇了一場讓全球汽車製造業都爲之震驚的重大危機。這場危機肇因於它的革命性生產流程，但也正因爲其獨特的生產系統才得以脫困。

在豐田集團中，有一家重要且頗受信賴的公司叫做「愛新精機株式會社」（Aisin Seiki）。這間公司原本只是豐田的一個部門，在一九四九年脫離集團，獨立出來以專門製造特定的剎車元件。特別一點而言，愛新製造一種P閥門裝置，用在所有的豐田汽車上，藉由控制後剎車的壓力以防止測滑。其尺寸約爲一包香煙大小，雖然不是那麼複雜的系統，但因爲功用攸關安全，所以必須做得非常精準，而因此要在專用的廠房以特製的鑽床和量具製造。由於愛新精機保持幾近無瑕疵的記錄，到了一九九七年成爲豐田汽車唯一的P閥門供應商。而爲了生產效率的考量，愛新精機將P閥門的生產線全數集中至一家廠房——刈谷1號工廠——該廠的P閥門單日生產量可達32,500組。最後再加上當時推動的即時系統是如此成功，於是豐田汽車只保持兩天的P閥門庫存零件。由此可見，刈谷廠對於豐田汽車的生產鏈佔有無與倫比的重要地位：沒有刈谷廠就沒有P閥門，沒有P閥門剎車系統就不完全，沒有完全的剎車系統就不能有完整的汽車。

然而就在一九九七年二月一日星期六，刈谷廠燒毀了。直到當天上午九點，全部P閥門的生產線，以及離合器、縱列主汽缸，還有大部份用在生產和品管的特殊器具都全數損毀。僅僅五個小時，愛新精機製造P閥門的能量就完全地消失，而重建的過程至少需要好幾個月。**好幾個月！**在當時，豐田汽車的三十條生線，可以日產至少五萬五千部汽車。但是，等到二月五日星期三的時候，所有生產線都不得不停止，影響所及不只是豐田汽車本身，還遍及所有零件供應商及其員工。盤據著神戶工業區的各大工廠瞬間靜止下來，看似無敵的豐田集團，像是殘破的哥利亞巨人被一塊小石頭正中要害而倒地。沒有錯，此一事件和兩年的神戶大地震相比，絕對可以並列為相同的一級大災難。

不過接下來發生的事，卻和這個災難一樣顯得非常戲劇性。透過兩百家零件供應商的自行協調並迅速反應，在幾乎沒有愛新精機或豐田汽車的直接干預下，火災過後的三天之內，一百種可用P閥門的生產線已經重建。到了二月六日星期四，已有兩座豐田汽車的工廠恢復生產；隔週一，汽車生產量達到每天一萬四千輛；再過一個星期後，每日產量已經恢復到災難發生前的水準。即使如此，日本通產省（掌管國貿事務）仍預估因火災而損失的外銷收入，佔二月份日本整體運輸工業產額的十二分之一。

以這種驚人的損失來看，若是真的停工數個月甚至只要數個星期，結果都是難以想像的。所以很明顯地，無論僅僅因為想要恢復工廠的生產運作，或是試圖進一步討好豐田汽車，在豐田集團裡的每家公司都有強烈的動機促使大家摒棄成見共同合作。但是，誠如西口敏弘（Toshihiro Nishiguchi）和亞歷山卓．波帝（Alexandre Beaudet）在其詳細的重建報告中指出，即使是最強烈的動機也不足以構成行動的實踐。豐田集團的每家公司，不論幫忙意願多麼堅定，最重要的是他們要有執行的**能力**才行。要知道，在六十二家P閥門緊急生產商和至少一百五十家相關的間接供應商之中，幾乎沒有一家先前有過製造P閥門的經驗，而且也不曾獲得任何特製的生產工具。例如其中一家叫做兄弟工業（Brother Industries）的專業縫紉機製造商，甚至以前從來不曾製造過任何汽車零件！因此，有趣的問題不在於豐田**爲何**恢復得如此迅速，而是他們到底是**怎麼**辦到的？

甚至在大火尙未撲滅時，愛新精機的工程師已經開始工作，審愼評估損害，並擬定應該採取的步驟。他們立即瞭解到，如果要避開眼前即將面臨的毀滅災難，那重建的工作絕對無法只靠單獨一家公司和現有供應商所能達成，必須採取更廣泛的行動，如此一來總部能夠直接控制的程度就更低。當天早晨稍晚，愛新精機成立緊急反應總部，並發出危急事故通告，在訊息中以最嚴重的情況描述問題並提出尋求協助的呼籲。就像停在跑道頭待命的戰鬥機，一收到警報後立即緊急起飛——豐田集團的所有公司馬上有了回應。

然而在這特殊的局面中，要能幫上忙也不是件容易的事。因爲參與重建工作的廠商都欠缺製造P閥門所需要的特殊工具和經驗，所以他們被迫要發明與衆不同的新穎生產方式，以同時解決設計及製造上的難題。更糟的是，愛新精機的專家已經過度習慣於自己往常的程序，而無助於克服新的技術障礙。並且在這場危機風暴中，要與愛新進行連繫其實是相當困難的。即使加裝了數千線的電話，還是負荷不了持續湧進的各種查詢、建議、解答以及新的問題，於是經常都得自力救濟，因爲根本連絡不上總公司。

不過在這裡，正可看出平常訓練的效果。經過多年吸收豐田生產系統的經驗後，所有公司對於如何對付及解決問題都有一種共識。對他們而言，設計與工程同步進行本來就是例行之務；愛新也瞭解到這一點，因此可以在表明要求時，將細節減低到最小的程度，讓潛在供應商有最大的寬限度去決定如何生產。更重要地，雖然這是個大家都不熟悉的特殊狀況，但合作的觀念並不然。因爲許多參加重建工作的公司，在過去就一直和愛新精機進行人員與技術的交流，而那些公司彼此之間也是如此，所以他們可以利用原本就已建立起來的通訊網、情報資源和社交關係。大夥互相瞭解並信任對方，這樣的安排不只能加速情報的流通（甚至包括所犯錯誤的描述），還可增進資源的調度和支持。

有些公司甚至重新安排生產優先次序以協助重建，減少其他的工作或是將較不具技術性的工作外包出去。其他公司則設法從全國各地、店家現貨或甚至美國徵調鑽床和測量儀器，完全不考慮可能會破產的命運。實際上，豐田集團的所有公司同時處理兩件重建的工作。第一，他們將一個嚴重失敗的壓力從一家公司分擔至許多家公司，因而使得組織任一成員的損失減至最小；其次，他們重新組合各家資源，成爲多重不同的原始組態，以製造出相同產量的P閥門。他們只仰賴非常些微的中央指導，也幾乎沒有立下任何正式的合約，就順利地完成上述任務，有效阻遏了進一步的損傷。並且，一切工作竟只花了三天便達成。

感謝像西口和波帝這樣的研究學者，讓我們擁有妥善的事件記錄可以回溯愛新危機。所以就某種層面而言，我們知道危機是如何解決的，也知道是什麼樣的因素促使豐田集團內的公司去完成任務。但是，同樣模式發生在動力傳輸網路的系列跳電事件，卻無法告訴我們爲何該系統會這麼容易受到串連式的傷害；或者從文化流行的歷史敍述來看，並不能顯示爲何一大群個體會突然之間轉變偏好至另一事物，究竟是什麼原因讓系統能在受到重大衝擊後還能生存下去。

以電力傳輸網路事件爲例，龐大系統中單一組件的失誤竟會造成總體性影響，產生廣泛的大災難。但是愛新案例卻不盡相同，在幾乎沒有什麼中央集權管控的情況下，系統受到衝擊後恢復的速度幾乎和其失敗的速度一樣迅速。這種情況如果類比於一九九六年八月的停電災害，就好像說電力網在歷經相同的串連失誤之後，幾個小時內便迅速復原，而管控者仍坐在那裡不知道究竟發生了什麼事情。此種「自療」系統在工程師眼中或許只是一絲曙光，但是在現實組織世界中似乎它們早已存在。所以，我們到底能從愛新危機學到什麼教訓——能夠幫助我們了解怎樣的系統設計可以從潛在的大災難中恢復過來？更普遍的問題是，我們能從豐田集團中學到什麼有關現代工業組織架構的啓示？換言之，所有公司的表現——即它們例行性和突發性之配置資源、創新、適應和解決問題的能力——是如何與其組織架構產生關連？

市場和分層管理

工業組織其實是一個由工業革命衍生之經濟及社會劇變的老議題。而且也確實是因爲工業組織這個議題，讓亞當・史密斯開創了他不朽的論述《國富論》（*The Wealth of Nations*）。史密斯特別注重**勞力分工原則**，因爲他觀察製造廠工人的行爲後發現，如果把整件集體工作分割成數件專門化作業，結果效率往往比較好。他最常使用的譬喻是胸針的製造：雖然看似不足爲道的胸針，整個製造過程仍可區分爲二十道獨立的步驟，像是將鐵絲擠壓成型、研磨針尖、錘打針頭、剪斷鐵線等等。在十八世紀末期，當史密斯正在撰寫論述時，即使是熟練的工匠，如果單獨工作，每天也只能製造一個胸針。但是史密斯觀察發現：如果將工人分爲十人一組，每個人只從事某一或兩道步驟並且使用專門的工具，則產量確實可能增加至上千倍。

像這種在相同人數條件下，勞動分工的效能超過各別單打獨鬥的現象，實際上是人類自我學習成果的基本表現。一個最常見的道理，叫做「從做中學習」，亦即當我們愈經常從事某件工作，就能夠做的愈好、愈熟練。而當我們被分派的工作內容較簡單，份量較少的時候，也因此代表我們做的次數更爲頻繁；由此可知，若是我們只進行生產程序中的一個步驟，則工作的效率必定會超過要單獨完成整個生產作業。這種因工人只學習做一件事情而提高效率、增加獲益的現象叫做「專業化效益」（returns to specialization）。透過將複雜程序細分爲不同步驟，並分派給許多個人同時進行的過程，勞力分工的程度達到前所未有的專業化現象。

依照勞力分工的原則，個人的工作愈專業化，效果愈好。以製造汽車為例，所有生產步驟都是反應著車輛的主要元件——車身、引擎、傳動機構、內部裝潢等等。然而上述任何一項主要元件本身，仍代表著相當複雜的製造程序，所以需要更進一步的專業分工。像是引擎就還可以再細分為引擎主體、供油組件、冷卻系統和電機系統，而每個部份又還需要再進一步的細分，如此持續切割直到整個複雜的生產工作被**分解**為許許多多簡單的基本步驟。由於每道步驟都反應出「專業化」的效應，因此整體回收的效率是相當龐大的。

史密斯眼中的專業化效益有著非常深層的意義，他甚至認為勞力分工是區隔市民社會的基本特色。在沒有專業勞工的社會中，每個家庭必須供應自己生活所需，包括食、衣、住、行以及任何日常用品。在這樣的社會中，單為生存就得工作一整天，而每一世代也都得從頭到尾重複相同的事情。學校、政府和職業軍隊都無法存在，甚至製造、建築、運輸或服務業亦是如此。但是，史密斯對產業組織的觀點雖以勞力分工為中心，他從未明確指明是在何種機制下各項分工任務得以聚集而成一個複雜的整體。在《國富論》中，史密斯迴避這個議題，只表示專業化的程度可能取決於「市場的大小」。依此論點，只要有愈多的潛在消費族群，公司就願意投入愈多的資本來建立生產設施、設計和創造專用的機器、以及雇用工人，於是愈能受益於經濟規模的好處。但是這種陳述並未指出，為何一定要由所謂「公司」這樣的正式實體來負責生產，而不是交由獨立承包商、臨時勞動者或顧問處理。

即使有公司存在，勞力分工的概念也不見得要求公司非得出現權威式的階層結構——這是我們對十九至二十世紀初工業化的一般印象。不能**只因爲**以階層管理的方式，將工作愈來愈細分會比較有效率，就推論公司組織必須按照這樣的模式進行。儘管如此，工業革命後的公司還是多以此爲典範，因而上世紀的經濟理論一致認爲階層體系爲產業組織的最佳型態，而連帶地，商業公司的內部架構也是如此。

簡而言之，普遍認可的產業組織經濟理論基本上將世界區分爲階層和市場。公司之所以存在，是因爲現實世界受制於一組諾貝爾經濟獎得主隆納・高斯（Ronald Coase）所稱「交易成本」(transaction costs）的市場瑕疵。如果所有人都能找到其他任何人擬訂並執行商業合約（譬如我們每個人都是獨立承包商），那麼市場力量強大的彈性將可以有效地排除公司存在的必要。但是在實際的世界裡，誠如我們前面已經介紹過的幾個脈絡，資訊之搜尋需要成本，並且處理起來十分棘手。再者，任何兩方之間的協議，即使一開始似乎是個好主意，但是對於未來發展和情勢變化仍然充滿了不確定性。如果一個原本對雙方都有好處的合約，在日後忽然變成對其中一方不利，則不利的一方可能中途退出，造成另一方的損失。而在一個模稜兩可、不可預測的環境裡，雙方意圖無法清楚呈現，合約的強制執行是既困難又昂貴的。

因此高斯的主要論點就是，公司的存在是爲了免除伴隨市場交易而來的成本，以單獨的雇用契約將其取代。易言之，在一個公司內部，市場是停止運作的，而技術、資源和雇員的時間則透過嚴格的管理結構來加以協調。雖然高斯本身並未指明權威架構的形態，但是後來的經濟理論一致認爲應該是階層體系。在此同時，市場則持續運作於公司之間，於是公司與市場的界限可謂底下兩種成本的互換——公司內部發揮某種特殊功能的**協調成本**（coordination cost）以及締結外界合約的交易成本。若是兩家公司的關係變得過度特殊，使得其中一家公司得以有效地操縱另一家公司，則問題的解決方式將以合併或收購落幕。因此，公司藉由**垂直整合**（vertical integration）的方式成長：一種可以有效吸納其他階層，並因而變成一個更大的垂直整合階層。反過來說，當一家公司認爲維持某種內部業務已經過於昂貴時，它要不就將該部份層級脫離出來成立一個專業分公司，要不就是放棄，整個轉包給另一家公司。但不論是哪種情況，所有公司都維持階層式的架構（只是在規模和數量上有所不同），而市場也仍在公司之間運作。

這確實是一個精巧的理論，而且看來相當合理，因此主導了經濟學的公司觀念長達半世紀之久。然而在一九八四年，麻省理工學院有兩位教授——一位是經濟學者，另一位是政治學者——出版了一本革命性的著作，爲產業組織眞正本質與經濟成長展望之間日益混亂的衝突點燃了第一把火。這本書叫做《二次產業分隔》（*The Second Industrial Divide*），兩位作者中，專攻政治學的是查理斯・塞博——也就是十五年後在聖塔菲學院跑來找我搭訕的那位喬克・塞博。

產業分隔

從經濟學家的觀點，喬克和其著作夥伴麥克・皮歐爾（Michael Piore）最引人爭議（如果不是最具意義）的論點，就是他們認爲公司理論基本上是在**既成事實之後**才出現的。當大規模工業化有效根基於垂直整合模型並產生相關的規模經濟之後，經濟學家才開始發展有關公司的理論。於是，他們嘗試解析的公司型態只有一種**特別的**形式——擁有大型、垂直整合的階層體系——好像其他類型的產業組織理論都毫無意義。但是皮歐爾和塞博指出，如果回頭看看十九世紀末期，當時產業公司的現代圖像才剛開始顯現雛型，我們會發現階層架構並非唯一成功的產業組織模式，而其最後之所以脫穎而出也不是必然出於普遍性的經濟原理。

當然，垂直整合之所以主導產業組織型態亦非出於偶然——最合理的說法是，摻雜了多種理由。然而，皮歐爾和塞博所要訴求的是，組織型態的興起是爲了解決問題，而這些問題部份是經濟層面的，部份則是社會、政治和歷史層面的。經濟決策會受到非經濟因素影響的最明顯現象是：在技術發展的歷史演進過程裡，時而遇見叉路，也就是所謂的「分隔點」；此刻，面對某個普遍性的問題，必須在幾個相互競爭的解決方案中做抉擇。而當選擇一旦確定，勝出者便全然盤據當代和歷史的思想，讓世人忘記它原來也有其他的替代方案。

皮歐爾和塞博認爲，這樣的**產業分隔**第一次發生在工業革命本身。在那段期間，龐大工廠的垂直整合模式、高度專門化的生產線、以及缺乏普遍技能的勞工，壓倒性地戰勝並淘汰過去盛行之以高度手藝操作多功能器械的**手工生產**系統。其後近一世紀，產業組織都遵循著階層架構的模式。至於經濟學家、商業領袖和決策者，就像研究學者習慣於某種特定的科學典範一樣，很自然地假設其他種類的組織型態是無法想見的。於是，勞力分工、產業組織和垂直整合就被認爲是相通互換的概念。

然而，到了一九七〇年代末期，世界開始產生變化。戰後世界產業經濟的快速成長，已經瀕臨國內消費市場需求的極限，而更進一步的成長需要在生產和貿易上加快全球化的腳步。就在大約同時(部份也是爲了同樣的原因)，一九四四年達成之「布列敦森林協議」(Bretton Woods agreement) 的固定匯率交換系統開始瓦解，第一道裂痕出現於各國爲保障其戰後重建策略所實行的貿易保護障礙。接著，一系列的經濟和政治衝擊惡化了全球經濟結構的轉變——接踵而至的兩次石油危機，一九七九年伊朗革命，美國、歐洲攀高不下的失業率及通貨膨脹等——再再侵蝕著產業世界原本對未來無盡繁榮的願景。才不過十年，整個世界已經變得昏暗不明，而商業領袖們必須開始設法跳脫傳統經濟思想以求生存。雖然大家都很清楚戰後繁榮盛況不復存在，但卻沒有人意識到老式傳統的經濟秩序已經崩解——事實上，世界正準備進入第二次的產業分隔。

因此，「二次產業分隔」部份而言算是經濟版的國王新衣，另一部份則是企圖描繪一個更美好的替代觀點。皮歐爾和塞博特別指出，手工系統並未完全消失，持續存在於義大利北部的一些工業區，甚至法國、瑞士和英國的部份地區也都還有。手工業之所以保留下來，部份原因固然是其歷史背景，存於傳統家庭生產系統間的社會網路，以及展現地域特色的特殊工藝等因素。但是手工業亦有其優點，使其在快速變遷和不易預測的產業類別中戰勝垂直整合之規模經濟，譬如紡織業，就是靠因應世界時尙之不斷變化來維持生計的。

除了手工系統本身的韌性之外，還有更重要的一點是，它的一項基本特性——皮歐爾和塞博稱之爲「彈性專業化」(flexible specialization)——近來已經逐漸爲各行業的公司所採用，甚至是最堅持己見的大經濟規模產業。例如美國的鋼鐵業，足足花了三十年的工夫淘汰傳統式的鼓風爐煉鋼技術，代之以較小型而較具使用彈性的迷你輾壓機。與垂直整合階層恰爲對比的彈性專業化，所要活用的是「經濟領域」而非「經濟規模」。相較於規模經濟將大量資本投注於專業化的特殊生產設施，汲汲於追求快速而廉價的製造特定的產品，彈性專業化所依賴的是多功能的機器及技巧精湛的工人，由此製造小量但範圍寬廣的系列產品。

記得專業化的效益來自經常性地重複某種限定的動作，而重複動作只有在工作內容本身不會變化才有可能。因此，如果處於一個變化緩慢的世界，商品以廣大消費族群爲訴求，同時與之競爭的替代選擇又極爲有限，以經濟規模爲導向就顯得非常適切。但是，當我們面對二十世紀末快速全球化的世界，公司一方面必須周旋於不明確的經濟與政治預測，另一方面又要面對異質性與日俱增的消費者喜好，著眼於經濟領域的擴展才能眞正獲利。換言之，要因應不明確、模稜兩可和快速變化的情境，彈性與適應力遠比規模大小來得重要。而自從皮歐爾和塞博首度提出這個觀點以來（已經二十年了），商業世界的情勢確實變得愈來愈模糊。

最近我向喬克問道，在他出書提出自己觀點二十年後，感覺如何？他和皮歐爾的論述是否已經證實是正確的？結果，答案既是肯定也是否定。就對的方面而言，所謂「新產業型態」已經趕過傳統垂直整合之階層體系，在業界居於領導地位的事實不容置疑（除了那些最保守的經濟學刊之外）；再者，這種轉變的原因也普遍被認爲是源於過去數十年全球商業環境顯著增加的不確定性和變化，發生的層面遍及老式經濟市場如紡織布料、鋼鐵、汽車製造及零售，也涵蓋生化科技和電腦等新經濟產業。但是另一方面，尤其是近十年來，喬克也逐漸發現他們所提出的彈性專業化之解決方案並不完備。

模糊不清的局面

彈性專業化所蘊藏的一個重要觀念是，現代公司的任務——不論是製造汽車，爲春季特刊創造一種新款式布料，或甚至設計下一代電腦作業系統——都必須因應高度的不確定性和快速變化的情勢。在這種環境下，公司必須避免把大量資金挹注於特殊的生產設施，而代之以「經濟領域」的對策，培養由高級技術人員所組成的彈性團隊，能快速並一再地重組其專業技術來生產小量而廣泛的產品。這種方式聽起來似乎是一帖有效的處方，事實上也是如此。然而，它卻掩蓋住另一種更深層的模糊特質。因爲公司不只無法確信該從事什麼樣的特殊工作以因應外部市場，甚至對於任何一件工作該如何進行才能順利完成也不清楚，或者說根本無法確定成功的判準在哪裡。

最深處的奧祕出現在底下的假設（幾乎所有公司理論都蘊含此說）：即使整件複雜工作的完成是以分散式的程序進行，仍然需要許多專業技工同步性的協調努力，如此一來組織設計總不免要採取某種中央集權的方式，因而總會帶著「由上而下」的意味。自從《二次產業分隔》一書問世以來，喬克逐漸認清的是這類假設其實不過是方便性的虛構產物。實際上，當公司進行某項重要企劃案的時候，**相關人員一開始並不確知自己要做些什麼**。在快速變化的產業界（包括從軟體業到汽車製造業），產品的設計很少會在量產開始之前就已定型，而性能指標一直是隨著計劃進行而不斷演變的。並且，整體架構中的個人角色在事前也沒有明白界定。確切地說，每個人都是從本身對計劃所知的一般概念開始，然後再藉由與其他問題解決者的交流逐步修正自己的概念（當然，其他的問題解決者亦是如此）。換言之，現代商業過程的眞正模糊核心，不只是因爲迫於環境而必須不斷修正生產過程，還包括**設計本身**也是一項隨著新發現或故障排除而不斷修改的任務，它不僅與生產工作同步進行，而且也是採用同樣分散的方式。

當環境的模糊程度尙低時——亦即變化速度緩慢、未來可以預測的狀況——**任務的模糊會**

受到抑止，於是設計／學習階段和生產過程得以有效地分割開來。在一個變化夠緩慢的世界裡，個人即使參與最複雜的工作，也有足夠時間經歷學習階段，進而從容地融入例行的生產工作。於是，公司成員的勞力分工便對映出階層式的任務切割，也因此塑造了階層體系的固有圖像。

然而，一旦環境變化的速度增快，爲了確保競爭力，複雜的工作就必須重新切割，人力資源也得跟著重新配置。但是由於缺乏具備無限能力的控管者，重新切割的問題必須由進行生產的同一批人來解決。其結果是，在一家成功的公司裡，出現的是一連串不斷解決問題的活動，而且問題解決者之間互動頻繁，每個人都擁有與特定問題相關的資訊，但所知所能都不足以達到獨立作業的地步。並且，也沒有任何人確切掌握什麼人知道什麼；因而，問題的解決不能只靠著所需資源的整合（這正是彈性專業化所要做的），還要去尋找並發現這些資源的所在。

這種程序必然不會是嚴謹的科學理論，但卻是有可能完成的。以本田的工廠爲例，縱然只是要解決比較例行性的生產問題，也會由臨時抽調的跨部門小組來進行，成員不僅來自於發現問題的特殊部門，還包括其他生產線工人、工程師和經理級人員。這樣做的原因在於，即使外表看起來很直接、很簡單的問題也可能追究到很遠的導因，因而需要從極廣泛的制度性知識來尋找解答。譬如一個在生產線終點上被發現的普通噴漆瑕疵，可能是因爲閥門停止動作；而閥門之所以停止動作，可能是某座噴漆站持續過度使用，因爲另一座噴漆站老是故障停工；而故障原因，可能來自其電腦控管機制的某項軟體設定有誤；於是由此再追查到某位過度辛勞的可憐系統管理員，他花了太多時間幫上司經理處理過多的電子郵件問題……。沒有任何單一個人可以追究到如此完整的來龍去脈，但是像本田或豐田等大公司已經發現，藉由足夠多元的參與組合，再怎麼複雜的因果鏈也能很快地辨識清楚。

對喬克而言，解決例行問題的行爲似乎不僅僅是現代公司因應更形模糊之商業環境的特性。所以，我們既要瞭解豐田這類產業組織的複雜架構，也要深入探索它們從類似愛新事件般重大災難中恢復的能力。但是，正統的形式化公司理論已經跟不上現象變化的腳步。經濟學家雖然急於建構一種嚴謹的分析模型，卻不願意肯認存在於現代產業組織的模糊現象，或試圖將其納入他們的理論之中。因此，經濟理論基本上還停滯在市場—階層二元分立的世代，完全忽略了失敗和解決問題的層面。在此同時，社會學學者和商業分析家則較能接受適應力與強固性的概念。然而，他們卻缺乏高超的分析技器來發展模型，開創一種足以挑戰市場／階層適切理論的學說。喬克很清楚，是需要另謀途徑的時候了。

第三條途徑

在我遇見喬克的時候，他已深信模糊不清和解決問題乃公司行爲的關鍵特質，並且只要找到適切的數學架構，就能通盤瞭解其來龍去脈。他曾經告訴過我：「我知道答案應該是什麼模樣。如果我是數學家的話，我就可以將它寫下來，但可惜我並不是。」這可以解釋那天在聖塔菲他為什麼會如此興奮的理由。聊了有關小世界網路的話題之後，他意識到我和史帝夫所發展的模型確實掌握他認為相當重要的特性。在公司裡，就和社會網路一樣，個體自行決定要和誰產生連結，而這樣的決定雖然基於個體對其區域網路的認知，但卻可能造成全面性的結果。其中，喬克特別著迷於隨機重組的強烈效應：處於緊密團隊（群落）中的個體，為了搜尋解決問題的方案，連結組織原本相隔遙遠的部份（隨機捷徑），因而增強了公司整體的調節能力（縮短路徑長度）。這兩個問題間的平行比較似乎明顯易見，我們原本以為或許一個月就足夠將細微的差異妥善處理。可是當時間從數星期延長到數個月，然後到數年，我們終於了解那些差異的重要性和難以捉摸的程度遠超過預期。

最後，我們決定尋求一些協助。那時約莫是我在聖塔菲和波士頓待了兩年後，回到紐約加入哥倫比亞大學社會系之際。運氣很好，我的一位朋友恰巧回到紐約，他叫彼得·多茲，也是數學家（在第五章曾出現過）。至於彼得和我是怎麼同時來到相同的地方，這本身也可算是一個小世界的故事。彼得晚我一年從澳洲移民到美國，進入MIT研究數學，指導教授也是史帝夫·史特羅蓋茲。可是很不幸地，史帝夫一個禮拜後就轉到康乃爾大學工作。我記得初次和史帝夫合作的時候，他曾提及在他就快離開MIT的時候，有名新進的澳洲籍學生顯得非常失望。但是從此以後，我們就沒有想過會再聽到任何關於彼得的消息。

過了兩年，我跟幾個隻身異地的澳洲人共同參加感恩節晚宴，席間談起了我剛開始進行的小世界研究。其中有一個從哈佛來訪的同伴，他的兄弟是康乃爾學生，在聽我說了一會兒之後，提到他有個朋友叫彼得也對這個議題很有興趣，而這位彼得進入ＭＩＴ原本希望跟一個叫史帝夫什麼的共事，結果那傢伙卻跑到康乃爾去了。我很驚訝地說：「那位史帝夫正是我的指導教授！」整件事情就又到此打住。再隔了兩年，我進入聖塔菲學院。某天，我的辦公室同事吉歐菲利·威斯特，一位傑出的英裔物理學家，提到他正在面試一位來自ＭＩＴ的「我的同鄉」，要招募他加入博士後研究的職位。「哦，」我說：「讓我猜猜…他的名字叫彼得，是吧？」不消說當然是對的，於是我終於和彼得見面了。不過，彼得當時並未接受那份工作，他決定留在ＭＩＴ，繼續和其論文指導教授唐·羅斯曼（Don Rothman）（你應該不難猜到，他也是史帝夫的朋友）共事。彼得造訪後不久，唐也來到聖塔菲學院——我因而得以和唐會面，也因而數月後受邀前往ＭＩＴ演講，也因而有機會見到安迪·羅，也因而找到ＭＩＴ的工作，最後也因而和彼得結爲好友。一年後，我們不約而同地受聘於哥倫比亞大學，來到紐約的時間相隔不過幾個星期。

因著彼此相同的興趣、背景，以及甚至共同的朋友，我們的軌道緊緊地交叉重疊。由此而言，我們倆應該合作研究似乎是再正常不過的事情，於是我向彼得敘述了喬克和我遭遇的困難。由於其博士論文就是研究有關河流網路的分岔結構，所以彼得相當熟悉網路的數學內涵。只可惜當時的他正專注於地球科學和生物學，所以不太願意抽身應付陌生的社會學和經濟學領域。

然而，當他一見到喬克，就立刻被問題的廣度所吸引，好奇心迅速地被激發出來，於是很快就全心加入我們的行列。不過，還是歷經了好一陣子才有些微進展；沿著這條進路，我們逐漸發覺我們認爲正在研究的特殊問題——公司內模糊處境和解題任務所扮演的角色——和另一個更具普遍性的問題之間其實是相通的。這個普遍性的問題是：在網際網路之類的網路系統中，必須面對無法預知的損壞以及各種類型的使用需求，要如何才能存活並發揮功能？總括而言，就是它的強固性問題。

因應模糊

關於模糊性的問題，我們三人最後總算領悟到，它就是：嗯，**模糊不清的嘛**。你怎麼可能精確地定義出「模糊」的概念呢？尤其它的本質——一開始成爲問題的原因——是如此捉摸不定？但是，我們又一定得掌握住它，要不然就無法詳述一個組織型態何以能因應得比別的更好。我們決定採用的技巧是間接性的，藉由專注於其**效應**而非其起源來掌握這個概念。要在一個模糊不清的環境中解決複雜的問題，個體得透過和同一組織內其他問題解決者的資訊交換——知識、建議、專業技術和資源——來彌補彼此工作間相互依賴的有限知識，以及對未來的不確定性。換句話說，模糊情境迫使在工作有相互依賴關係的個體——亦即彼此具備與對方相關連的資訊或資源——進行溝通。而當環境變化速度加快時，問題的轉變也跟著加快，因此密集的溝通成為必然。

我們也可以說，因應環境長期模糊的問題其實就是分布性溝通的問題。一家拙於促進分布性溝通的公司，必然不擅於解決問題，也因此無法因應不確定的變動局面。所以我們的策略是將公司設想為**資訊處理的網路**，而網路的功用是在不使任何**個體**負荷過重的情況下，有效處理大量的資訊。就表面上來看，這樣的問題很類似本書前文提及的幾個例子。不論是談到疾病傳播或文化規範的蔓延，搜尋遙遠目標或在發生故障時恢復連結等等，許多網路的問題最後都歸結為連結系統中的資訊傳輸問題。

然而，此處的組織性網路和先前幾章提及的網路模型之間有個最大的不同點，那就是組織會展現出一種固有的階層特性。將公司視作垂直整合的階層體系雖然不夠完備，但並不代表它毫無關連。雖然我們認為，階層體系因應模糊和失敗的能力很差，但它卻是發揮控制管理的極佳結構。而控制管理仍然是商業公司和行政官僚的核心特性。每個人可能要向各自的主管報告事情，也可能在不同時間要向不同主管報告，但不管如何，即使在運作最流暢、最自由的新經濟型態公司，每一個人都還是會有個主管或老闆。

再者，階層的觀念不只侷限於公司內的人員組織。多數的大型產業組織——從豐田之類的工業集團到整經濟體結構——都被推斷帶有此種階層的觀念。甚至許多物理網路也是依階層原理設計而成（雖然我們後面會提到，它們並非**純粹**的階層體系）。例如網際網路，由大型集線器組成骨幹，其下依序爲各層較小的提供者，最後到無數的個人用戶。航空公司網路亦非常類似。所以儘管我們想要擺脫全然階層性的公司觀念，但是不可否認地，階層不僅是現代商業的固有性質，而且還相當重要。當前的網路模型，要不全盤忽略階層，要不獨獨吸納階層一物，於是我們等於又踏入了一個不見先人足跡的新範疇。

組織性網路和前面談論過的網路之間還有個不同點，那就是個人受限於他們所能做的工作量——這個限制，對於現代組織必須從事之生產與資訊處理任務都有非常嚴肅的意涵。從生產的立場來看，效率之提升需要組織設法約束其下工作者非關生產的活動。一種思考的方法是，網路連繫需要包括時間和精力的代價。由於個人所擁有的時間和精力都是有限的，所以一個人在工作場合的連結關係愈多，實際從事生產相關的工作就愈少。事實上，生產效能也正是階層觀念能夠主導經濟學說之公司觀點的原因。經由垂直整合，越來越多的層級產生，一個純粹的階層網路可以成長得相當龐大，但卻沒有任何一個人必須負責監督超過某一固定數量的直接下屬——這在經濟學上，稱爲「管理幅度」(the span of control) 的限制。

但是在以解決問題爲主要任務的組織內，個體不僅要監督其下屬單位，還要協調他們的活動。就此 (有點過度簡化) 觀點的世界，一位眞正的管理者在傳統生產導向的產業觀點中，並沒有實際「做」任何事情。我常常思考這個問題，尤其當我坐在往來波士頓和紐約之間的戴爾塔快速班機，傾聽一大堆主管和顧問用行動電話安排某項非常重要的會議。同步進行的緊急對話當中，我不禁納悶著：「這些傢伙究竟實際生產了什麼？」如果一個人所做的只是從一場會議衝到另一場會議，那他／她對於該組織的生產力到底能有什麼樣的貢獻呢？從資訊處理的觀點而言，答案是：管理者的首要工作不在生產，而在**協調**——於生產工作者之間充當資訊供應的喞筒。由此推想，所謂會議不過是個在不同部門間交換資訊的制度化手段，像年度會議、工作彙報和委員會議等——這些對旁觀者而言，似乎都是浪費時間而已（有時甚至參與者本身亦如此認爲）。可是，所有的喞筒，自然包括資訊喞筒，也有容量的限制。即使最有才幹、精力最充沛的管理者，在累倒之前也只能參加這麼多的會議，往返這麼多的地區，以及應付這麼多的資訊查詢。

所以，一個**強固**的資訊處理網路，不僅要分散生產的工作負荷，也要儘可能地平均分配**重新分佈**資訊的負擔，因而將處理資訊的能力推至極限卻又不致於損傷瓦解。至於階層架構，雖然能產生高效率的分布網路，但在重新分配時卻顯得相當無能。讓我們舉個例來說：設想組織中的每項活動都必須受到正式指揮體系的監督、協調和核准。理論上，這種嚴密的階層組織確實存在，軍隊可能算是最具代表性的範例。但是實際上，只要有任何模糊不清的因素涉入，則指揮體系隨即會爲了應付無止境的資訊和指導需求而飽和。如圖9-1中，從階層架構隨機挑選一個「源頭結點」（S），然後設想S點要傳送訊息給「目標結點」（T），可能是要求資訊或協助。在純粹的階層架構中，這樣的請求必須順著指揮鏈結逐步上傳，直到抵達「最低的共同上層結點」（A），然後再經由A點逐步下達至目標。要達到有效的傳遞，全賴指揮鏈結中每一結點完成其資訊處理的任務，但是並非每個點的負荷都是相同的。就如圖9-1所示，指揮鏈結愈高位置的結點，就有愈多成對的源頭／目標結點要經由它傳遞訊息，於是其資訊處理的負擔也愈重。在模糊不清的環境中運作純粹的階層體系，資訊處理的負荷將以非常不平均的方式分佈，除非進行一些調和的手段，否則整個階層架構將會瓦解。

在網際網路等物理性的資訊處理網路中，高階位置所增加的負擔可以靠著提昇相關伺服器和路由器的性能來彌補不足（雖然不見得可以完全達到的）。好比網際網路的骨幹路由器，處理能力遠超過從我們家中電腦至當地ＩＳＰ業者的連線，甚至也超過ＩＳＰ業者到骨幹之間的連線。其原因同樣可由圖9-1印證：數以百萬的個人用戶試圖沿著骨幹傳送訊息，但是相較之下很少數的用戶在分享ＩＳＰ連線（在圖9-1中，對S點而言，ＩＳＰ就是階層體系的直屬長官）。然而在組織性的網路中，人並無法以增加腦容量或速度的方式來應付更多的工作。當然，某些人比較努力或者比較有效率，但是這仍然不能比照電腦的案例，畢竟人類並不是可以**任意縮放**的。所以，若是問題解決的活動比率增加或甚至僅僅因爲組織的規模成長，則指揮鏈結增添的壓力勢必要由他種途徑加以緩和。

一個明顯的解決辦法是藉由創造捷徑繞過過度使用的結點，也就是利用新增的網路連結疏導擁塞。但是，建造和維護新的連結，必然會使個人減少生產的時間；因此無論擁塞或連接都

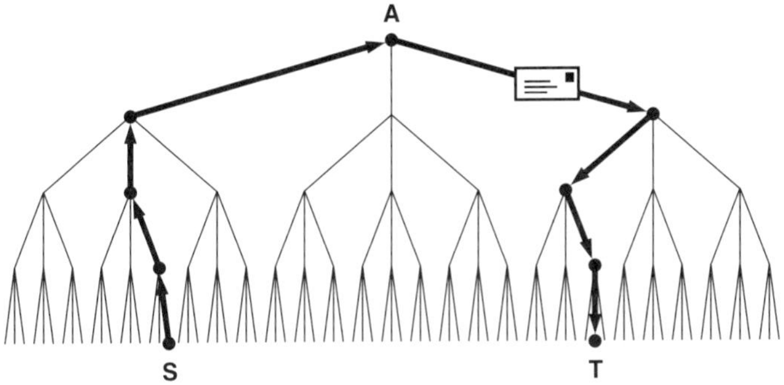

圖 9-1
在純粹的階層體系中，結點間的所有訊息傳送都必須沿著指揮鏈結上下移動，使得上層結點必須處理很多成對之下層結點的資訊。這裡，A點是S點（源頭）和T點（目標）之「最低的共同上層結點」。

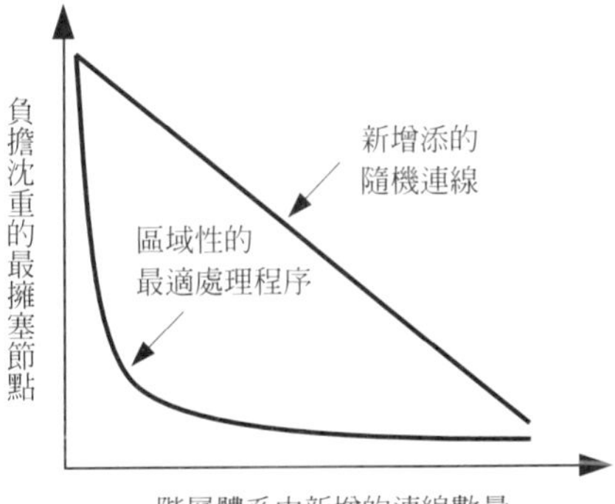

圖 9-2
在階層架構增加連接捷徑可減少最擁塞結點的負荷，但其效應端視該連結增加的方式。若連結是以隨機方式增加 (如圖的上方斜線)，則要增加許多連線才能產生顯著效果。但是若依圖9-3的方式增加，則只要增加少數的連線，就會有明顯的效果。

是要付出代價的。那麼，平衡兩者成本的最有效方法究竟爲何？在小世界網路的研究當中，史帝夫和我發現：每多一條捷徑就可以同時縮短好幾個遙遠結點間的路徑長度，因而有效減少許多中繼連結的擁塞。藉由結點平均分離度數的劇降，整個世界變小了，隨機捷徑似乎是個減少擁塞的有力工具。但這種全然的隨機方式仍有兩個大問題。首先，它沒有考慮到帶有階級色彩的階層架構。其次，在允許以捷徑縮短許多結點距離的同時，它假設了這些捷徑擁有無限傳輸資料的能力。然而，如同前面所強調的，組織中的個人有能力上的限制，所以每條連接所能抒解擁塞的程度也有限制。上述結果可參見圖9-2：上方斜線呈現出隨機增加之連線對於最擁塞的結點只能很緩慢地減少其負荷，也因此難以避免失效現象的發生。單單因爲世界變小，不必然會更有效率或更強固。

多重比例的網路

如果一律以隨機方式增加連線並非舒緩資訊擁塞的最好辦法，那最好的方法是什麼呢？通常這很難回答，因爲它需要在區域容量限制和總體（整個系統）性能表現之間取得平衡。幸好階層架構的分層特性可以產生一種簡單的區域性策略，而且非常讓人驚訝地，這種方式很接近最理想的狀態（如圖9-3所示）。因爲模型中所有資訊處理程序是由結點傳遞訊息給緊鄰點而產生，所以如果要大幅減輕某一特定結點的負擔，合理的方法是將其傳送訊息最多的兩個鄰點

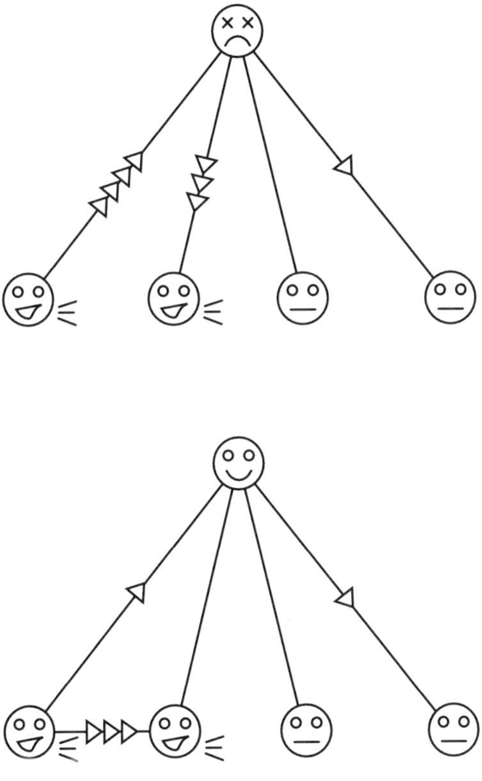

圖 9-3
區域性的最適處理程序。爲了舒解最擁塞的結點，可以在它流通訊息量最大的兩個鄰點之間增添一條連線（訊息量的多寡以箭頭數代表）。

連結起來。這是一種純粹區域性的策略，能否因此而讓整體的擁塞現象有效抒解並不清楚；畢竟這些訊息並未被排除，只不過繞道而行罷了，所以你可能會猜想，更糟的擁塞情況將出現在系統的另一個地方。但是我們要知道，這種策略永遠會選擇最擁擠的結點設法抒解（如圖9-3所示），再加上與之相連的結點原本就會處理這些訊息，因此整體的擁塞定能得到舒緩，而且不致於增加任何個體的負荷。

如圖9-2的底部曲線所示，如果依照區域性的簡單處理程序增添連線，在多種環境條件下，似乎都能有效舒緩資訊的擁塞，其表現遠超過單純的隨機進路。但是在處理過程中，到底會產生何種精確的網路結構，端視因環境所導致之問題形態。如果問題的解決僅屬區域性，譬如僅是同一工作團隊中的成員互傳訊息，或是訂戶相對於同一個ＩＳＰ，則擁塞情況可藉由「形成處理團隊」（team building）的方式加以舒緩。對屬下鉅細靡遺的管理者，每次只要下級群組一遇到難題，他／她就會發現自己操勞過度。而區域性解決的方法，就是讓團隊成員在沒有直接督導的狀況下一起工作——多少像是圖9-3所描繪的樣式。這種區域性變化會對總體圖像產生圖9-4顯示的結果：各層級皆出現獨立運作的區域團隊（成員擁有共同的直屬上司）。

另一個極端情況是，訊息只傳遞在兩兩相隔遙遠的個體之間（例如隸屬公司的不同部門），於是幾乎所有負荷都落在階層中的頂端位置。如圖9-5所示，網路架構約略可分爲兩大類：類似指揮總部或中央處理單元的密集相連**核心**，以及由生產結點組成之完全分散的**外圍**區域。在

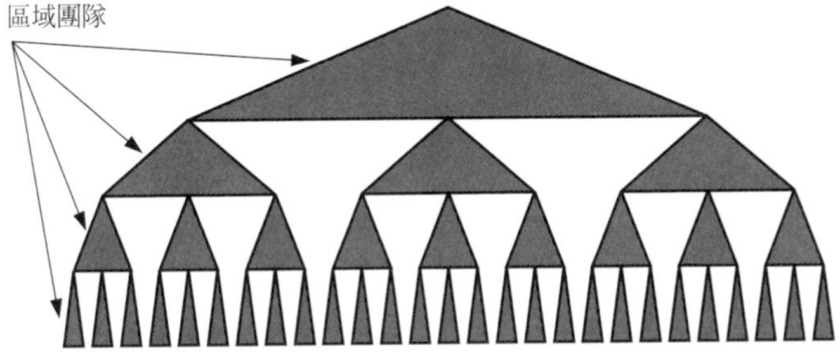

圖 9-4
當訊息傳送爲純粹區域性的，最適切的網路架構是由各層級的區域團隊所組成。

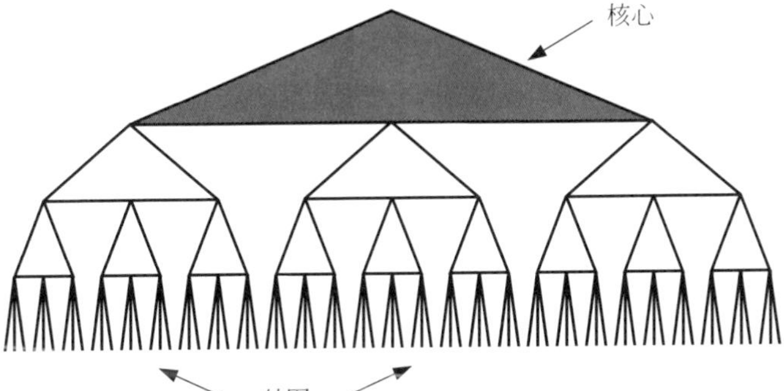

圖 9-5
當訊息傳送是純然整體性的，擁塞現象會集中在階層的頂端，於是造就出由資訊管理者組成的密集連結之核心階級，以及由專業生產人員組成的階層外圍群組。

必須處理大量資訊查詢的情況下，核心必須橫跨多個層級，並且同時需要垂直和水平的連結。在核心中的每個人，都要支援其他人以免因外來壓力所累垮；因此階層的隸屬關係不再發生作用。於是，這種模型造就了「資訊管理者」的獨特階級。他們有點像是戴爾塔班機上遇見的那些經理人員，把全部時間用來處理生產導向工作者的資訊請求。因爲他們的主要工作是正確地引導訊息，所以彼此之間需要保持高度的連繫（這就是爲什麼非得參加那麼多的會議不可）。

雖然這是一個很極端的例子，以至於對人類組織而言不太適用，但是這種核心—外圍的架構確實有些類似於像航空網路或郵務系統的混合式分佈／再分佈網路。兩種系統都包含密集連結的核心，乘客與郵件在此被重新分佈，並進而擴展爲一種樹狀分佈系統。拿美國的航空網路爲例，你可以從任何轉運中樞直接飛至幾乎任何一個其他的轉運中樞；所以我們可以說，這些樞紐點形成了網路的核心。而每一個轉運中樞也都有其各自的區域網路，由第二級或第三級的機場所組成，用以接收或分送乘客。美國郵務系統在某種程度上也算是某種分佈系統，從許多小型集散點（小郵局或郵筒等等）收集郵件，再依序分送至個人家庭或公司。它也同時稱得上是種再分佈系統。然而，它的再分佈功能大幅脫離其分佈功能，原則上僅發生在重要大型郵局和交換中心之間。

同樣地，這種核心—外圍結構也可在網際網路的世界中發現（只是程度較低）：它的架構包含一個相當密集的骨幹結構，有許多獨立的路由器在內部相連，並以樹狀結構向下延展，連接至更多的區域服務提供商，然後再下達個人使用戶的層級（好像樹幹一直分枝到樹葉紋脈爲止）。雖然不若航空網路那麼清楚，眞實網際網路和核心－外圍模型的相似性亦有其道理：大量的資訊交換發生在廣泛的分散使用者之間（而不侷限在同一個ISP之下的使用者間），於是資訊重分佈的負擔都集中在骨幹。

然而，現代商業和公共部門的組織，正面臨一種遠比純粹區域或純粹總體更複雜的模糊狀態。再者，此處結點所代表的是個人，而不是路由器或辦公室，因此像分佈／再分佈之類的簡單劃分並不足以應用。眞正的模糊，不論組織規模大小，似乎必定會造成尋求解決問題、隨後促使溝通。基本上，即使在快速變化和複雜的環境中，個體進行的大量解決問題活動多發生於區域性規模——亦即與其直接相關的同事者。然而常見的問題很少突然出現在一般的基礎上，像之前所提到本田的案例則需要更進一步搜尋相關的資料與消息。通常在同一部門不太需要去找到另一不同團隊。但是當我們再來看豐田集團的例子，則發現他們的搜尋活動遠超出相同的部門，或同一單位，甚至超越於公司之外，搜尋的頻率或許會因範圍擴大的減低，但絕不會完全消失。

本質上，我們的結果顯示，當一個組織需要同時以多種規模進行資訊處理的同時，足以承受負荷的網路架構應該也是要以多重規模來連結的。雖然兩個體因爲可能擁有相關彼此生產所需的資訊，而減低在階層中分離程度，依賴度也可能提高。就像在社會網路，組織中有許許多

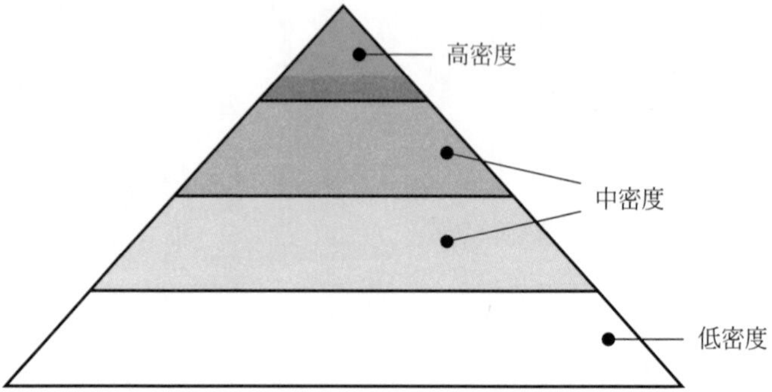

圖 9-6

當訊息以各種規模傳遞時，多重比例的網路是必須的。深淺不一之黑影區反映出下降的連結密度及逐步升高的階層深度。

多其他人是遠離你多於接近你。其結果類似於第五章中，克雷伯格所觀察到的，大量的資訊流竄在階層裡各個不同層面。因而不只在區域團隊規模才需要旁通路徑（如圖9-4），在所有層級和規模都有需要。但是因爲階層架構習於將資訊集中於梯型上層處理，因而訊息傳遞的分佈和衍生旁通連接的分佈情況並不會相符。

這種直覺圖像很類似圖9-6所示。上層不再是個單一而是度相連的核心，於是現在我們得以將連結拓延至整個階層體系。但是不像圖9-4所表示的純粹區域團隊，被設計用來在眞正模稜兩可環境中運作的組織，仍必須維持著各種規模的「團隊」。在階層的底部，個體較常接受訊息而不是傳遞訊息；因此旁通路徑的需求較低。在此同時，兩個遠距結點間的訊息傳遞，則要由階層中的較上層來處理，經理不但需要與同儕們互動交流，還要進行垂直層面的互動。其結果是所謂「梅塔團隊」的出現——一種分散的團體，其連結密度度既不如圖9-4的團隊也沒有圖9-5的核心那麼密集，但卻已經足以分散跨層面的資料處理所生的負荷，而毋需集中至一處。(圖9-6：當訊息傳遞以各種規模發生時，就需要多層面的網路。越深灰階反應著在階層中聯繫密度逐漸降低但深入的層面)

這種**多重比例連結**的直接結果就是，所謂知識經理人和生產工人之間的界線逐漸模糊。雖然其傾向仍保持著處理活動越多（以單純生產的開支）則其個體在階層的位置也越高。當組織中的各層面都在處理資訊，每個人或多或少都會牽涉其中。對這角色區分瓦解的解釋是，在眞正模糊的環境中，沒有人**確切**知道自己要做的是什麼，或是要怎麼去做，解決問題的活動變成不能從生產工作本身去完成。於是實際上每個人都必須要身兼兩職。

從災難中復原

就像模糊，組織的失能會有各種的型態和規模——人員患病、廠房失火、電腦當機，和大量員工必須被裁減等等。有時災難來自外界，有時則發自內部。有時，則像愛新危機，兩者皆是——火災可視爲自然災害，但是其重要性則因愛新特有的剎車閥門產品和豐田的即時庫存系統而擴大。然而不論其源頭如何，所有災難共同的特點是在原本是個完整的工作系統中，有部份功能失效了。基本上以長期而言，失去能力的部份理當設法修復、汰換，或藉著永遠將其功能分攤至其他單位來取代之。但是步調快速的商業社會，和許多像是動力網柵及網際網路等眞實網路環境，以長跑方式生存是不足以生存的——首先，系統必須先要以短跑方式生存。

像我們所看的豐田—愛新危機，所有故障的結果導致解決問題和資訊分享的比率以驚人程度上揚。而當不可或缺的資源已經喪失之時，在剩下資源中最易取得的，就是組織所能擁有最重要的資產。因此以網路術語來說，在短期中從災難中生存的關鍵就是：設法維持網路的整體連結以避免引起更進一步的失能。這種構思問題的方式將我們拉回了熟悉的領域——分類。以網路連結的術語來說，系統的強固特性本質上是個解決手段，這是由巴拉巴西和亞伯特所提出，經過鄧肯・卡拉威潤飾，用以研究像網際網路這類網路的強固性。延伸至此，一切都相當熟悉。但是所有的結果都基於一種假設：現今我們擁有的網路都是隨機的，而當然我們已不再討論隨機網路了。

階層架構，你已經可以想像它在失能時所能表現的恐怖狀況。基於相同理由，階層架構同樣易於因擁塞而失能（因爲過度依賴集中式運作），如果階層中頂部的結點不能工作了，隨即就會將網路切割成互相孤立的數塊區域。而這正是需要以多重規模連結方式的理由，因爲在多重規模連結的網路中，不再有任何「極關鍵」的結點，因爲它的失效會導致網路無法連結。而且因多重規模連結的網路，其分散式設計不只及於團隊小組的層面，也達到更大的層級規模，所以也能承受更嚴重的災害，譬如將某個團隊整個抽離。其本上，我們甚至可以從一個多重規模連結的網路中，拿掉任何大小的一整區團隊而不影響網的連接，因而只要網路內資源沒有完全被破壞就仍然可以取得。

因此，多重規模連接爲不明確環境中公司的表現，貢獻了不只一種而是兩種好處。隨著解決問題將資訊擁塞分散至跨組織層面，失效的可能性被降至最低。就算失效發生了，也能**同時**將其效應降到最小。多重規模網路因而可以滿足在第八章末所提出建議的情況：眞正的強固不只是避免失敗的議題，還是儘可能減少進一步損失以求生存的關鍵。因爲多重規模網路具備這種買一送一的強固性質，所以我們稱它爲**特強固**。

這種特強固的性質似乎太過完美而不眞實，但它確實有其道理。概念發展的關鍵在於例行性的或例外的問題解決能力本質上是相關聯的。一般的模糊——即不確定明天的世界將會帶給你什麼——促成了一般的問題解析活動。例行的問題解析所在重要結點之產生的資訊擁塞現象，將激起旁通路徑的製造以舒緩擁塞。當資訊在組織內以各種規模被分散傳輸，旁通路徑也以各種規模被建立起來。一旦它們存在，這些多重規模連結網就擁有特殊的性質，即使遇到大型失能事故仍能維持著網路的連結。因而這種對外來衝擊的衍生反彈，是個體根據日常基礎形成區域對應機制，**無意間**造成的結果。

對災難復原的另一種想法是，相對公司每天所要面對的例行問題，災難復原算是一種比較戲劇性的問題解析活動，兩者在基礎上並無不同。因而特強固性質與應付模糊相比，在所有現象上並無特殊之處。有些模糊是日常都會遭遇到的，有些則是極端的——就像豐田－愛新危機。但不論如何，所有個體都面臨到必須以最快速度來解決不熟悉問題的處境。因而處理某個問題的一般應付機制也適用於另一個問題。創新、錯誤修正，和災難復原在本質上都是反應模稜兩可的各種版本。

從這個方向來看，豐田集團能夠僥倖復原，縱然不是全然計劃好的，也不全然都是運氣好的關係。許多人突然發現自己面臨未曾想像過的狀況，而且可能也沒想到得要自己去解決。但是在別無選擇必須去處理這種重大轉變的情況下，他們終究解決了，共同展現出不曾知道的組織能力。但是他們**確實**有此能力——而且不單純是在要求之下達到的。豐田集團的工人在面對重大危機時表現卓越，然而他們並非超人。確切來說，這次的災難不過是他們在日常遭遇問題的放大版而已。

在最後的分析，模糊仍存有模稜兩可的特性，但是現在已經我們可定義而且可瞭解的。一方面，長期的模糊環境是許多公司的問題根源，因爲它會持續擾亂例行已知程序，使現有解答過時而不再適用。在另一方面，藉由將解決問題成爲例行公事，並迫使組織建立足以應付處理大量資訊，而不至失效的架構，日常的模糊也可能是公司的最佳伙伴。從應付每天的模稜兩可，公司發展出遭遇未預期災難時的自救能力。例行的問題解析，不旦平衡了組織中每個人資訊處理的負荷，還建立了能夠處理未知問題的環境。

公司藉強固性的產生，來應付日常模糊的精確**機制**迄今仍是未解的謎題，但是在我們第五章所遇到網路搜尋能力的性質上，它似乎帶著更深層的相似。就我們所遭遇的程度上，其機制如以下所述。爲了控制問題，公司嘗試以階層的原則規劃本身設計。但是在模糊的環境中，因解決問題所導致的資訊擁塞造成個人——特別是位在階層頂端的——負擔過重。這些個體的區域反應是，指示其直接下屬藉由引導搜尋自己去解決問題。

在缺乏組織知識和資源的中央指導之下，這些下屬只得依賴自己在公司內的非正式聯繫關係（也可能是和其他公司），以找到相關的資訊。如我們在第五章中所知，這種社會式搜尋的策略是有效的；所以有時候，即使尋找的人本身並不確切知道方法的原理和成因卻也能成功。階層的功能和結構現在發生了變化。管理鏈現在不僅僅獎勵生產的表現，也獎勵搜尋的表現，所以個人不但有能力找到相關資訊（潛在的能力），還有誘因。直接的結果就是公司的內部架構因爲新連結的優點被推離純粹階層的方向，而新連結是因許許多多重複的搜尋動作而形成並也因而穩固。

基於很簡單的理由，此過程的均衡狀態必是個多重規模的網路，因爲只有當網路以跨越多重規模的方式連結時，個別的擁塞——因產生壓力而去製造新的連結——才得到釋放。如同我們在第五章所看到的，多重規模存在的連繫使得網路有高度的可被搜尋性，所以多重規模網路變得會自我強化。當大難臨頭時，網路所俱備的可被搜尋性和擁塞抒解性質顯得像是意外得來的，但其實是在長期模糊的環境中，區域性則爲反應日常問題的一種自然結果。

因此，在可被搜尋性和強固性之間的關係是相當微妙的，是基於社會學動機的網路分散搜尋與強．克萊恩柏格的解釋間的中間狀態。克萊恩柏格解答的**設計**全然是基於工程師即使憑著亂畫也能設計出電路版的感覺，眞實組織的演變則主要是有根據的決定和個人搜尋之結果。但是不像純粹的社會網路，組織也不會全然不自主地演變。階層，事實上對公司的內部組織來說，就像是被設計好的解決方案。它對於解決模糊的存在並無法完美回應，但是如我們所曾見到，經過適當的修改後仍能在廣泛的領域表現得很好。

於是現代的商業公司，極力開發潛伏於非正式社會網路中的分散搜尋能力，以利用其刺激階層中固有的結構。雖然我們仍不完全瞭解問題，但這似乎是個很好的策略，可以打造一個俱備解決複雜問題的組織，訓練個人在面對模稜兩可時，要善用自己的社會網路，而不是強迫他們依靠建造、投身於集中式設計的問題解決工具和資料庫。這種方法的最大回報是，當瞭解到個人進行交際性的搜尋時，我們得以期望因此設計出更有效率的**程序**，而能憑藉以建立堅固的組織，毋需指定組織架構本身的精確細節。

10 濫觴之末

曼哈頓島——長二十哩，最寬處不超過五哩，和我們壯麗的世界相比，或許只是一個小斑點；但它卻是哈德遜河流進北大西洋入海口的一顆寶石。再靠近一點看，曼哈頓島更像是個人聲鼎沸的遊樂場；除了一百五十萬的固定人口之外，每天更有數百萬的人在其中活動。高譚（譯按：Gotham，紐約市別名），這個典型的大都會，百年來似乎都不曾沈睡過。

然而，若是從科學的觀點來看曼哈頓，它其實像個解不開的謎團。即使是在平日，活動其中的數百萬人經由私人活動或商業行為，生產與耗用數量驚人的各種東西——食物、水、電、天然氣，以及多種物料，從包裝材料到鋼樑甚至義大利的時尚服裝。此外，人們亦丟棄大量廢棄物如垃圾、可回收物、污泥和廢水等；收集人類釋放的大量原始熱能，他們甚至創造了自己的小型氣候型態。但是城市並無法在其境內製造或囤積所有賴以維持其運作的物資，甚至也無法滿足廢棄物處理的需求。曼哈頓的飲用水來自北方兩個小時車程遠的卡特斯基爾山（Catskill

Mountains）自來水廠，電力供應來自更遠的中西部，而食物則由來自全國各地的卡車載入，或是以海運從世界各國運抵。另一方面，數十年來曼哈頓的垃圾都是利用大型駁船運送至鄰近的史達登島（Staten Island）之弗萊遜基爾斯（Fresh Kills）人造島上傾倒——這個龐大的人造島是人類可以從外太空看到的兩個人爲建築之一（另一個則是中國的萬里長城）。

因此，換個方式來看曼哈頓，它就像是各式湍流的交會處，激盪出旋渦匯集了人才、資源、金錢和權勢。一旦這些湍流停止了，即使只是片刻，這個城市馬上可能因爲缺乏營養或是被自己的排泄物阻塞，而面臨死亡危機。市內食品雜貨店的庫存只夠應付市民的一日所需（不包括餐飲業）。垃圾只要有一段時間沒有清理，立刻就會在街頭堆積起來。經歷一九七七年的停電大災難之後，沒有人能想像如果最近再次停電數小時，混亂將會達到什麼樣的程度。紐約客向來以魯莽的自信心著稱，即使在難過的時刻，仍能給人潛力十足的印象。但事實上，紐約人已成爲這種便利都市生活的俘虜：從地鐵到自行車快遞員，從水龍頭下的自來水到電力推動的電梯，每一天都必須依賴一個巨大而複雜的基層架構能繼續保有強固的表現，否則生活中的任何一件瑣事——吃、喝、通勤等都會變成極端的不便。

如果這個基層架構突然發生故障，甚至只是一小部份失能，將會造成什麼樣的結果呢？它可以停止運作嗎？在什麼職位的人必須確保不會發生故障？**換句話說，是誰在負責的呢**？就像許多簡單的問題一樣，這個問題有個很複雜的答案，但是簡而言之，**就是沒有人**。事實上，並沒有一個這樣的基層架構需要被負責。目前存在的是一個拜占庭式的雜亂重疊網路、組織、系統和統治結構，混雜著私有和公有的、經濟學、政治學和社群。僅是載運人們進出曼哈頓各地的商業交通工具，就至少包括有四條不同的鐵路運輸，地鐵系統，成打的公車公司，及數千輛的計程車。另外，還有港務局管轄的數條橋樑和隧道，其銜接著數千里的公路和高速公路，好讓幾百萬輛的私家汽車每天可以順暢地進出這個小島。食物和郵件的運送管道則更加鬆散，上百家的貨運公司每天二十四小時，一週七天，不停歇地傾注數千輛載著貨品的卡車、貨車，甚至是腳踏車進入曼哈頓街頭穿梭。

這是個極其複雜，讓人迷惑，甚至是不可能存在的系統，沒一個單獨實體負責協調，也沒有人眞正瞭解這個系統。然而，當你每天凌晨兩點走到家中附近的小吃店，想要挑選你最喜歡口味的班・傑利（Ben & Jerry）冰淇淋時；冰淇淋就在那裡，就是會有人定期地將裝著最新口味冰淇淋的鐵桶，擺在閃亮的架上陳售。這就是曼哈頓居民理所當然面對的生活，而其能持續運作眞的是一項奇蹟。而且如果這種想法不會擾亂他們平靜的想法，那就眞的是項奇蹟。若是我們應該從前面的章節中學到一件事：那就是複雜的連結系統在面對災難時，所展現出的有時是極大的強固性，有實則為令人震驚的脆弱性。而且如果這個複雜的系統是個龐大、人口稠密、高度發展的城市，對數百萬人生計極為重要，甚至還是世界超強的經濟中心；那麼我們思索其弱點的行為就不能算是毫無根據的推測了。所以，到底曼哈頓有多堅強？

九一一

經過了二〇〇一年九月十一日星期二那天，我想我們開始瞭解了。在那恐怖的一天中所發生的許多事件，都已經從社會、經濟和政治的緊緊糾纏關係中，毫無遺漏地被仔細分析過。但我們仍有理由重新審視這個悲觀的脈絡，因爲它描繪出很多我們遭遇到的兩難困境——例如：連結系統間到底如何在瞬間能變成強固和脆弱；看來遠處發生的事件爲何比我們想像的來得事關緊要；然而，在此同時，我們如何又能對附近發生的事件如此疏離；還有，例行程序會如何協助我們處理意外狀況。九一一攻擊事件以一種只有眞實災難才可能的方式，揭露出在現代生活的複雜結構中所隱藏的連結性。從此觀點來看，我們還有待學習。

單純從基層架構的角度來看，攻擊事件實際上的影響可能更糟。不像核彈爆炸或是從空中撒佈生化戰劑，九一一攻擊事件的地點算是頗爲局部化，甚至多少可說是孤立於城市的其他區域。例如，交會於世界貿易中心的交通幹線，和時代廣場或中央車站比起來，數量算是相當少。不過，兩座大樓的倒塌還是產生強烈的爆炸——掩埋了街道，砸毀地鐵隧道，而且破壞了紐約市一家主要的電子電信中心——西街一四〇號的維奇隆大樓。大部份的損毀將要花上數年的工夫才能修復，而其費用預估要高達好幾十億美元。

然而，在那個星期二，實體損毀所產生最大的影響是，它造成一種嚴重的**組織**危機。位在世界貿易大樓的市長緊急指揮中心，隨著兩座大樓倒塌而消失，到了十點的時候，臨近警區指揮中心的電話全數中斷，然後是所有手機、電子郵件和傳真服務。面對這樣一個毫無預警、史無前例的大災難，加上得不到任何可靠訊息，以及後續攻擊的威脅醞釀擴大，紐約市卻無法在同一時間協調兩大重要體系——救難和保防。即便救難行動在攻擊後不到一小時內展開，眞正被設計用來處理危機的公共機制卻仍處失序的狀態。

但是他們做到了。在這種情況下，卻產生一種有序的反應。市長辦公室、警方和消防隊、港務局、多所州立或聯邦的緊急救難所、多家醫院、上百間的公司行號等，甚至數千名建築工人和義工，在二十四小時內將原本像是戰區的下曼哈頓，轉變成一個重建災區。而紐約的其他區域，所有活動卻還是都繼續正常進行，想起來頗爲詭異。電力照常供應，火車照常行駛，而且一旦北上到哥倫比亞區（Columbia），你仍然可以在百老匯吃一頓豐盛的午餐。在安全顧慮而全島封閉的情況下，位在損毀區域之外的民衆當晚幾乎都順利回到家，而貨品的供應和垃圾的收集也在第二天便幾乎回復到正常。警察仍舊在街上巡邏，消防局——即使在短短一小時內耗損了兩倍於全國正常一年內損失的人手——還是回應每個接到的警報。那個晚上，朋友相約在酒吧看電視聽總統的演講時，室內還是像平日一樣擠滿了人，第二天大夥也是一樣照例上工。生活的例行公事仍堅持著照常進行，事實上，有許多紐約人因爲自覺得沒有受到**太大**影響而心懷罪惡。

星期五，島上南區的隔離封鎖線從第十四街再向南撤退到運河。等到隔週的星期一，也就是九月十七日，市中心的許多店家已準備重新開張，甚至金融業在人員和財產均蒙受如此大的衝擊之下，證券交易中心也要重新開始營運。在曼哈頓、布魯克林，和紐澤西或康乃迪克的私人家中、共用的辦公室內，甚至借用的地板上，許多公司分散重組，努力重新規劃人力，搶救半毀伺服器中的資料，搭建應急的臨時通訊系統，不但要盡全力克服困難，還要彌補遭遇不幸的同事。

摩根史坦利（Morgan Stanley）有三千五百名員工在世貿大樓的南塔工作，不可思議地，在攻擊事件中沒有損失任何一個人，但是仍要設法在短短數天內解決數千人辦公地點的問題，而在那個時候公司甚至無法確實掌握生還員工的人數！其他許多或大或小的公司，也面臨同樣的困境。例如另一家公司，美林集團就位在世界金融中心的對街，雖然辦公室並未遭到任何損失，但是仍得想辦法安置數千名的員工在別的地方辦公至少半年，直到他們得到允准再進入原公司大樓爲止。據我所知，至少有十萬名以上的人口在那個星期一必須要到新地點辦公。即使是組織本就適合此類操演的陸軍，要在一個星期內完成一支如此龐大規模部隊的部署也是幾乎無法達成的。然而就在星期一早上九點半，就在世界似乎走到盡頭的六天後，紐約股票交易中心的開盤鐘聲再度響起。

至於在豐田—愛新危機中，所有關聯到重建計畫的公司和政府部門，當然都有相當強烈的動機——經濟的、社會的和政治的——來推動他們的行爲。但就如第九章所指出的，在短時間內，即使是最強烈的動機也不足以產生有效的反應——那種反應的力量必須已經存在。就豐田集團方面，從災難中重建的能力並沒有人曾認眞地計畫。事實上，這類設計是**會**列入考慮的——例如市長緊急指揮中心——它完全沒有用，但至少不是永遠無效。再者，當災難發生當時，也沒有足夠時間讓所有相關的單位，從其中學到應有的知識。因此當系統得以恢復如此迅速，不論如何，必定是已有某種機制預先存在，而且曾經爲了別種目的而演化。

在九一一事件幾個月後，我從一位女士那兒聽到一個故事，這位女士在坎特・費茲吉拉德(Cantor Fitzgerald) 債券交易公司工作——這家公司原本有近千名員工，但是世貿大樓北塔的倒塌，使其損失了至少七百位。然而倖免於難的員工，無視（或許因爲）本身所受的重大創傷，在第二天全體決定要讓公司重新營業——這項驚人的決定意味著他們必須跨越許多令人氣餒的障礙。首先，不像股票市場，固定收益市場尚未關閉，而且其運作並非基於股票的交換，所以如果坎特・費茲吉拉德公司想要生存下去，必須在接下去的四十八小時內開始營運。其次，當他們小心翼翼地準備從備份系統回存所有電腦和資料庫檔案時，發生一件他們沒有預期到的狀況——**每台電腦的密碼持有者都已不幸喪生**。事實告訴他們，如果沒有人知道密碼，即使存在電腦中的資料是完整無缺的，也形同已經損失，至少在兩天的時限是如此。

結果他們的做法是——大家聚在一起，努力回想和同事間所有相關的細節，曾經做過的事，曾經去過的地方，以及任何曾在衆人之間發生的事。**然後，根據這些去猜測密碼**。這個故事似乎難以令人相信，但它們確實發生。而且這個故事以很戲劇化的方式，勾勒出上一章所強調的重點——災難後的重建並不見得是照我們預想的步調進行，也不能在災難發生當時以中央控管式進行協調。以市長緊急指揮中心或是更早先的愛新公司爲例，在現實的災難案例中，控管中心是全系統第一個遭到破壞的部份。而在系統的回復案例中，坎特·費茲吉拉德公司則必須依賴聯繫之前預先設立的分散系統，和日常的例行程序，將組織以任何一種規模結合起來。

在有關描述紐約市中心的強韌性時，最叫人注意的是無論是人們、公司和公家單位所使用的倖存和恢復機制都不是那麼起眼的。畢竟，裝在市長緊急指揮中心裡，那些令人眩目的電子設備都已被破壞，而通訊的重任則全數落在警方僅存的無線電系統，和部份在市區往來遞送文件的專車。而雖然沒有明確的指示，但是醫療人員、建築工人、休假的消防隊員和志工們就這麼出現，而且在現場很快地相互配合，具體形成一種固定程序來進行工作，沒有依照任何事先設計的程序。而坎特·費茲吉拉德公司四散的倖存員工，則逐一拜訪所有員工的家來找到其他的人。在餘波盪漾之際，有件事值得記住，沒有人知道發生什麼事——部隊不知道，將軍也不知道——也沒有人知道自己該要如何反應。結果，大家就只能做一件事——照著例行公事進行，並且竭盡全力，適應詭譎多變的環境。但在某些狀況，這種策略也可能造成悲劇——例如，衝進樓梯間而遭遇厄運的消防隊員也是照著慣例行動。不過大部份的情況下都可以出現令人驚訝的好成果。「平民英雄」這個讚詞在九一一之後那個月中一再地出現，但是如果以組織的觀點來看，我們應該可以從災難重建的努力學到，所有的特例也終將歸於慣例。

然而六個月後，同樣的系統卻顯現出脆弱的一面，涵蓋層面包括每一種行業，從保險到健保、運輸、娛樂、旅遊、零售、建築甚至金融業，都感受到攻擊事件的負面影響。許多位於曼哈頓中心的餐廳在連續幾天甚至幾個禮拜被迫關門休息後，幾乎接著隨即結束營業。好幾個百老匯的表演也在觀衆日益減少的困境下被迫下檔。在一個月裡，有上千名金融業的從業人員被裁員，而倖存的人也被迫取消年終獎金，因而其年薪至少縮水成原來的75%。雖然金融業只佔紐約全市工作總數的2%，但卻產生全市至少20%以上的收益。所以裁減的強度可能會反撲至全島。影響層面不僅是零售和仲介，甚至是用在清潔街道，維持地鐵安全和環境維護等公共稅收。

更糟的是，許多金融界業者之所以將公司設在曼哈頓中心，就是因爲許多其他同行業者已經在那裡。差不多近十年來，金融業的交易行爲已逐漸轉爲電子化，實體交易的方式越來越不適用，有些業者已經開始移出。如今貿易中心已不存在，許多業者**同時**面臨重新安置辦公地點的決擇，這樣的轉移將會變成一種大逃竄。若是情況眞是如此發展，許多原本紐約市賴以爲生的相關稅收將轉移至別處，使其退步到一九七〇年代時的蕭條景況。還沒有人能想像這種恐怖情景的可能性，有很多較樂觀的替代想法曾被提出。重點並非要進行獨特的預測，還要突顯這個城市是一種難以預期甚至難以指引的方式互相連結著。

這種連結，當然不是終止於哈德遜河。攻擊事件的影響感覺上已達到全國層面。米德威航空（Midway，總公司設在北卡羅萊納）在攻擊事件當天即宣佈破產，而且一週後，幾乎所有國內航空業者都表示面臨財務危機，十萬名以上的航空從業人員被暫時停職。全國的景氣已瀕臨大蕭條邊緣，如果投資人繼續逃往國外，而國內消費者繼續緊縮支出，眼看著經濟即將崩潰。雖然目前景氣正呈現緩慢的回昇而且看來不太可能再變糟，可是間接的傷害還是很明顯。在經過慘淡的耶誕節假期之後，美國最大的零售商之一，凱馬特提出破產保護的申請，留下成堆未償清債務，而這些債務還可能牽動更多下游債權人廠商的破產。

從以上的案例，我們究竟得到什麼樣的結論？九一一攻擊事件所造成的傷害是否比策動者所期望的大還是要小？整個系統是否反應出足夠的韌度？或是反而暴露出內在的弱點？在數個星期後，紐約時報刊登一則發人省思但讓人感到挫折的專欄，作者是經濟學家保羅・克魯曼（Paul Krugman），他在專欄中闡述自己對攻擊事件如何衝擊美國逐漸衰弱的經濟的觀點。一如往常，克魯曼的論點還是如此清晰完美，理智而令人激賞。但是實際上他所要表達的是「有很多好的理由解釋，美國的經濟在可見的未來會從谷底反彈並逐漸好轉，也有同樣多合理的理由說明，何以美國的經濟會陷入長期的不景氣。」他不想說自己不知道將會發生什麼事（其實他那極有技巧的兩面說詞，讓他不論結果爲何都可以宣稱自己預測正確），但是很明顯地，他眞的不知道。

克魯曼可說是當代最棒的經濟學家之一，尤其特別擅長解釋現實經濟現象。因此，如果連克魯曼和他的同儕都不瞭解複雜的經濟系統究竟是如何反應強大的衝擊，那更遑論其他人了。

到底有什麼是網路科學能告訴我們，而克魯曼不能的？說實話，很不幸，並不太多。有一點要認清的是，雖然經過五十年的過濾焠鍊，網路科學仍然還只是處於起步階段。如果以建築工程來比喻，我們現在還在研究力學法則，和解析物體彎曲、延展、破碎等物理特性的方程式。而專業工程師所要用到的那種實用知識——各種表格、手冊、電腦設計包件，和經過密集測試的實用步驟等——都還在遙遠的水平線另一端。不過網路科學提供我們另一種新的方法，來思考平常熟悉的問題，而且已經產生一些令人驚訝的洞悉力。

連結時代的訓示

首先，網路科學已經告訴我們，距離是虛幻的。在世界另一端的人，就算與你沒有什麼共通點，也能經由網路中短暫的鏈結彼此連結——只需**六度**的連結——這種天涯若比鄰的相貌吸引著一代又一代的人們。其原因，如同我們在第三章所看到的，源自於社會連結能夠長距離延伸的存在，以及僅需少數連結就能對全世界連結產生重大衝擊的事實。當我們看到第五章時，長距離連結的起源，在於社會認同多維度面的本質之中——我們傾向和類似自己的人在一起，但在相同之中又有多重與獨立的風格。而且因爲我們不只很清楚地知道誰是朋友，也很瞭解他們是什麼樣的人，所以縱使是很大型的網路，只透過少許的連結也能悠遊其中。

但是即使人和人之間的連結之存在著六度分離，那又如何？到底六度分離有多遠？從尋找工作、居家環境，或要希望受邀至某團體的觀點來看，任何超出朋友的朋友這種關係，都被可被視爲陌生人。所以考慮到可動用的聯繫資源或影響力，任何超過兩度的分離也許和一千度並無二致。我們或許可以連結，但並不因此使我們比較不像不相干的人，也不見得我們就必須要走出超越定義個人生活的小群組。終究，我們都有自己的負擔要承受，如果還要花精神去擔心遙遠處的他人，結果只會把自己逼瘋罷了。

但是，有時候這個遙遠的他人會不請自來地出現在我們的門口。一九九七年，泰銖對美金的大幅貶值，觸發了泰國不動產的危機，進一步導致銀行系統的崩潰。沒有幾個月，金融風暴散佈到幾個亞洲的新興經濟國家如印尼、馬來西亞和南韓，抑制了他們原本正在蓬勃發展的經濟，還促使全球日用品的價格滑落，尤其是石油的變動特別明顯。正在經歷從共產主義轉變爲資本主義陣痛期的俄羅斯，原本非常依賴輸出石油賺取外匯，但忽然間它的黑金不再值錢。於是俄羅斯隨即發生預算赤字危機，俄國被迫暫不履行國協其他成員的負債支付，這在過去蘇聯強權時代是不可能發生的事情。此項衝擊影響遍及全球，導致所有投資家紛紛撤離此類公債的投資，除了美國的公債之外。

就在此事件之前，在世界一個不爲人知的角落，一家位在康乃迪克州格林威治，名爲長期資本管理（Long Term Capital Management，簡稱LTCM）的投機性投資公司，它在錯估情勢的情況下將大筆資金投入各種公債。結果，金融風暴造成原先預期會上揚的價格下滑，僅僅數個月竟損失了數十億美元。考量到若是LTCM被迫清算資產，它所經營的市場可能崩潰，紐約聯邦準備銀行的主席不得已，只好協調國內大財團的最大投資銀行進行資助，因而避免了可能發生的大風暴。在橫掃亞洲的經濟大海嘯停息之前那一年，只在長島的海灘上輕輕地拍打。

美國雖然避開了一九九七年亞洲經濟風暴的影響，但是在那時沒有人敢再有什麼期望。當時大家也不知道，在中東發生的宗教和政治騷動，會讓紐約和華盛頓特區的上空瀰漫恐怖的氣氛。當世界僅以六度延伸，事情蔓延開來的速度遠超過你所能想像，切莫因爲發生的事件似乎離你很遠，或是發生的地方使用著你不熟悉的語言，就以爲事不甘己。當世界發生了傳染病、經濟危機、政治革命，社會變遷甚至任何危險的想法時，我們全都是連結在同一條影響力的短鏈上。不管你是否知道，也不管你是否在乎，它們不論如何都影響到你。誤解了這一點就等於誤解了連結時代的最重要的一課——我們雖然都有自己的負擔，但是不論你喜歡與否，都仍然要替別人分擔。

我們從網路科學所學到的第二個省思是，在連結的系統中，原因和結果的關聯常常是複雜而且令人迷惑的。有時小小的打擊卻會有重要的牽連性（詳見第八章），而其他時候，則強大的衝擊卻可能因爲明顯的小分裂而被吸收（詳見第九章）。這點極爲重要，因爲大部份的時間，我們都是以回顧的態度來判斷事情的意義，而當個事後孔明是很容易的。當第一集《哈利波特》形成國際潮流時，每個人都迫不急待地將其讚譽爲最佳的兒童讀物，而隨後每一集的銷售也都屢創佳績。或許該系列的成功確實有其價值，但我們所忘記的是羅琳（J. K. Rowling）曾經遭到其他出版社多次的退稿，直到布倫斯貝利（Bloomsbury）——當時還是家小型的獨立出版社——接納了她。如果羅琳的作品是如此的優秀，那爲何其他童書出版商的專家們卻看不出來呢？從這裡我們可以知道，全世界像這樣被埋沒在編輯抽屜中的手稿還不知道有多少？一九五七年，傑克・凱魯亞克（Jack Kerouac）的《旅途上》（*On the Road*），幾乎是一夕間就成爲美國的經典小說。但是有很少受其激勵的讀者知道，這本書差一點就不見天日，凱魯亞克在完成這本書的原始手稿後，足足等了六年，維京（Viking）出版社才同意發行。如果他因此就放棄，事情將會如何發展？畢竟許多其他的作家做了如此的決定。如此一來，將有多少經典名著就這麼失傳於世？

又或者反過來說，如果豐田集團不能以妥善的方法處理愛新災難的話，事情會如何？其場景是完全可以想像的。大型公司退出市場——安隆和凱馬特不過是兩個最近的案例——對具有瓦解潛在性的豐田而言，可能大到足以造成整個集團的破產。但這又會有什麼樣的影響？試想，如果全世界眞的突然沒有了大家喜歡的豐田汽車，那愛新災難這條新聞肯定會出現在頭版至少一個月，而且豐田結束營業時，跟著可能倒閉的還有近兩百家的零件供應商，而蕭條已久的日本經濟也還要再次嚴重受創，這將會是近十年來最重要的事件之一。然而，除了工業界的專家外，並沒有多少人聽過愛新這次的災難，因為它對全球經濟的影響力是微乎其微，提起來不過是個歷史的小註腳，可是結果卻很輕易地就可能全面改觀。許多同樣的看法，可以適用於第六章所描寫，維吉尼亞州瑞斯頓在猴群間爆發的伊波拉病毒，如果當時演變成和薩伊同種的伊波拉病毒，那美國勢必要在其首都區域面臨一次公共健康的嚴重災難。可是眞正促使我們注意到的原因，只因為理察・普雷斯頓寫了一本劇情迷人的小說（而且找到一家很好的出版社！）。

因此，歷史並不是預測未知將來的可靠指引。但不管如何，我們仍然依賴著它，只因為似乎別無選擇。但是我們或許眞有別種選擇，不是為了推測特定的結果，而是為瞭解事件如何表露自己的機制，有時瞭解就已足夠。以達爾文的天擇論為例，它並不能確實預測每一件事，雖然如此，它給予我們強大的力量去瞭解我們所觀察到的世界，並因此對我們所處地位能做出明智的選擇。同樣的，我們也希望新的網路科學能夠協助瞭解連結系統的架構，以及異質作用力傳播於其間的方式。

現今我們所瞭解的相連、分配系統從電力到企業公司甚至是整體經濟等，都同時有著比單獨個體的族群要更脆弱和更堅固的一面。如果兩個單獨個體透過相互影響的短鏈相連結，即使兩方完全不知道有對方的存在，但一方所發生的事仍會對另一方產生影響。如果這種影響是有危險性的，那麼他們的脆弱，將大於相互獨立之時。換句話說，如果他們能經由相同的鏈結找到對方，或是他們被嵌進某個有互相依存關係的共有強化網路，那麼他們將能形成的風暴威力將遠大於單獨時的威力。網路分享資源也分散負擔，同時散佈疾病和傳播失敗——利弊互見。除非我們能眞正瞭解連結網路時**如何**連結，否則我們便無法預測其行爲。而且除非知道我們想要瞭解哪一種行爲，我們根本不知道網路到底展現了什麼。而這就是網路科學可以幫助我們的。

最後，網路科學對我們而言，確實是一項新科學——並非歸屬任何其他傳統科學之下，而是必須跨越領域，並將之結合於一役。如我們所見，物理學家中的數學家在過去未知的領域鋪陳新的道路。隨機成長、滲透理論、態變和一致性就像是物理學家的麵包和奶油，而他們已經因而發現了一連串美妙的未解問題。然而，如果沒有社會學、經濟學甚至生物學的前導，物理學家所建築的道路可哪裡也去不成。社會網路並不是晶格狀的，也不是每樣東西都是無刻度的。某類的滲透可以解決某種問題，但卻不適用於其他問題。有些網路是以層狀結構建成的，但有些則否。有些系統的行爲與一些特殊點無關，但有些細節則大有牽連。對任何複雜的系統而言，我們可發明多種簡單的模型以便瞭解其作用。技巧是要挑出正確的那個模型，而這需要我們仔細地思考——**去瞭解一些東西**——有關眞實事物的本質。

爲了更進一步的研究探討，而主張任何事件都是小世界網路或無刻度網路，不只將眞理過度單純化，還會誤導人們認爲一組相同的特徵是和所有問題都相關。如果我們要跳脫膚淺的態度去瞭解連結時代，則必須要認清，不同層級的網路系統需要探索不同網路性質的類型。在某些例子，或許可以輕易就知道網路內有兩個結點以最短路徑連結，或是某些結點較之其他結點擁有更多較好的連結。但是在別的案例中，要注重的則是個體是否能自己找到最短的連結路徑。除了以較短路徑連結之外，個體是否嵌入當地強化群組可能也是很重要的課題。有的時候，個體本身的存在可能是瞭解網路性質不可或缺的要素，而在其他時候則非如此。高度化的相連功能在某些環境可能有大量需求，但在有些場合則無關緊要——有時甚至會有反效果，很自然地導致失敗或使情況惡化。就像是生命的分類，**有效的**網路分類不但使我們得以統一多種不同的系統，還可分辨它們，而這一些全賴我們提出的特定問題。

因而，建構一門網路科學是一項需要嚴謹戒律和專業來促成協調的工作，它不但需要費力地引進物理學家會用到的繁瑣數學計算觀念，還要有社會學家的觀察力甚至是企業家的經驗。這眞是一件不朽的任務，但有時候我必須說，似乎是沒希望的。因爲，我們努力了這樣久，收穫卻這樣少，使人禁不住要不負責任地說，連結時代實在太複雜，以致於是不可能以系統或科學的方式去瞭解它的。然而，至今還沒有人放棄。

或許，科學最激勵人的就是，準備詢問答案尚未出現的問題。就這種涵意來看，科學可算是一種樂觀的基礎鍛鍊。科學家們不只堅信世界萬物均是可理解的，他們在從事工作時也不願因極限而受阻。不論有多困難，問題之外總有一個更困難的等在前方，而且瞭解的程度永遠嫌不夠。每種被治癒的疾病總會帶來另一種新的，每種發明總會產生未預期的結果。而每一項成功的理論結果僅是再度提高我們解釋的標準。當日子不好過的時候，科學家們總覺得自己好像是希臘的薛西佛斯（Sisyphus），無止盡地將石頭推滾上山,結果第二天石頭總是又回到山腳下。但是薛西佛斯**不會停止**，而科學家們亦是如此——即使一切看來毫無希望，我們仍堅持奮鬥不懈，因爲基於人類的雄心，這種奮鬥使我們發現衡量自我的方法。

除此之外，正因爲連結時代的神秘性使其顯得好似難以理解，但其實不見得一定如此。在哥白尼、伽利略、克卜勒和牛頓之前，天上星體的運動被顯而易見的認爲就是天神的旨意。而當萊特兄弟第一次在小鷹鎮成功飛行之前，人類認爲自己永遠不能飛上天空。在登山客華倫·哈汀（Warren Harding）不顧一切奮勇爬上三千呎高的船長岩（El Capitán）之前,沒有人認爲那是可達成的。在人類努力的各個領域中，永遠都有不可能的存在，而且永遠有人會去挑戰那個不可能。大部份的以失敗收場，而不可能就會一直存在，然而一旦有一天，有人成功了，那個跨越點就得以讓我們共同通過，進入下個階段的挑戰。

科學的領域並不常以勇者著名，坦白說，科學家們的日常工作並不吸引人，一點都不適合拿來做成電視節目。但是，科學家們將自己投身於對抗那個不可能，努力搞清楚這世上還沒被瞭解（或是從來都不曾被瞭解）的部份。網路科學只是衆多前線抗爭的其中之一，但是它卻迅速地得到科學界廣泛的注意。而且在瑞波波特和艾狄胥點燃這個議題五十年後，發展越來越蓬勃，如今這場戰爭可能已經開始轉變成對我們有利。套句邱吉爾在一九四二年艾爾敏戰役後所說的：「這不是結尾，甚至不是結尾的開始，但這可能是，濫觴之末。」

延伸閱讀

如果你想對網路科學有更深入的認識，或者正要開始自己的研究，還是只單純對本書幾個主題的細節感到好奇，接下來的篇幅就是特別爲你設計的後續選讀。我們將依閱讀的難易程度，標記不同的符號；並且根據章節分門別類，好讓你能很快地找到有興趣的相關資料。之後，還有個依作者姓名字母排列的參考書目。儘管閱讀名單是長長的一串，但絕對還談不上完整。事實上，大部分的主題都只稀疏地散佈各處；若有不當的遺漏，在此對相關作者提出抱歉。遺漏歸遺漏，對於不知如何起頭的新手而言，這畢竟是個開始，由此出發將很快地找到網路新科學的其他重要文獻——份量絕對比這裡列舉的多出很多。

困難度記號

●初級（不會比這本書困難）

■中級（需要花一些工夫和數學的背景）

◆進階級（必須受過大學程度的數學訓練）

◆◆專家級（沒有研究所程度的數學訓練將無法參透）

1 連結時代

有關一九九六年八月十日，西部系統調節組織發生之電路失效的原因與後果，可見於：

●WSCC Operations Committee. *Western Systems Coordinating Council Disturbance Report, August 10*, 1996 (October 18, 1996). Available on-line at http://www.wscc.com/outages.htm.

對於美國境內電力系統晚近發生之主要災變的回顧（其中包括八月十日的串連危機）：

●Hauer, J. F., and Dagel, J. E. *White paper on Review of Recent Reliability Issues and System Events*. Consortium for Electric Reliability Technology Solutions. U.S. Department of Energy (1999). Available on-line at http://www.eren.doe.gov/der/transmission/pdfs/reliabilityevents.pdf.

有關電力傳輸網路串連失效問題的學術論文：

■Kosterev, D. N., Taylor, C. W., and Mittelstadt, W. A. Model validation for the August 10, 1996 WSCC system outage. *IEEE Transactions on Power Systems*, 14(3), 967-979 (1999).

◆Sachtjen, M. L., Carreras, B. A., and Lynch, V. E. Disturbances in a power transmission system. *Physical Review E*, 61(5), 4877-4882 (2000).

◆◆Asavathiratham, C. The influence model: A tractable representation for the dynamics of networked Markov chains (Ph.D. dissertation, Department of Electrical Engineering and Computer Science, MIT, 2000).

衍生

底下是處理複雜（社會）系統中之衍生行爲的先驅研究（雖然作者並未用「衍生」一詞）：

●Schelling, T. C. *Micromotives and Macrobehavior* (Norton, New York, 1978).

菲利普・安德森的經典論文，勾勒出衍生的基本觀念：

■Anderson, P. W. More is different. Science, 177, 393-396 (1972).

一些可讀性相當高的入門書籍，談論一般的複雜適應系統，並特別對衍生現象多所著墨：

●Gell-Mann, M. *The Quark and the Jaguar: Adventures in the Simple and the Complex* (W. H. Freeman, New York, 1994).

●Holland, J. H. *Hidden Order: How Adaptation Builds Complexity* (Perseus, Cambridge, MA, 1996).

● Waldrop, M. M. *Complexity: The Emerging Science at the Edge of Order and Chaos* (Touchstone, New York, 1992).

專技性較高的書籍：

◆ Casti, J. L. *Reality Rules I & II: Picturing the World in Mathematics: The Fundamentals, the Frontier* (Wiley-Interscience, New York, 1997).

網路

一本很好的入門書籍，有關圖形的數學理論（並詳細地解釋了尤拉定理）：

■ West, D. B. *Introduction to Graph Theory* (Prentice-Hall, Upper Saddle River, NJ, 1996).

與本主題相關的應用書籍，著重於演算方法及其應用（而非理論性的探討）：

■ Lynch, N. A. *Distributed Algorithms* (Morgan Kauffman, San Francisco, 1997).

■ Ahuja, R. K., Magnanti, T. L., and Orlin, J. B. *Network Flows: Theory, Algorithms, and Applications* (Prentice-Hall, Englewood Cliffs, NJ 1993).

◆◆ Nagurney, A. *Network Economics: A Variational Inequality Approach* (Kluwer Academic, Boston, 1993).

同步性

學習耦合振盪這個主題最好的方法就是閱讀史帝夫・史特羅蓋茲本人最近發表的新書：

● Strogatz, S. H. *Sync: The Emerging Science of Spontaneous Order* (Hyperion, Los Angeles, 2003)

史特羅蓋茲也寫了兩篇較短的文章，討論藏本模型（及相關研究）：

◆ Strogatz, S. H. Norbert Wiener's brain waves. In Levin, S. A.(ed.), *Frontiers in Mathematical Biology, Lecture Notes in Biomathematics, 100* (Springer, New York, 1994), pp. 122-138.

● Strogatz, S. H., and Stewart, I. Coupled oscillators and biological synchronization. *Scientific American*, 269(6), 102-109 (1993).

足跡稀少的道路

溫福利有關耦合振盪子的原創性論文，它促發了晚近許多相關的研究論文，也是我個人初始的參考來源：

◆ Winfree, A. T. Biological rhythms and the behavior of populations of coupled oscillators. *Journal of Theoretical Biology*, 16, 15-42 (1967).

如果想要對這位大師的研究有更深入的了解，可參閱底下的精彩書籍（只不過有點艱深）：

◆Winfrfee, A. T. *The Geometry of Biological Time* (Springer, Berlin, 1990).

小世界的問題

每個人只要一談到米爾格蘭的研究，就會引用的著名論文：

●Milgram, S. The small world problem. *Psychology Today*, 2, 60-67 (1967).

然而，比較好的參考資料應該是米爾格蘭在兩年後和他學生傑弗瑞・屈伏思（Jeffrey Travers）共同發表的文章。其內容比上述論文更爲詳盡，而且雖然讀起來並不那麼有趣，但是卻清楚得多。

●Travers, J., and Milgram, S. An experimental study of the small world problem. *Sociometry*, 32(4), 425-443 (1969).

最早研究小世界問題的是曼弗瑞德・寇全和伊希爾・德索拉・普爾，他們在米爾格蘭實驗進行前十年，就已經寫好一篇尚未正式發表的研究報告，並流傳於學術圈。事實上，米爾格蘭的靈感正由此而生。大約二十年後，這篇論文終於出版，成爲《社會網路》（*Social Networks*）創刊號的首選之作。

■Pool, I. De Sola, and Kochen, M. Contacts and influence. *Social Networks*, 1(1), 1-51 (1978).

寇全和普爾的經典之作及一些後繼作品（包括理論性與實證性的），收集在寇全編輯的一本書籍內。

■ Kochen, M. (ed.). *The Small World* (Ablex, Norwood, NJ, 1989).

約翰・桂爾的劇本後來被改編成電影，「六度分離」一詞也廣泛流行於大眾文化之中。

● Guare, J. *Six Degrees of Separation: A Play* (Vintage Books, New York, 1990).

2 「新」科學的起源

隨機圖形的理論

隨機圖形理論艱澀難懂，並不適合怯弱者研讀，因此實在找不到任何「可親近的」參考資料。不過，在此還是列了幾篇重要的文章。艾狄胥和芮易對於隨機圖形之演化和連結的原創性結果都包含在下面的經典文章中（然而，一般的圖書館可能並沒有收藏）：

◆◆ Erdös, P., and Rényi, A. On random graphs. *Publicationes Mathematicae*, 6, 290-297 (1959).

◆◆ Erdös, P., and Rényi, A. On the evolution of random graphs. *Publications of the Mathematical Institute of the Hungarian Academy of Sciences, 5*, 17-61 (1960).

◆◆ Erdös, P., and Rényi, A. On the strength and connectedness of a random graph. *Acta*

Mathematica Scientia Hungary, 12, 261-267 (1961).

底下是關於隨機圖形的標準教科書，整理了自艾狄胥和芮易以來的重要發展：

◆◆Bollobas, B. *Random Graphs*, 2d ed. (Academic, New York, 2001).

一本稍微容易閱讀（但包含範圍較狹隘）的書籍：

◆Alon, N., and Spencer, J. H. *The Probabilistic Method* (Wiley-Interscience, New York, 1992).

社會網路

社會網路分析的標準教材：

■Wasserman, S., and Faust, K. *Social Network Analysis: Methods and Applications* (Cambridge University Press, Cambridge, 1994).

兩本較薄，涵蓋範圍較少，但是也比較容易的讀本：

■Degenne, A., and Forse, M. *Introducing Social Networks* (Sage, London, 1999).

■Scott, A. *Social Network Analysis*, 2d ed. (Sage, London, 2000).

最後，挑選幾篇本領域中的經典作品（它們引領出一些核心的概念）：

■Boorman, S. A., and White, H. C. Social structure from multiple networks. II. Role structures. *American Journal of Sociology*, 81(6), 1384-1446 (1976).

■ Burt, R. S. *Structural Holes: The Social Structure of Competition* (Harvard University Press, Cambridge, MA, 1992).

■ Davis, J. A. Structural balance, mechanical solidarity, and interpersonal relations. *American Journal of Sociology*, 68 (4), 444-462 (1963).

■ Freeman, L. C. A set of measures of centrality based on betweenness. *Sociometry*, 40, 35-41 (1977).

■ Granovetter, M. S. The strength of weak ties. *American Journal of Sociology*, 78, 1360-1380 (1973).

■ Harary, F. Graph theoretic measures in the management sciences. *Management Science*, 5, 387-403 (1959).

◆◆ Holland, P. W., and Leinhardt, S. An exponential family of probability distributions for directed graphs. *Journal of the American Statistical Association*, 76, 33-65 (1981).

■ Lorrain, F., and White, H. C. Structural equivalence of individuals in social networks. *Journal of Mathematical Sociology*, 1, 49-80 (1971).

◆◆ Pattison, P. *Algebraic Models for Social Networks* (Cambridge University Press, Cambridge, 1993).

■ White, H. C., Boorman, S. A., and Breiger, R. L. Social structure from multiple networks. I. Blockmodels of roles and positions. *American Journal of Sociology* 81 (4), 730-780 (1976).

動態分析的重要

由於網路動態學是個相當新穎的範疇，所以並沒有所謂的教科書。下面之合輯本——包含大約四十篇文章，以及編輯的導讀——可以做爲一個開始：

■ Newman, M. E. J., Barabási, A. L., and Watts, D. J. *The Structure and Dynamics of Networks* (Princeton University Press, Princeton, NJ, 2003).

一本有關非線性動態分析的精彩入門書：

■ Strogatz, S. H. *Nonlinear Dynamics and Chaos with Applications to Physics, Biology, Chemistry, and Engineering* (Addison-Wesley, Reading, MA, 1994).

探討上述主題與網路的相關性：

■ Strogatz, S. H. Exploring complex networks. *Nature*, 410, 268-275 (2001).

一篇指出「中心性」在社會影響力之限制的文章：

■ Mizruchi, M. S., and Potts, B. B. Centrality and power revisited: Actor success in group decision making. *Social Networks*, 20, 353-387 (1998).

關於強・克萊恩柏格講述自己與比爾・蓋茲之間的關連性的故事，載於：

● Wildavsky, B. Small world, isn't it? *U. S. News and World Report*, April 1, 2002, p. 68.

還有引介ＯＴＰＯＲ爲去中心化行動的好例子，則出自下面這篇文章：

● Cohen, R. Who really brought down Milosevic? *New York Times Magazine*, November 26, 2000, p. 43.

偏離隨機性質

在超過十年的歲月中，安納托・瑞波波特發表了一系列的文章，介紹「隨機—偏差網路」理論。但是，其中心思想則包含於下列兩篇文章之中：

◆ Solomonoff, R., and Rapoport, A. Connectivity of random nets. *Bulletin of Mathematical Biophysics*, 13, 107-117 (1951).

◆ Rapoport, A. A contribution to the theory of random and biased nets. *Bulletin of Mathematical Biophysics*, 19, 257-271 (1957).

隨機—偏差網路的概要整理，可見於：

◆ Rapoport, A. Mathematical models of social interaction. In Luce, R. D., Bush, R. R., and

Galanter, E. (eds.), *Handbook of Mathematical Psychology*, vol. 2 (Wiley, New York, 1963), pp. 493-579.

瑞波波特對自己，以及畢生研究的自述：

●Rapoport, A. *Certainties and Doubts: A Philosophy of Life* (Black Rose Press, Montreal, 2000).

物理學家來了⋯

臨界現象理論的經典教本：

◆Stanley, H. E. *Introduction to Phase Transitions and Critical Phenomena* (Oxford University Press, Oxford, 1971).

比較新的版本：

◆Sornette, D. *Critical Phenomena in Natural Sciences* (Springer, Berlin, 2000).

對自旋系統和態變有詳盡的討論：

◆Palmer, R. Broken ergodicity. In Stein, D. L. (ed.), *Lectures in the Sciences of Complexity*, vol. I, Stanta Fe Institute Studies in the Sciences of Complexity (Addison-Wesley, Reading, MA, 1989), pp. 275-300.

◆Stein, D. L. Disordered systems: Mostly spin systems. In Stein, D. L. (ed.), *Lectures in the Sciences of Complexity*, vol. I, Stanta Fe Institute Studies in the Sciences of Complexity (Addison-Wesley, Reading, MA, 1989), pp. 301-354.

對眞正有志於探究此領域者，下面是本非常有用的教科書：

◆Newman, M. E. J., and Barkema, G. T. *Monte Carlo Methods for Statistical Physics* (Clarendon Press, Oxford, 1999).

最後，則是一本非常易讀的教科書，利用簡單的電腦模型來解釋許多非線性動態和臨界現象的中心概念：

■Flake, G. W. *The Computational Beauty of Nature: Computer Explorations of Fractals, Chaos, Complex Systems, and Adaptation* (MIT Press, Cambridge, MA, 1998).

3 小世界

我和史帝夫・史特羅蓋茲最起初的研究，就是我的博士論文，後來發表成書：

■Watts, D. J. *Small Worlds: The Dynamics of Networks between Order and Randomness* (Princeton University Press, Princeton, NJ, 1999).

朋友帶來的小小幫助

以社會學家的觀點來探討「意志行動」：

● Emirbayer, M., and Mische, A. What is agency? *American Journal of Sociology*, 103 (4), 962-1023 (1998).

用來作本章節相關計算的電腦演算法，都是非常基本的，在許多好的教科書中都很容易找到。下列二書即為很好的範本：

■ Aho, A. V., Hopcroft, J. E., and Ullman, J. D. *Data Structures and Algorithms* (Addison-Wesley, Reading, MA, 1983).

■ Ahuja, R. K., Magnanti, T. L., and Orlin J. B. *Network Flows: Theory, Algorithms*, and Applications (Prentice-Hall, Englewood Cliffs, NJ, 1993).

從穴居生活到梭拉利亞人

艾西莫夫《機器人》系列中激發我和史帝夫討論的兩本書：

● Asimov, I. *The Caves of Steel* (Doubleday, Garden City, NY, 1954).

● Asimov, I. *The Naked Sun* (Doubleday, Garden City, NY, 1957).

小世界

阿爾發模型的衍生以及小世界網路的確認，發表於下列文章：

■ Watts, D. J. Networks, dynamics and the small-world phenomenon. *American Journal of Sociology*, 105 (2), 493-527 (1999).

與上述模型相近但是比較簡單的版本，稍後由下列作者研究發表於：

◆ Jin, E. M., Girvan, M., and Newman, M. E. J. The structure of growing networks. *Physical Review E*, 64, 046132 (2001).

儘可能簡單

貝塔模型以及小世界網路的實證結果最早發表於：

■ Watts, D. J., and Strogatz, S. H. Collective dynamics of 'small-world' networks, *Nature*, 393, 440-442 (1998).

關於貝塔模型和一些更簡單模型的相關研究，可見於下列文章：

◆ Barthelemy, M., and Amaral, L. A. N. Small-world networks: Evidence for a crossover picture. *Physical Review Letters*, 82, 3180-3183 (1999).

◆◆Monasson, R. Diffusion, localization and dispersion relations on 'small-world' lattices. *European Physical Journal B*, 12 (4), 555-567 (1999).

◆Newman, M. E. J., and Watts, D. J. Scaling and percolation in the small-world network model. *Physical Review E*, 60, 7332-7342 (1999).

◆Newman, M. E. J., and Watts, D. J. Renormalization group analysis of the small-world network model. *Physics Letters A*, 263, 341-346 (1999).

◆Newman, M. E. J., Moore, C., and Watts, D. J. Mean-field solution of the small-world network model. *Physical Review Letters*, 84, 3201-3204 (2000).

下面這篇文章則對早期的相關研究進行評論介紹：

◆Newman, M. E. J. Models of the small world. *Journal of Statistical Physics*, 101, 819-841 (2000).

眞實世界

除了對小世界網路進行理論性的探討，許多研究員也找出各種面向的實證範例，其中包括：

■Adamic, L. A. The small world web. In *Lecture Notes in Computer Science*, 1696, *Proceedings of the European Conference in Digital Libraries (ECDL) '99 Conference* (Springer, Berlin,

1999), pp. 443-454.

● Davis, G. F. Yoo, M., and Baker, W. E. The small world of corporate elite (working paper, University of Michigan Business School, 2002).

■ Ferrer i Cancho, R., Janssen, C., and Solé, R. V. Topology of technology graphs: Small world patterns in electronic circuits. *Physical Review E*, 64, 046119 (2001).

● Kogut, B., and Walker, G. The small world of Germany and the durability of national networks. *American Sociological Review*, 66 (3), 317-335 (2001).

■ Sporns, O., Tononi, G., and Edelman, G. M. Theoretical neuroanatomy: Relating anatomical and functional connectivity in graphs and cortical connection matrices. *Cerebral Cortex*, 10, 127-141 (2000).

■ Wagner, A., and Fell, D. The small world inside large metabolic networks. *Proceedings of the Royal Society of London, Series B*, 268, 1803-1810 (2001).

4 小世界之外

無刻度網路

一本非常容易閱讀的網路科學書籍，其內容主要在介紹無刻度網路的發展與重要性：

● Barabási, A. L. *Linked: The New Science of Network* (Perseus Press, Cambridge, MA, 2002).

一些比較數學性，探討隨機網路和非卜瓦松度分配（包括冪次法則分配）的文章包括：

◆◆ Aiello, W., Chung, F., and Lu L. A random graph model for massive graphs. In *Proceedings of the 32nd Annual ACM Symposium on the Theory of Computing* (Association for Computing Machinery, New York, 2000), pp. 171-180.

◆◆ Molloy, M., and Reed, B. A critical point for random graphs with a given degree sequence. *Random Structures and Algorithms*, 6, 161-179 (1995).

◆◆ Molloy, M., and Reed, B. The size of the giant component of a random graph with a given degree sequence. *Combinatorics, Probability, and Computing*, 7, 295-305 (1998).

◆◆ Newman, M. E. J., Strogatz, S. H., and Watts, D. J. Random graphs with arbitrary degree distributions and their applications. *Physical Review E*, 64, 026118 (2001).

富者益富

拉茲羅．巴拉巴西和瑞卡．亞柏特的文章，介紹無刻度網路的觀念，並用差別性成長模型來加以解釋：

■ Barabási, A., and Albert, R. Emergence of scaling in random networks. Science, 286, 509-512 (1999).

巴拉巴西和亞柏特的文章發表之後，引發很多關於無刻度網路的討論。一些參考資料和相關結果彙整於：

◆ Albert, R., and Barabási, A. L. Statistical mechanics of complex networks. *Review of Modern Physics*, 74, 47-97 (2002).

非常奇怪地，最先發現無刻度網路的文章比巴拉巴西和亞柏特早了三十多年，作者是德瑞克．迪索拉．普萊斯（Derek de Solla Price）。其中的觀察結果顯示，網路能產生冪次法則度分配：

■ Price D. J. de Solla. Networks of scientific papers. *Science*, 149, 510-515 (1965).

十一年之後，普萊斯提出了一個數學模型，本質上與巴拉巴西和亞柏特的完全相同。從現在無刻度網路盛行的情形來看，我們不禁好奇爲什麼沒有人早點注意前輩的研究，或許這跟文章的名稱（以及所在的刊物）有點關聯吧。

■ Price, D. J. de Solla. A general theory of bibliometrics and other cumulative advantage processes. *Journal of the American Society of Information Science*, 27, 292-306 (1976).

繼續一些歷史性的註腳，齊普夫法則第一次出現在：

■ Zipf, G. K. *Human Behavior and the Principle of the Principle of Least Effort* (Addison-Wesley, Cambridge, MA, 1949).

赫柏・賽門頭一回介紹差別性的隨機成長模型，並以此解釋齊普夫法則之類的冪次法則分配：

■ Simon, H. A. On a class of skew distribution functions. *Biometrika*, 42, 425-440 (1955).

上述文章於二十年後重新納入底下的書籍，書中並包括許多後續的相關作品。

◆ Ijiri, Y., and Simon, H. A. *Skew Distributions and the Sizes of Business Firms* (Elsevier/North-Holland, New York, 1977).

最後，馬太效應的觀念由羅勃・莫頓引入科學的脈絡之中：

● Merton, R. K. The Matthew effect in science. *Science*, 159, 56-63 (1968).

成爲富者的困難

支持（大多數）和反對（較少數）無刻度網路優勢的觀察證據，可見於許多地方。下面列舉一些比較有意思的作品：

- ■ Amaral, L. A. N., Scala, A., Barthelemy, M., and Stanley, H. E. Classes of behavior of small-world networks. *Proceedings of the National Academy of Sciences*, 97, 11149-11152 (2000).
- ■ Adamic, L. A., and Huberman, B. A. Power-law distribution of the World Wide Web. *Science*, 287, 2115a (2000).
- ■ Barabási, A. L., Albert, R., Jeong, H., and Bianconi, G. Power-law distribution of the World Wide Web, *Science*, 287, 2115b (2000).
- ■ Faloutsos, M., Faloutsos, P., and Faloutsos, C. On power-law relationships of the Internet topology. *Computer Communication Review*, 29, 251-262 (1999).
- ■ Liljeros, F., Edling, C. R., Amaral, L. A. N., Stanley, H. E., and Aberg, Y. The web of human sexual contacts. *Nature*, 411, 907-908 (2001).
- ◆ Rapoport, A. Mathematical models of social interaction. In Luce, R. D., Bush, R. R., and Galanter, E. (eds.), *Handbook of Mathematical Psychology*, Vol. 2 (Wiley, New York, 1963),

pp. 493-579.

■ Redner, S. How popular is your paper? An empirical study of the citation distribution. *Europhysics Journal B*, 4, 131-134 (1998).

再次引介群組結構

哈里遜發表的文章，後來激發了我們在關聯網路上的研究：

● White, H. C. What is the center of the small world? (paper presented at American Association for the Advancement of Science annual symposium, Washington, D.C., February 17-22, 2000).

兩份經典的參考作品，說明群組對社會網路結構的重要性：

■ Nadel, F. S. *Theory of Social Structure* (Free Press, Glencoe, IL, 1957).

■ Breiger, R. L. The duality of persons and groups. Social Forces, 53, 181-190 (1974).

關聯網路

關聯網路的一本非常好的基本參考書籍：

■ Wasserman, S., and Faust, K. Social Network Analysis: *Methods and Applications* (Cambridge University Press, Cambridge, 1994).

董事與科學家

傑克・戴維斯關於財團董事交疊結構的研究可見於：

● Davis, G. F. The significance of board interlocks for corporate governance. *Corporate Governance*, 4 (3), 154-159 (1996).

● Davis, G. F., and Greve, H. R. Corporate elite networks and governance changes in the 1980s. *American Journal of Sociology*, 103 (1), 1-37 (1997).

馬克・紐曼關於科學家合作網路的資料：

■ Newman, M. E. J. The structure of scientific collaboration networks. *Proceedings of the National Academy of Sciences*, 98, 404-409 (2001).

進一步的細節（實際上有點繁瑣）可見於：

■ Newman, M. E. J. Scientific collaboration networks: I. Network construction and fundamental results. *Physical Review E*, 64, 016131 (2001).

■ Newman, M. E. J. Scientific collaboration networks: II. Shortest paths, weighted networks, and centrality. *Physical Review E*, 64, 016132 (2001).

複雜的衍伸

用來分析關聯網路的數學工具描述於：

◆◆Newman, M. E. J., Strogatz, S. H., and Watts, D. J. Random graphs with arbitrary degree distributions and their applications. *Physical Review E*, 64, 026118 (2001).

稍微簡易的版本：

◆Newman, M. E. J., Watts, D. J., and Strogatz, S. H. Random graph models of social networks. *Proceedings of the National Academy of Sciences*, 99, 2566-2572 (2002).

5 網路搜尋

米爾格蘭畢生的精彩研究可由下面書籍知其梗概：

●Milgram, S. *The Individual in a Social World: Essays and Experiments*, 2d ed. (McGraw-Hill, New York, 1992).

關於米爾格蘭之服膺實驗的詳細敘述：

●Milgram, S. *Obedience to Authority: An Experimental View* (Harper & Row, New York, 1974).

那麼，米爾格蘭的研究到底說了些什麼？

茱蒂斯・克萊恩費德對於小世界問題之歷史以及實證性的探索：

● Kleinfeld, J. S. The small world problem. *Society*, 39 (2), 61-66 (2002).

最具意義的後續實驗是由米爾格蘭和其學生查理斯・寇特（Charles Korte）合作而成，他們企圖將洛杉磯的白人社群連向紐約的黑人目標。

● Korte, C., and Milgram, S. Acquaintance networks between racial groups — application of the small world method. *Journal of Personality and Social Psychology*, 15 (2), 101 (1970).

六這個數字究竟是大還是小？

數學家傑利・葛羅斯曼（Jerry Grossman）對艾狄胥指數問題有非常深入的探討，並爲此建立了一個網站：http://www.oakland.edu/~grossman/erdoshp.html。早期的綜合報告見於：

■ Grossman, J. W., and Ion, P. D. F. On a portion of the well-known collaboration graph. *Congressus Numerantium*, 108, 129-131 (1995).

關於艾狄胥指數的新近研究：

■ Batagelj, V., and Mrvar, A. Some analyses of Erdös collaboration graph. *Social Networks*, 22

(2), 173-186 (2000).

小世界網路會讓問題解決的途徑更艱難（而非更容易）的其他相關證據可見於：

◆ Walsh, T. Search in a small world. In *Proceedings of the 16th International Joint Conference on Artificial Intelligence* (Morgan Kaufmann, San Francisco 1999), pp. 1172-1177.

小世界的搜尋問題

強・克萊恩柏格對於小世界搜尋問題的劃時代貢獻可見於下面兩篇文章（一長一短）：

◆ Kleinberg, J. The small-world phenomenon: An algorithmic perspective. *In Proceedings of the 32nd Annual ACM Symposium on Theory of Computing* (Association of Computing Machinery, New York, 2000), pp. 163-170.

■ Kleinberg, J. Navigation in a small world. *Nature*, 406, 845 (2000).

克萊恩柏格後來用類似的方法研究網路資訊的散佈（藉由電腦科學家所稱之「漫談通訊協定」〔gossip protocol〕）：

◆ Kleinberg, J. Small-world phenomena and the dynamics of information. In Dietterich, T. G., Becker, S., and Ghahramani, Z. (eds.), *Advances in Neural Information Processing Systems* (NIPS), 14 (MIT Press, Cambridge, MA, 2002).

社會學之回擊

我跟馬克・紐曼以及彼得・多茲的合作成果——將社會角色與社會距離的觀念納入小世界搜尋問題當中：

■ Watts, D. J., Dodds, P. S., and Newman, M. E. J. Identity and search in social networks. *Science*, 296, 1302-1305 (2002).

關於「反向小世界實驗」的結果（它相當程度地證實我們理論性的預測）可見於：

■ Killworth, P. D., and Bernard, H. R. The reverse small world experiment. *Social Networks*, 1, 159-192 (1978).

● Bernard, H. R., Killworth, P. D., Evans, M. J., McCarty, C., and Shelly, G. A. Studying relations cross-culturally. *Ethnology*, 27 (2), 155-179 (1988).

點對點網路的搜尋

Gnutella 之類點對點網路的問題探討：

■ Ritter, J. P. Why Gnutella can't scale. No really (working paper, available on-line at http://www.darkridge.com/~jpr5/doc/gnutella.html, 2000).

利用 Gnutella 無刻度特性衍生之兩種搜尋演算模式：

◆ Adamic, L. A., Lukose, R. M., Puniyani, A. R., and Huberman, B. A. Search in power-law networks. *Physical Review E*, 64, 046135 (2001).

◆ Kim, B. J., Yoon, C. N., Han, S. K., and Jeong, H. Path finding strategies in scale-free networks. *Physical Review E*, 65, 027103 (2002).

在多國顧問公司的脈絡底下如何建立可搜尋之資料庫的相關問題探討：

● Manville, B. Complex adaptive knowledge management: A case study from McKinsey and Company. In Clippinger, J. H. (ed.), *The Biology of Business: Decoding the Natural Laws of the Enterprise* (Jossey-Bass, San Francisco, 1999), chapter 5.

在全球資訊網中尋覓資訊的其他方法可見於：

■ Brin, S., and Page, L. The anatomy of a large-scale hypertextual web search engine. *Computer Networks*, 30, 107-117 (1998).

◆ Gibson, D., Kleinberg, J., and Raghavan, P. Inferring Web communities from link topology. In *Proceedings of the 9th ACM Conference on Hypertext and Hypermedia* (Association for Computing Machinery, Networks 1998), pp. 225-234.

◆ Kleinberg, J. Authoritative sources in a hyperlinked environment. *Journal of the ACM*, 46,

604-632 (1999).

■ Lawrence, S., and Giles, C. L. Accessibility of information on the web. *Nature*, 400, 107-109 (1999).

6 瘟疫的流竄與失敗

警戒區域

理查・普雷斯頓對伊波拉病毒的簡史以及它在維吉尼亞州瑞斯頓爆發的情況，有著扣人心弦的描述：

● Preston, R. *The Hot Zone* (Random House, New York, 1994).

關於伊波拉病毒的更多訊息可見於：

● Harden, B. Dr. Matthew's passion. *New York Times Magazine*, February 18, 2001, pp. 24-62.

網路病毒

關於克莉爾・史外爾的電子郵件故事刊登在《紐約時報》的一篇報導：

● Lyall, S. Return to sender, please. *New York Times*, December 24, 2000, Week in Review, p. 2.

關於梅莉莎病毒的歷史可參閱：http://www.cert.org/advisories/CA-1999-04.html.

所有記名的電腦病毒史（包括發現的時間、感染的電腦數量、以及反病毒軟體的出現等等）都可在「病毒公告網站」找到：http://www.virusbtn.com/。病毒的警告以及網路相關的安全資訊，是由CERT（基地在匹茲堡卡內基馬隆大學的軟體工程學院）出版並維持，其網址為：http://www.cert.org/。

討論網際網路時代傳染病與電腦病毒之間的關連性：

◆Kephart, J. O., White, S. R., and Chess, D. M. Computer viruses and epidemiology. *IEEE Spectrum*, 30 (5), 20-26 (1993).

■Kephart, J. O., Sorkin, G. B., Chess, D. M., and White, S. R. Fighting computer viruses. *Scientific American*, 277 (5), 56-61 (1997).

瘟疫的數學性質

卡爾麥克和麥肯瑞克的經典作品，為數理傳染病學奠下了基礎：

◆◆Kermack, W. O., and McKendrick, A. G. A contribution to the mathematical theory of epidemics. *Proceedings of the Royal Society of London, Series A*, 115, 700-721 (1927).

◆◆Kermack, W. O., and McKendrick, A. G. Contributions to the mathematical theory of epidemics, II. The problem of endemicity. *Proceedings of the Royal Society of London, Series A*, 138, 55-83 (1932).

◆◆Kermack, W. O., and McKendrick, A. G. Contributions to the mathematical theory of epidemics, III. Further studies of the problem of endemicity. *Proceedings of the Royal Society of London, Series A*, 141, 94-122 (1933).

數理傳染病學的標準教本，其中特別詳述ＳＩＲ模型：

◆Bailey, N. T. J. *The Mathematical Theory of Infectious Diseases and Its Applications* (Hafner Press, New York, 1975).

其他不錯的參考資料：

◆Bartholomew, D. J. *Stochastic Models for Social Processes* (Wiley, New York, 1967).

◆Anderson, R. M., and May, R. M. *Infectious Diseases of Humans* (Oxford University Press, Oxford, 1991).

◆Murray, J. D. *Mathematical Biology*, 2d ed. (Springer, Heidelberg, 1993).

幾篇關於散播傳染疾病的傑出論文：

◆Ball, F., Mollison, D., and Scalia-Tomba, G. Epidemics with two levels of mixing. Annals of *Applied Probability*, 7 (1), 46-89 (1997).

■ Hess, G. Disease in metapopulation models: Implications for conservation. *Ecology*, 77, 1617-1632 (1996).

■ Kareiva, P. Population dynamics in spatially complex environments: Theory and data. *Philosophical Transactions of the Royal Society of London, Series B*, 330, 175-190 (1988).

◆ Kretschmar, M., and Morris, M. Measures of concurrency in networks and the spread of infectious disease. *Mathematical Biosciences*, 133, 165-195 (1996).

■ Longini, I. M., Jr. A mathematical model for predicting the geographic spread of new infectious agents. *Mathematical Biosciences*, 90, 367-383 (1988).

◆ Sattenspiel, L., and Simon, C. P. The spread and persistence of infectious diseases in structured populations. *Mathematical Biosciences*, 90, 341-366 (1988).

小世界中的瘟疫

底下書籍的第六章，對小世界網路中疾病散播的早期作品有最完整的敍述：

■ Watts, D. J. *Small Worlds: The Dynamics of Networks between Order and Randomness* (Princeton University Press, Princeton, NJ, 1999).

至於網路瘟疫的後續研究，參見底下的論文：

◆ Boots, M., and A. Sasaki. "Small worlds" and the evolution of virulence: Infection occurs locally and at a distance. *Proceedings of the Royal Society of London, Series B*, 266, 1933-1938 (1999).

◆ Keeling, M. J. The effects of local spatial structure on epidemiological invasions. *Proceedings of the Royal Society of London, Series B*, 266, 859-867 (1999).

◆ Kuperman, M., and Abramson, G. Small world effect in an epidemiological model. *Physical Review Letters*, 86, 2909-2912 (2001).

關於口蹄疫的傑出作品，以及政策決定的數學模型：

■ Ferguson, N. M., Donnelly, C. A., and Anderson, R. M. The foot-and-mouth epidemic in Great Britain: Pattern of spread and impact of interventions. *Science*, 292, 1155-1160 (2001).

■ Ferguson, N. M., Donnelly, C. A., and Anderson, R. M. Transmission intensity and impact of control policies on the foot and mouth epidemic in Great Britain. *Nature*, 413, 542-548 (2001).

■ Keeling, M. J., Woolhouse, M. E. J., Shaw, D. J., Matthews, L., Chase-Topping, M., Haydon, D. T., Cornell, S. J., Kappey, J., Wilesmith, J., and Grenfell, B. T. Dynamics of the 2001 UK foot and mouth epidemic: Stochastic dispersal in a heterogeneous landscape. *Science*, 294, 813-817 (2001).

發現無刻度網路中疾病傳播並不顯示感染門檻的報告：

◆ Pastor-Satorras, R., and Vespignani, A. Epidemic spreading in scale-free networks. *Physical Review Letters*, 86, 3200-3203 (2001).

帕斯特－薩托拉斯和維斯比拿尼持續進行無刻度網路之疾病傳播的研究。其成果彙整於：

◆ Pastor-Satorras, R., and Vespignani, A. Epidemics and immunization in scale-free networks. In Bornholdt, S., and Schuster, H. G. (eds.), *Handbook of Graphs and Networks: From the Genome to the Internet* (Wiley-VCH, Berlin, 2002).

關於他們對無刻度電子郵件網路之假設的實證報告，參見：

◆ Ebel, H., Mielsch, L. I., and Bornholdt, S. Scale-free topology of e-mail networks. *Physical Review E*, 66, 035103 (2002).

關於更換注射針頭計畫對公共健康的影響分析報告，參見《美國醫藥學會期刊》(*Journal of the American Medical Association*，由加州大學的愛滋防治中心出版）網站的一篇文章：http://www.ama-assn.org/special/hiv/preventn/prevent3.htm。

另外一篇早期的報告，可見於疾病防控中心的網站：http://www.caps.ucsf.edu/capsweb/publications/needlereport.html。

疾病的滲透模型

有關滲透現象最好的入門書籍（有些段落非常地有趣）：

◆Stauffer, D., and Aharony, A. *Introduction to Percolation Theory* (Taylor and francis, London, 1992).

我和馬克・紐曼對小世界網路中之疾病傳播採用「地基滲透」的研究進路，細節可見於：

◆Newman, M. E. J., and Watts, D. J. Scaling and percolation in the small-world network model. *Physical Review E*, 60, 7332-7342 (1999).

網路、病毒和微軟

馬克・紐曼和克力斯・摩爾關於地基和鍵結滲透的研究：

●Moore, C., and Newman, M. E. J. Epidemics and percolation in small-world networks. *Physical Review E*, 61, 5678-5682 (2000).

◆◆Moore, C., and Newman, M. E. J. Exact solution of site and bond percolation on small-world networks. *Physical Review E*, 62, 7059-7064 (2000).

失效和強固

運用滲透的概念將網路強固性予以量化研究的原創性論文：

■ Albert, R., Jeong, H., and Barabási, A. L. Attack and error tolerance of complex networks. *Nature*, 406, 378-382 (2000).

很快地，就有一系列的論文對此主題作更細微的探索：

◆ Callaway, D. S., Newman, M. E. J., Strogatz, S. H., and Watts, D. J. Network robustness and fragility: Percolation on random graphs. *Physical Review Letters*, 85, 5468-5471 (2000).

◆ Cohen, R., Erez, K., ben-Avraham, D., and Havlin, S. Resilience of the Internet to random breakdowns. *Physical Review Letters*, 85, 4626-4628 (2000).

◆ Cohen, R., Erez, K., ben-Avraham, D., and Havlin, S. Breakdown of the Internet under intentional attack. *Physical Review Letters*, 86, 3682-3685 (2001).

7 決策，幻覺，與群體瘋狂

鬱金香經濟

查爾斯·馬凱對於金錢及其他各種狂熱現象的經典解析已經被重印多次。比較新的版本是：

- Mackay, C. *Extraordinary Popular Delusions and the Madness of Crowds* (Harmony Books, New York, 1980).

其他關於此主題的新近作品：

- Kindleberger, C. P. *Manias, Panics, and Crashes: A History of Financial Crises*, 4th ed. (Wiley, New York, 2000).
- Shiller, R. J. *Irrational Exuberance* (Princeton University Press, Princeton, NJ, 2000).

恐懼，貪婪，與理性

亞當·史密斯對於尋求最大利益之理性行爲者的探討（其中包括「看不見的手」之提及）：

- Smith, A. *The Wealth of Nations*, Vol. 1, Book 4 (University of Chicago Press, Chicago, 1976), chapter 2, p. 477.

關於市場效能假設的盲點，參見：

● Chancellor, E. *Devil Take the Hindmost: A History of Financial Speculation* (Farrar, Straus and Giroux, New York, 1999).

近來有些研究對投資者及金融市場行為建構比較實際的觀點，將動態層面納入核心考量：

◆ Farmer, J. D. Market force, ecology, and evolution. *Industrial and Corporate Change*, forthcoming (2002).

◆ Farmer, J. D., and Joshi, S. The price dynamics of common trading strategies. *Journal of Economic Behavior and Organization*, 49 (2), 149-171 (2002).

◆ Farmer, J. D., and Lo, A. Frontiers of finance: Evolution and efficient markets. *Proceedings of the National Academy of Sciences*, 96, 9991-9992 (1999).

集體決策

納塔利・葛蘭絲和伯納多・修柏曼的專技性論文，描述用餐者的兩難困境，並提出在什麼條件下方能夠獲得解決：

◆ Glance, N. S., and Huberman, B. A. The outbreak of cooperation. *Journal of Mathematical Sociology*, 17 (4), 281-302 (1993).

同樣結論之另一篇比較容易閱讀的論文：

● Glance, N. S., and Huberman, B. A. The dynamics of social dilemmas. *Scientific American*, 270 (3), 76-81 (1994).

關於合作演化的參考文獻眾多，橫跨各個領域——包括：演化生物學、經濟學、政治科學，以及社會學。在此，不可能納入所有代表性的作品，只能約略列出幾個重要的貢獻：

■ Axelrod, R. *The Evolution of Cooperation* (Basic Books, New York, 1984).

■ Axelrod, R. and Dion, D. The further evolution of cooperation. *Science*, 242, 1285-1390 (1988).

◆ Boorman, S. A., and Levitt, P. R. *The Genetics of Altruism* (Academic Press, New York, 1980).

■ Boyd, R. S., and Richerson, P. J. The evolution of reciprocity in sizable groups. *Journal of Theoretical Biology*, 132, 337-356 (1988).

■ Hardin, G. The tragedy of the commons. *Science*, 162, 1243-1248 (1968).

■ Huberman, B. A., and Lukose, R. M. Social dilemmas and internet congestion. *Science*, 277, 535-537 (1997).

■ Nowak, M. A., and May, R. M. Evolutionary games and spatial chaos. *Nature*, 359, 826-829 (1992).

■ Olson, M. *The Logic of Collective Action: Public Goods and the Theory of Groups* (Harvard University Press, Cambridge, MA, 1965).

■ Ostrom, E., Burger, J., Field, C. B., Norgaard, R. B., and Policansky, D. Revisiting the commons: Local lessons, global challenges. *Science*, 284, 278-282 (1999).

資訊串連

同樣地，資訊串連的文獻也是跨領域的，底下是幾篇代表性的作品：

■ Aguirre, B. E., Quarantelli, E. L., and Mendoza, J. L. The collective behavior of fads: The characteristics, effects, and career of streaking. *American Sociological Review*, 53, 569-584 (1988).

◆ Banerjee, A. V. A simple model of herd behavior. *Quarterly Journal of Economics*, 107, 797-817 (1992).

◆ Bikhchandani, S., Hirshleifer, D., and Welch, I. A theory of fads, fashion, custom and cultural change as informational cascades. *Journal of Political Economy*, 100 (5), 992-1026 (1992).

■ Lohmann, S. The dynamics of informational cascades: The Monday demonstrations in Leipzig, East Germany, 1989-91. *World Politics*, 47, 42-101 (1994).

資訊的外緣影響

亞旭原創性實驗的描述：

● Asch, S. E. Effects of group pressure upon the modification and distortion of judgements. In Cartwright, D., and Zander, A. (eds.), *Group Dynamics: Research and Theory* (Row, Peterson, Evanston, IL, 1953), pp. 151-162.

赫柏・賽門的「受限理性」理論闡述於：

■ Simon, H. A., Egidi, M., and Marris, R. L. *Economics, Bounded Rationality and the Cognitive Revolution* (Edward Elgar, Brookfield, VT, 1992).

強制性的外緣影響

藉由同儕壓力的關係網路促使犯罪行爲的擴展，可見於底下的文章（以理論性的架構寫成）：

■ Glaeser, E. L., Sacerdote, B., and Schheinkman, J. A. Crime and social interactions. *Quarterly Journal of Economics*, 111, 507-548 (1996).

介紹投票行爲中「沈默循環」概念的文章：

● Noelle-Neumann, E. Turbulences in the climate of opinion: Methodological applications of the spiral of silence theory. *Public Opinion Quarterly*, 41 (2), 143-158 (1977).

市場的外緣影響

關於遞增收益造就之鎖碼現象，布萊恩·阿瑟（Brian Arthur）可謂首要的倡議者。他的劃時代論文（經過好幾年，才找到願意發表的期刊）是：

◆ Arthur, W. B. Competing technologies, increasing returns, and lock-in by historical events. *Economic Journal*, 99 (394), 116-131 (1989).

關於遞增收益的另一類研究進路（其實只有些微的差異），可參閱：

◆ Romer, P. Increasing returns and long-run growth. *Journal of Political Economy*, 94 (5), 1002-1034 (1986).

雖然下列文章並沒有連上網路外緣影響的主題，但卻強調了互補商品的重要性：

◆ Milgrom, P., and Roberts, J. The economics of modern manufacturing: Technology, strategy, and organization. *American Economic Review*, 80 (3), 511-528 (1990).

對於網路外緣影響最盛行的經濟學進路，描述於：

■ Economides, N. The economics of networks. *International Journal of Industrial Organiza-*

tion, 16 (4), 673-699 (1996).

協調性的外緣影響

雖然底下兩篇文章的作者都未使用「協調性的外緣影響」一詞，但是其中提及之合作決策的外部性明顯相關：

◆ Glance, N. S., and Huberman, B. A. The outbreak of cooperation. *Journal of Mathematical Sociology*, 17 (4), 281-302 (1993).

■ Kim, H., and Bearman, P. The structure and dynamics of movement participation. *American Sociological Review*, 62 (1), 70-94 (1997).

社會決策的形成

關於青少年身體穿洞的報導文章，見於：

● Harden, B. Coming to grips with the enduring appeal of body piercing. *New York Times*, February 12, 2002, p. A16.

8 門檻，串連，與可預測性

決策的門檻模型

最早使用門檻模型探索集體決策行爲的作品可能是：

■ Schelling, T. C. A study of binary choices with externalities. *Journal of Conflict Resolution*, 17 (3), 381-428 (1973).

另一篇早期的經典作品：

■ Granovetter, M. Threshold models of collective behavior. *American Journal of Sociology*, 83 (6), 1420-1443 (1978).

門檻模型的實際推衍取決於個人的決策類型以及何種決策外緣影響蘊含其中。底下是各種推衍的範例，大致遵循門檻法則：

◆ Arthur, W. B., and Lane, D. A. Information contagion. *Structural Change and Economic Dynamics*, 4 (1), 81-103 (1993).

◆ Boorman, S. A., and Levitt, P. R. *The Genetics of Altruism* (Academic Press, New York, 1980).

◆ Durlauf, S. N. A framework for the study of individual behavior and social interactions. *Sociological Methodology*, 31, 47-87 (2001).

◆ Glance, N. S., and Huberman, B. A. The outbreak of cooperation. *Journal of Mathematical Sociology*, 17 (4), 281-302 (1993).

◆ Morris, S. N. Contagion. *Review of Economic Studies*, 67, 57-78 (2000).

社會網路的串連

關於「伊色佳時刻」代幣的資訊，請參閱：

● Glover, P. Grassroots economics. *In Context*, 41, 30 (1995).

● Morse, M. Dollars or sense. *Utne Reader*, 99 (September — October 1999).

艾瓦瑞特・羅傑斯對於「新奇事物之擴散」的經典論述，出版於一九六二年，當中引介了許多至今仍廣爲流傳的術語。現在已出到第四版：

● Rogers, E. *The Diffusion of Innovations*, 4th ed. (Free Press, New York, 1995).

羅傑斯的學生湯馬士・瓦倫特（Thomas Valente）嘗試將羅傑斯的觀念與社會網路分析的概念結合在一起：

■ Valente, T. W. *Network Models of the Diffusion of Innovations* (Hampton Press, Cresskill,

NJ, 1995).

串連與滲透

綜論網路資訊串連的門檻模型進路：

◆Watts, D. J. A simple model of global cascades on random networks. *Proceedings of the National Academy of Sciences*, 99, 5766-5771 (2002).

相變與串連

麥肯・葛萊威爾對社會感染的深入探討：

●Gladwell, M. *The Tipping Point: How Little Things Can Make a Big Difference* (Little, Brown, New York, 2000).

跨越裂痕

傑弗瑞・摩爾對於「採行先鋒」與多數群眾之間的「裂痕」有著詳盡的描述：

●Moore, G. A. *Crossing the Chasm: Marketing and Selling High-Tech Products to Mainstream Customers* (Harper Business, New York, 1999).

非線性的歷史觀察

亞特．迪凡尼（Art De Vany）針對電影事業的研究，清楚區分了品質與成就的差異：

■ De Vany, A., and Lee, C. Quality signals in information cascades and the dynamics of motion picture box office revenues: A computational model. *Journal of Economic Dynamics and Control*, 25, 593-614 (2001).

◆ De Vany, A. S., and Walls, W. D. Bose-Einstein dynamics and adaptive contracting in the motion picture industry. *Economic Journal*, 106, 1493-1514 (1996).

重新檢視強固性

「正常意外」和「既強固又脆弱」這兩個密切相關的概念出現在底下兩部截然不同的作品：

● Perrow, C. *Normal Accidents: Living with High-Risk Technologies* (Basic Books, New York, 1984).

◆ Carlson, J. M., and Doyle, J. Highly optimized tolerance: A mechanism for power laws in designed systems. *Physical Review E*, 60 (2), 1412-1427 (1999).

9 創新，適應，和恢復

豐田—愛新危機

我對豐田—愛新危機的描述主要取材於：

●Nishiguchi, T., and Beaudet, A. Fractal design: Self-organizing links in supply chain management. In Von Krogh, G., Nonaka, I., and Nishiguchi, T. (eds.), *Knowledge Creation: A Source of Value* (Macmillan, London, 2000).

另一篇關於豐田集團傑出表現的論文引導了我們對創新的思索：

●Ward, A., Liker, J. K., Cristiano, J. J., and Sobek, D. K. The second Toyota paradox: How delaying decisions can make better cars faster. *Sloan Management Review*, 36 (3), 43-51 (1995).

市場和分層管理

對於工業組織的原創論述——至今仍是最偉大的相關作品：

●Smith, A. *The Wealth of Nations* (University of Chicago Press, Chicago, 1976).

高斯「交易成本」理論的先驅是法蘭克・奈特（Frank Knight），他宣稱公司的存在是要降低不確定性：

■Knight, F. H. *Risk, Uncertainty, and Profit* (London School of Economics and Political Science, London, 1933).

高斯對交易成本作爲公司存在基礎的原始論證，見於：

●Coase, R. The nature of the firm. *Economica*, n.s., 4 (November 1937).

幾十年之後，高斯依舊嘗試讓主流經濟學接受他的觀念。最後的論述是：

●Coase, R. *The Nature of the Firm* (Oxford University Press, Oxford, 1991).

公司階層架構的主要提倡者是奧利威·威廉森（Oliver Williamson），其完整的論述彙總於：

■Williamson, O. E. *Markets and Hierarchies* (Free Press, New York, 1975).

比較簡短的說明爲：

■Williamson, O. E. Transaction cost economics and organization theory. In Smelser, N. J., and Swedberg, R. (eds.), *The Handbook of Economic Sociology* (Princeton University Press, Princeton, NJ, 1994), pp. 77-107.

近來，由羅伊·瑞德納（Roy Radner）領軍的一小群經濟學家將階層結構之優越性予以形式化的發展。主要作品包括：

◆Bolton, P., and Dewatripont, M. The firm as a communication network. *Quarterly Journal of*

Economics, 109 (4), 809-839 (1994).

◆ Radner, R. The organization of decentralized information processing. *Econometrica*, 61 (5), 1109-1146 (1993).

◆ Radner, R. Bounded rationality, indeterminacy, and the theory of the firm. *Economic Journal*, 106, 1360-1373 (1996).

◆ Van Zandt, T. Decentralized information processing in the theory of organizations. In Sertel, M. (ed.), *Contemporary Economic Issues*, vol. 4: *Economic Design and Behavior* p. 125-160 (Macmillan, London, 1999), chapter 7.

產業分隔

麥克・皮歐爾和喬克・塞博對全球經濟的變化本質，撰寫了一本劃時代的鉅著：

● Piore, M. J., and Sabel, C. F. *The Second Industrial Divide: Possibilities for Prosperity* (Basic Books, New York, 1984).

模糊不清的局面

描述本田系統並確認其製造工廠問題的論文：

- ● MacDuffie, J. P. The road to "root cause": Shop-floor problem-solving at three auto assembly plants. *Management Science*, 43, 4 (1997).

對於公司內部架構的理論有著各式各樣的研究進路，無論是經濟學、社會學，或商業界都有所著墨。相關文獻的數量非常龐大。在此挑選幾篇作品，名單既談不上完整也甚至不能說具有足夠的代表性：

- ● Chandler, A. D. *The Visible Hand: The Managerial Revolution in American Business* (Belknap Press of Harvard University Press, Cambridge, MA, 1977).
- ● Clippinger, J. (ed.). *The Biology of Business: Decoding the Natural Laws of the Enterprise* (Jossey-Bass, San Francisco, 1999).
- ◆ Fama, E. F. Agency problems and the theory of the firm. *Journal of Political Economy*, 88, 288-307 (1980).
- ■ Hart, O. *Firms, Contracts and Financial Structure* (Oxford University Press, New York, 1995).
- ■ March, J. G., and Simon, H. A. *Organizations* (Blackwell, Oxford, 1993).
- ■ Nelson, R. R., and Winter, S. G. *An Evolutionary Theory of Economic Change* (Belknap Press of Harvard University Press, Cambridge, MA, 1982).
- ■ Powell, W., and DiMaggio, P. (eds.). *The New Institutionalism in Organizational Analysis*

(Chicago, University of Chicago Press, 1991).

◆Sah, R. K., and Stiglitz, J. E. The architecture of economic systems: Hierarchies and polyarchies. *American Economic Review*, 76 (4), 716-727 (1986).

第三條途徑

當我和喬克・塞博開始合作之際，可以從底下文章看出喬克對此問題的深入理解：

●Helper, S., MacDuffie, J. P., and Sabel, C. F. Pragmatic collaborations: Advancing knowledge while controlling opportunism. *Industrial and Corporate Change*, 9 (3), 443-488 (2000).

●Sabel, C. F. Diversity, not specialization: The ties that bind the (new)industrial district. In Quadrio Curzio, A., and Fortis, M. (eds.), *Complexity and Industrial Clusters: Dynamics and Models in Theory and Practice* (Physica-Verlag, Heidelberg, 2002).

因應模糊

對於公司在模糊不清之局面中所遭遇的困境，以及應該採取的適應行爲，最清楚的闡述或許是大衛・史塔克（David Stark）關於「異階層」（heterarchies）的作品：

●Stark, D. C. Recombinant property in East European capitalism. *American Journal of*

Sociology, 101 (4), 993-1027 (1996).

● Stark, D. C. Heterarchy: Distributing authority and organizing diversity. In Clippinger, J. H. (ed.), *The Biology of Business: Decoding the Natural Laws of the Enterprise* (Jossey-Bass, San Francisco, 1999), chapter 7.

● Stark, D. C., and Bruszt, L. *Postsocialist Pathways: Transforming Politics and Property in East Central Europe* (Cambridge University Press, Cambridge, 1998).

多重比例的網路

想了解以團隊為基礎、多重比例之核心—外圍網路的性質，可參閱：

◆ Dodds, P. S., Watts, D. J., and Sabel, C. F. The structure of optimal redistribution networks. Institute for Social and Economic Research and Policy Working Paper, Columbia University (2002).

10 濫觴之末

將紐約市（說得明確些，應該說曼哈頓特區）作為一個複雜系統的範例，靈感取自於約翰·荷蘭（John Holland）著書的開卷章節：

●Holland, J. H. *Hidden Order: How Adaptation Builds Complexity* (Perseus, Cambridge, MA, 1996).

九一一

底下的書籍，對於「九一一世貿大樓攻擊事件」的來龍去脈，以及大樓倒塌後的救援和修復活動都有詳盡而精彩的說明：

●Langewiesche, W. *America Ground: Unbuilding the World Trade Center* (North Point Press, New York, 2002).

有關警局通訊困境的資料，來自於：

●Rashbaum, W. K. Police officers swiftly show inventiveness during crisis. *New York Times*, September 17, 2001, p. A7.

有關坎特・費茲吉拉德的故事，來自一位生還者。此人（身爲行銷和通訊部門的主管）在參加二〇〇一年十二月五日於哥倫比亞大學舉行的商業領袖圓桌會議時，說出了這個故事。這個圓桌會議是由大衛・史塔克和約翰・凱利（John Kelly）籌劃而成，他們分別是哥倫比亞組織創新中心和互動設計實驗室的主任，而贊助人則爲蘇珊・吉特遜（Susan Gitelson）博士。

鮑爾・克魯曼的文章，探究九一一攻擊事件在原本已經萎縮的經濟狀態下所產生的經濟效應：

● Krugman, P. Fear itself. *New York Times Magazine*, September 30, 2001, p. 36.

連通時代的訓示

描寫一九九七年的亞洲金融風暴，一本深具洞察力的精彩書籍：

● Friedman, T. L. *The Lexus and the Olive Tree: Understanding Globalization* (Farrar, Straus and Giroux, New York, 1999).

許多和哈利波特相關的資料都能在下列網站中尋得：

http://www.insideharrypotter.com.

最後，則是本鮮活介紹一九九八年秋季，困擾長期資本管理公司問題的小書：

● MacKenzie, D. Fear in the markets. *London Review of Books*, 22 (8), 31-32 (2000).

參考書目

Adamic L. A. The small world web. In *Lecture Notes in Computer Science*, 1696, *Proceedings of the European Conference on Digital Libraries (ECDL)* '99 Conference (Springer, Berlin, 1999), pp. 443-454.

Adamic, L. A., and Huberman, B. A. Power-law distribution of the World Wide Web. *Science*, 287, 2115a (2000).

Adamic, L. A., Lukose, R. M., Puniyani, A. R., and Huberman, B. A. Search in power-law networks. *Physical Review E*, 64, 046135 (2001).

Aguirre, B. E., Quarantelli, E. L., and Mendoza, J. L. The collective behavior of fads: The characteristics, effects, and career of streaking. *American Sociological Review*, 53, 569-584 (1988).

Aho, A. V., Hopcroft, J. E., and Ullman, J. D. *Data Structures and Algorithms* (Addison Wesley, Reading, MA, 1983).

Ahuja, R. K., Magnanti, T. L., and Orlin, J. B. *Network Flows: Theory, Algorithms, and Applications* (Prentice Hall, Englewood Cliffs, NJ, 1993).

Aiello, W., Chung, F., and Lu, L. A random graph model for massive graphs. In *Proceedings of the 32nd Annual ACM Symposium on the Theory of Computing* (Association for Computing Machinery, New York, 2000), pp. 171-180.

Albert, R., and Barabási, A. L. Statistical mechanics of complex net-works. *Review of Modern Physics*, 74, 47-97 (2002).

Albert, R., Jeong, H., and Barabási, A. L. Attack and error tolerance of complex networks. *Nature*, 406, 378-382 (2000).

Alon, N., and Spencer, J. H. *The Probabilistic Method* (Wiley-Interscience, NewYork, 1992).

Amaral, L. A. N., Scala, A., Barthelemy, M., and Stanley, H. E. Classes of behavior of small-world networks. *Proceedings of the National Academy of Sciences*, 97, 11149-11152 (2000).

Anderson, P. W. More is different. *Science*, 177, 393-396 (1972).

Anderson, R. M., and May, R. M. *Infectious Diseases of Humans* (Oxford University Press, Oxford, 1991).

Arthur, W. B. Competing technologies, increasing returns, and lock-in by historical events. *Economic Journal*, 99(394), 116-131 (1989).

Arthur, W. B., and Lane, D. A. Information contagion. *Structural Change and Economic Dynamics*, 4(1), 81-103 (1993).

Asavathiratham, C. *The Influence Model: A Tractable Representation for the Dynamics of Networked Markov Chains*. Ph.D. Dissertation, Department of Electrical Engineering and Computer Science, MIT (MIT, Cambridge, MA, 2000).

Asch, S. E. Effects of group pressure upon the modification and distortion of judgments. In Cartwright, D., and Zander, A. (eds.), *Group Dynamics: Research and Theory* (Row, Peterson, Evanston, IL, 1953), pp. 151-162.

Asimov, I. The Caves of Steel (Doubleday, Garden City, NY, 1954).

——. *The Naked Sun* (Doubleday, Garden City, NY, 1957).

Axelrod, R. *The Evolution of Cooperation* (Basic Books, New York, 1984).

Axelrod, R., and Dion, D. The further evolution of cooperation. *Science*, 242, 1385-1390 (1988).

Bailey, N. T. J. *The Mathematical Theory of Infectious Diseases and Its Applications* (Hafner Press, NewYork, 1975).

Ball, F., Mollison, D., and Scalia-Tomba, G. Epidemics with two levels of mixing. *Annals of Applied Probability*, 7(1), 46-89 (1997).

Banerjee, A. V. A simple model of herd behavior. *Quarterly Journal of Economics*, 107, 797-817 (1992).

Barabási, A., and Albert, R., Emergence of scaling in random networks. *Science*, 286, 509-512 (1999).

Barabási, A. L. *Linked: The New Science of Networks* (Perseus Press, Cambridge, MA, 2002).

Barabási, A. L., Albert, R., Jeong, H., and Bianconi, G. Power-law distribution of the World Wide Web. *Science*, 287, 2115b (2000).

Barthelemy, M., and Amaral, L. A. N. Small-world networks: Evidence for a crossover picture. *Physical Review Letters*, 82, 3180-3183 (1999).

Bartholomew, D. J. *Stochastic Models for Social Processes* (Wiley, New York, 1967).

Batagelj, V., and Mrvar, A. Some analyses of Erdös collaboration graph. *Social Networks*, 22(2), 173-186 (2000).

Bernard, H. R., Killworth, P. D., Evans, M. J, McCarty, C., and Shelly, G. A. Studying relations cross-culturally. *Ethnology*, 27(2), 155-179 (1988).

Bickhchandani, S., Hirshleifer, D., and Welch, I. A theory of fads, fashion, custom and cultural change as informational cascades. *Journal of Political Economy*, 100(5), 992-1026 (1992).

Bollobas, B. *Random Graphs*, 2nd ed. (Academic, NewYork, 2001).

Bolton, P., and Dewatripont, M. The firm as a communication network. *Quarterly Journal of Economics*, 109(4), 809-839 (1994).

Boorman, S. A., and Levitt, P. R. *The Genetics of Altruism* (Academic Press, NewYork, 1980).

Boorman, S. A., and White, H, C. Social structure from multiple networks. II. Role structures. *American Journal of Sociology*, 81(6), 1384-1446 (1976).

Boots, M., and A. Sasaki. "Small worlds" and the evolution of virulence: Infection occurs locally and at a distance. *Proceedings of the Royal Society of London, Series B*, 266, 1933-1938 (1999).

Boyd, R. S., and Richerson, P. J. The evolution of reciprocity in sizable groups. *Journal of Theoretical Biology*, 132, 337-356 (1988).

Breiger, R. L. The duality of persons and groups. *Social Forces*, 53, 181-190 (1974).

Brin, S., and Page, L. The anatomy of a large-scale hypertextual web search engine. *Computer Networks*, 30, 107-117 (1998).

Burt, R. S. *Structural Holes: The Social Structure of Competition* (Harvard University Press, Cambridge, MA, 1992).

Callaway, D. S., Newman, M. E. J., Strogatz, S. H., and Watts, D. J. Network robustness and fragility: Percolation on random graphs. *Physical Review Letters*, 85, 5468-5471 (2000).

Carlson, J. M., and Doyle, J. Highly optimized tolerance: A mechanism for power laws in designed systems. *Physical Review E*, 60(2), 1412-1427(1999).

Casti, J. L. *Reality Rules I & II: Picturing the World in Mathematics: The Fundamentals, the Frontier* (Wiley-Interscience, NewYork, 1997).

Chancellor, E. *Devil Take the Hindmost: A History of Financial Speculation* (Farrar, Straus and Giroux, NewYork, 1999).

Chandler, A. D. *The Visible Hand: The Managerial Revolution in American Business* (Belknap Press of Harvard University Press, Cambridge, MA, 1977).

Clippinger, J. (ed.) *The Biology of Business: Decoding the Natural Laws of the Enterprise* (Jossey-Bass, San Francisco, 1999).

Coase, R. The nature of the firm. *Economica*, n.s., 4 (November 1937).

——. *The Nature of the Firm* (Oxford University Press, Oxford 1991).

Cohen, R. Who really brought down Milosevic? *New York Times Magazine*, November 26, 2000, p. 43.

Cohen, R., Erez, K., ben-Avraham, D., and Havlin, S. Resilience of the Internet to random breakdowns. *Physical Review Letters*, 85, 4626-4628 (2000).

——. Breakdown of the Internet under intentional attack. *Physical Review Letters*, 86, 3682-3685 (2001).

Coleman, J. S., Menzel, H., and Katz, E. The diffusion of an innovation among physicians. *Sociometry*, 20, 253-270 (1957).

Davis, J. A. Structural balance, mechanical solidarity, and interpersonal relations. *American Journal of Sociology*, 68(4), 444-462 (1963).

Davis, G. F. The significance of board interlocks for corporate governance. *Corporate Governance*, 4(3), 154-159 (1996).

Davis, G. F., and Greve, H. R. Corporate elite networks and governance changes in the 1980s. *American Journal of Sociology*, 103(1), 1-37 (1997).

Davis, G. F., Yoo, M., and Baker, W. E. The small world of corporate elite (working paper, University of Michigan Business School, 2002).

Degenne, A., and Forse, M. *Introducing Social Networks* (Sage, London, 1999).

De Vany, A., and Lee, C. Quality signals in information cascades and the dynamics of motion picture box office revenues: A computational model. *Journal of Economic Dynamics and Control*, 25, 593–614 (2001).

De Vany, A. S., and Walls, W. D. Bose-Einstein dynamics and adap tive contracting in the motion picture industry. *Economic Journal*, 106, 1493–1514 (1996).

Dodds, P. S., Watts, D. J., and Sabel, C F. The structure of optimal redistribution networks. Institute for Social and Economic Research and Policy Working Paper, Columbia University, (2002).

Durlauf, S. N. A framework for the study of individual behavior and social interactions. *Sociological Methodology*, 31, 47–87 (2001).

Ebel, H., Mielsch, L. I., and Bornholdt, S. Scale-free topology of e-mail networks. *Preprint* cond-mat/0201476. (2002).Available on-line at http://xxx.tanl.gov/abs/cond-mat/0201476.

Economides, N. The economics of networks. *International Journal of Industrial Organization*, 16(4), 673–699 (1996).

Emirbayer, M., and Mische, A. What is agency? *American Journal of Sociology*, 103(4), 962–1023

(1998).

Erdös, P., and Rényi, A. On random graphs. *Publicationes Mathematicae*, 6, 290-297 (1959).

——. On the evolution of random graphs. *Publications of the Mathematical Institute of the Hungarian Academy of Sciences*, 5, 17-61 (1960).

——. On the strength and connectedness of a random graph. *Acta Mathematica Scientia Hungary*, 12, 261-267 (1961).

Faloutsos, M., Faloutsos, P., and Faloutsos, C. On power-law relationships of the Internet topology. *Computer Communication Review*, 29, 251-262 (1999).

Fama, E. F. Agency problems and the theory of the firm. *Journal of Political Economy*, 88, 288-307 (1980).

Farmer, J. D. Market force, ecology, and evolution. *Industrial and Corporate Change*, forthcoming (2002).

Farmer, J. D., and Joshi, S. The price dynamics of common trading strategies. *Journal of Economic Behavior and Organization*, 49(2), 149-171 (2002).

Farmer, J. D., and Lo, A. Frontiers of finance: Evolution and efficient markets. *Proceedings of the National Academy of Sciences*, 96, 9991-9992 (1999).

Ferguson, N. M., Donnelly, C. A., and Anderson, R. M. The foot-and-mouth epidemic in Great Britain: Pattern of spread and impact of interventions. *Science*, 292, 1155–1160 (2001).

——.Transmission intensity and impact of control policies on the foot and mouth epidemic in Great Britain. *Nature*, 413, 542–548 (2001).

Ferrer i Cancho, R., Janssen, C., and Solé, R. V. Topology of technology graphs: Small world patterns in electronic circuits. *Physical Review E*, 64, 046119 (2001).

Flake, G. W. *The Computational Beauty of Nature: Computer Explorations of Fractals, Chaos, Complex Systems, and Adaptation* (MIT Press, Cambridge, MA, 1998).

Freeman, L. C. A set of measures of centrality based on betweenness. *Sociometry*, 40, 35–41 (1977).

Friedman, T. L. *The Lexus and the Olive Tree: Understanding Globalization* (Farrar, Straus and Giroux, New York, 1999).

Gell-Mann, M. *The Quark and the Jaguar: Adventures in the Simple and the Complex* (W. H. Freeman, New York, 1994).

Gibson, D., Kleinberg, J., and Raghavan, P. Inferring Web communities from link topology. In *Proceedings of the 9th ACM Conference on Hypertext* and Hypermedia (Association for

Computing Machinery, New York 1998), pp. 225–234.

Gladwell, M. *The Tipping Point: How Little Things Can Make a Big Difference* (Little, Brown, New York, 2000).

Glaeser E. L., Sacerdote, B., and Schheinkman, J. A. Crime and social interactions. *Quarterly Journal of Economics*, 111, 507–548 (1996).

Glance, N. S., and Huberman, B. A. The outbreak of cooperation. *Journal of Mathematical Sociology*, 17(4), 281–302 (1993).

——. The dynamics of social dilemmas. *Scientific American*, 270(3), 76–81 (1994).

Glover, P. Grassroots economics. *In Context*, 41, 30 (1995).

Granovetter, M. Threshold models of collective behavior. *American Journal of Sociology*, 83(6), 1420–1443 (1978).

Granovetter, M. S. The strength of weak ties. *American Journal of Sociology*, 78, 1360–1380 (1973).

Grossman, J. W., and Ion, P. D. f. On a portion of the well-known collaboration graph. *Congressus Numerantium*, 108, 129–131 (1995).

Guare, J. *Six Degrees of Separation: A Play* (Vintage Books, New York, 1990).

Harary, F. Graph theoretic measures in the management sciences. *Management Science*, 387-403 (1959).

Harden, B. Dr. Matthew's passion. *New York Times Magazine*, February 18, 2001, pp. 24-62.

——. Coming to grips with the enduring appeal of body piercing. *New York Times*, February 12, 2002, p. A16.

Hardin, G. The tragedy of the commons. *Science*, 162, 1243-1248 (1968).

Hart, O. *Firms, Contracts and Financial Structure* (Oxford University Press, New York, 1995).

Hauer, J. F., and Dagel, J. E. *White Paper on Review of Recent Reliability Issues and System Events*. Prepared for U.S. Department of Energy (1999). Available on-line at http://www.eren.doe.gov/der/transmission/pdfs/reliability/events.pdt.

Helper, S., MacDuffie, J. P., and Sabel, C. F. Pragmatic collaborations: Advancing knowledge while controlling opportunism. *Corporate Change*, 9, 3 (2000).

Hess, G. Disease in metapopulation models: Implications for conservation. *Ecology*, 77, 1617-1632 (1996).

Holland, J. H. *Hidden Order: How Adaptation Builds Complexity* (Perseus, Cambridge, MA, 1996).

Holland, P. W., and Leinhardt, S. An exponential family of probability distributions for directed graphs. *Journal of the American Statistical Association*, 76, 33-65 (1981).

Huberman, B. A., and Lukose, R. M. Social dilemmas and internet congestion. *Science*, 277, 535-537 (1997).

Ijiri, Y., and Simon, H. A. *Skew Distributions and the Sizes of Business Firms* (Elsevier/North-Holland, New York, 1977).

Jin, E. M., Girvan, M., and Newman, M. E. J. The structure of growing networks. *Physical Review E*, 64, 046132 (2001).

Kareiva, P. Population dynamics in spatially complex environments: Theory and data. *Philosophical Transactions of the Royal Society of London, Series B*, 330, 175-190 (1988).

Keeling, M. J. The effects of local spatial structure on epidemiological invasions. *Proceedings of the Royal Society of London, Series B*, 266, 859-867 (1999).

Keeling, M. J., Woolhouse, M. E. J., Shaw, D. J., Matthews, L., Chase-Topping, M., Haydon, D. T., Cornell, S. J., Kappey, J., Wilesmith, J., and Grenfell, B. T. Dynamics of the 2001 UK foot and mouth epidemic: Stochastic dispersal in a heterogeneous landscape. *Science*, 294, 813-817 (2001).

Kephart, J. O., Sorkin, G. B., Chess, D. M., and White, S. R. Fighting computer viruses. *Scientific American*, 277(5), 56–61 (1997).

Kephart, J. O., White, S. R., and Chess, D. M. Computer viruses and epidemiology. *IEEE Spectrum*, 30(5), 20–26 (1993).

Kermack, W. O., and McKendrick, A. G. A contribution to the mathematical theory of epidemics. *Proceedings of the Royal Society of London*, Series A, 115, 700–721 (1927).

——. Contributions to the mathematical theory of epidemics. II. The problem of endemicity. *Proceedings of the Royal Society of London, Series A*, 138, 55–83 (1932).

——. Contributions to the mathematical theory of epidemics. III. Further studies of the problem of endemicity. *Proceedings of the Royal Society of London, Series A*, 141, 94–122 (1933).

Killworth, P. D., and Bernard, H. R. The reverse small world experiment. *Social Networks*, 1, 159–192 (1978).

Kim, B. J., Yoon, C. N., Han, S. K., and Jeong, H. Path finding strategies in scale-free networks. *Physical Review E*, 65, 027103 (2002).

Kim, H., and Bearman, P. The structure and dynamics of movement participation. *American Sociological Review*, 62(1), 70–94 (1997).

Kindleberger, C. P. *Manias, Panics, and Crashes: A History of Financial Crises*, 4th ed. (Wiley, New York, 2000).

Kleinberg, J. Authoritative sources in a hyperlinked environment *Journal of the ACM*, 46, 604-632 (1999).

——. The small-world phenomenon: An algorithmic perspective. In *Proceedings of the 32nd Annual ACM Symposium on Theory of Computing* (Association of Computing Machinery, New York, 2000), pp. 163-170.

——. Navigation in a small world. *Nature*, 406, 845 (2000).

——. Small-world phenomena and the dynamics of information. In Dietterich, T. G., Becker, S., and Ghahramani, Z. (eds.), *Advances in Neural Information Processing Systems, (NIPS)*, 14 (MIT Press, Cambridge, MA, 2002)

Kleinberg, J., and Lawrence, S. The structure of the web. *Science*, 294, 1849 (2001).

Kleinfeld, J. S. The small-world problem. *Society*, 39(2), 61-66 (2002).

Knight, F. H. *Risk, Uncertainty, and Profit* (London School of Economics and Political Science, London, 1933).

Kochen, M. (ed.). *The Small World* (Ablex, Norwood, NJ, 1989).

Kogut, B., and Walker G. The small world of Germany and the durability of national networks. *American Sociological Review*, 66(3), 317-335 (2001).

Korte, C., and Milgram, S. Acquaintance networks between racial groups-application of the small world method. *Journal of Personality and Social Psychology*, 15(2), 101 (1970).

Kosterev, D. N., Taylor, C. W., and Mittelstadt, W. A. Model validation for the August 10, 1996 WSCC system outage. *IEEE Transactions on Power Systems*, 14(3), 967-979 (1999).

Kretschmar, M., and Morris, M. Measures of concurrency in networks and the spread of infectious disease. *Mathematical Biosciences*, 133, 165-195 (1996).

Krugman, P. Fear itself. *New York Times Magazine*, September 30, 2001, p. 36.

Kuperman, M., and Abramson, G. Small world effect in an epidemiological model. *Physical Review Letters*, 86, 2909-2912 (2001).

Langewiescher, W. *American Ground: Unbuilding the World Trade Center* (North Point Press, New York, 2002).

Lawrence, S., and Giles, C. L. Accessibility of information on the web. *Nature*, 400, 107-109 (1999).

Liljeros, F., Edling, C. R., Amaral, L. A. N., Stanley, H. E., and Aberg, Y. The web of human sexual contacts. *Nature*, 411, 907-908 (2001).

Lohmann, S. The dynamics of informational cascades: The Monday demonstrations in Leipzig, East Germany, 1989-91. *World Politics*, 47, 42-101 (1994).

Longini, I. M., Jr. A mathematical model for predicting the geographic spread of new infectious agents. *Mathematical Biosciences*, 90, 367-383 (1988).

Lorrain, F., and White, H. C. Structural equivalence of individuals in social networks. *Journal of Mathematical Sociology*, 1, 49-80 (1971).

Lyall, S. Return to sender, please. *New York Times*, December 24, 2000, *Week in Review*, p. 2.

Lynch, N. A. *Distributed Algorithms* (Morgan Kauffman, San Francisco, 1997).

MacDuffie, J. P. The road to "root cause": Shop-floor problem-solving at three auto assembly plants. *Management Science*, 43, 4 (1997).

MacKenzie, D. Fear in the markets. *London Review of Books*, 22(8), 31-32 (2000).

Mackay, C. *Extraordinary Popular Delusions and the Madness of Crowds* (Harmony Books, New York, 1980).

Mannville, B. Complex adaptive knowledge management: A case study from McKinsey and Company. In Clippinger, J. H. (ed.), *The Biology of Business: Decoding the Natural Laws of the Enterprise* (Jossey-Bass, San Francisco, 1999), chapter 5.

March, J. G., and Simon, H. A. *Organizations* (Blackwell, Oxford, 1993).

Merton, R. K. The Matthew effect in science. *Science*, 159, 56-63 (1968).

Milgram, S. The small world problem. *Psychology Today* 2, 60-67 (1967).

——. *Obedience to Authority: An Experimental View* (Harper & Row, NewYork, 1974).

——. *The Individual in a Social World: Essays and Experiments*, 2nd ed. (McGraw-Hill, New York, 1992).

Milgrom, P., and Roberts, J. The economics of modern manufacturing: Technology, strategy, and organization. *American Economic Review*, 80(3), 511-528 (1990).

Mizruchi, M. S., and Potts, B. B. Centrality and power revisited: Actor success in group decision making. *Social Networks*, 20, 353-387 (1998).

Molloy, M., and Reed, B. A critical point for random graphs with a given degree sequence. *Random Structures and Algorithms*, 6, 161-179 (1995).

——. The size of the giant component of a random graph with a given degree sequence. *Combinatorics, Probability, and Computing*, 7, 295-305 (1998).

Monasson, R. Diffusion, localization and dispersion relations on ‘small-world’ lattices. *European*

Physical Journal B, 12(4), 555–567 (1999).

Moore, C., and Newman, M. E. J. Epidemics and percolation in small-world networks. *Physical Review E*, 61, 5678–5682 (2000).

——. Exact solution of site and bond percolation on small-world networks. *Physical Review E*, 62, 7059–7064 (2000).

Moore, G. A. *Crossing the Chasm: Marketing and Selling High-Tech Products to Mainstream Customers* (Harper Business, New York, 1999).

Morris, S. N. Contagion. *Review of Economic Studies*, 67, 57–78 (2000).

Morse, M. Dollars or sense. *Utne Reader*, 99 (September-October 1999).

Murray, J. D. *Mathematical Biology*, 2nd ed. (Springer, Heidelberg, 1993).

Nadel, F. S. *Theory of Social Structure* (Free Press, Glencoe, IL, 1957).

Nagurney, A. *Network Economics: A Variational Inequality Approach* (Kluwer Academic, Boston, 1993).

Nelson, R. R., and Winter, S. G. *An Evolutionary Theory of Economic Change* (Belknap Press of Harvard University Press, Cambridge, MA, 1982).

Newman, M. E. J. Models of the small world. *Journal of Statistical Physics*, 101, 819–841 (2000).

——. The structure of scientific collaboration networks. *Proceedings of the National Academy of Sciences*, 98, 404-409 (2001).

——. Scientific collaboration networks: I. Network construction and fundamental results. *Physical Review E*, 64 016131 (2001).

——. Scientific collaboration networks: II. Shortest paths, weighted networks, and centrality. *Physical Review E*, 64, 016132 (2001).

Newman, M. E. J., Barabási, A. L., and Watts, D. J. *The Structure and Dynamics of Networks* (Princeton University Press, Princeton, 2003).

Newman, M. E. J., and Barkema, G. T. *Monte Carlo Methods for Statistical Physics* (Clarendon Press, Oxford, 1999).

Newman, M. E. J., Moore, C., and Watts, D. J. Mean-field solution of the small-world network model. *Physical Review Letters*, 84, 3201-3204 (2000).

Newman, M. E. J., Strogatz, S. H., and Watts, D. J. Random graphs with arbitrary degree distributions and their applications. *Physical Review E*, 64, 026118 (2001).

Newman, M. E. J., and Watts, D. J. Scaling and percolation in the small-world network model. *Physical Review E*, 60, 7332-7342 (1999).

——. Renormalization group analysis of the small-world network model, *Physics Letters A*, 263, 341-346 (1999).

Newman, M. E. J., Watts, D. J., and Strogatz, S. H. Random graph models of social networks. *Proceedings of the National Academy of Sciences*, 99, 2566-2572 (2002).

Nishiguchi, T., and Beaudet, A. Fractal design: Self-organizing links in supply chain management. In Von Krogh, G., Nonaka, I., and Nishiguchi, T. (eds.) *Knowledge Creation: A New Source of Value* (Macmillan, London, 2000).

Noelle-Neumann, E. Turbulences in the climate of opinion: Methodological applications of the spiral of silence theory. *Public Opinion Quarterly*, 41(2), 143-158 (1977).

Nowak, M. A., and May, R. M. Evolutionary games and spatial chaos. *Nature*, 359, 826-829 (1992).

Olson, M. *The Logic of Collective Action: Public Goods and the Theory of Groups* (Harvard University Press, Cambridge, MA, 1965).

Ostrom, E., Burger, J., Field, C. B., Norgaard, R. B., and Policansky, D. Revisiting the commons: Local lessons, global challenges. *Science*, 284, 278-282 (1999).

Palmer, R. Broken ergodicity. In Stein, D. L. (ed.), *Lectures in the Sciences of Complexity*, vol. I,

Santa Fe Institute Studies in the Sciences of Complexity (Addison-Wesley, Reading, MA, 1989), pp. 275–300.

Pastor-Satorras, R., and Vespignani, A. Epidemic spreading in scale-free networks. *Physical Review Letters*, 86, 3200–3203 (2001).

——. Epidemics and immunization in scale-free networks. In Bornholdt, S., and Schuster, H. G. (eds.), *Handbook of Graphs and Networks: From the Genome to the Internet* (Wiley-VCH, Berlin, 2002).

Pattison, P. *Algebraic Models for Social Networks* (Cambridge University Press, Cambridge, 1993).

Perrow, C. *Normal Accidents: Living with High-Risk Technologies* (Basic Books, NewYork, 1984).

Piore, M. J., and Sabel, C. F. *The Second Industrial Divide: Possibilities for Prosperity* (Basic Books, New York, 1984).

Pool, I. de Sola, and M. Kochen. Contacts and influence. *Social Networks*, l(r), 1–51 (1978).

Powell, W., and DiMaggio, P. (eds.). *The New Institutionalism in Organizational Analysis* (Chicago, University of Chicago Press, 1991).

Preston, R. *The Hot Zone* (Random House, New York, 1994).

Price, D. J. de Solla. Networks of scientific papers. *Science*, 149, 510-515 (1965).

——. A general theory of bibliometrics and other cumulative advantage processes. *Journal of the American Society of Information Science*, 27, 292-306 (1980).

Radner, R. The organization of decentralized information processing. *Econometrica*, 61(5), 1109-1146 (1993).

——. Bounded rationality, indeterminacy, and the theory of the firm. *Economic Journal*, 106, 1360-1373 (1996).

Rapoport, A. A contribution to the theory of random and biased nets. *Bulletin of Mathematical Biophysics*, 19, 257-271 (1957).

——. Mathematical models of social interaction. In Luce, R. D., Bush, R. R., and Galanter, E. (eds.), *Handbook of Mathematical Psychology*, vol. 2 (Wiley, New York, 1963), pp. 493-579.

——. *Certainties and Doubts: A Philosophy of Life* (Black Rose Press, Montreal, 2000).

Rashbaum, W. K. Police officers swiftly show inventiveness during crisis. *New York Times*, September 17, 2001, p. A7.

Redner, S. How popular is your paper? An empirical study of the citation distribution. *Euro-*

physics Journal B, 4, 131-134 (1998).

Ritter, J. P. Why Gnutella can't scale. No, really (working paper, available on-line http://www.darkridge.com/~jpr5/doc/gnutella.html, 2000).

Rogers, E. *The Diffusion of Innovations*, 4th ed. (Free Press, New York, 1995).

Romer, P. Increasing returns and long-run growth. *Journal of Political Economy*, 94(5), 1002-1034 (1986).

Sabel, C. F. Diversity, not specialization: The ties that bind the (new) industrial district. In Quadrio Curzio, A., and Fortis, M. (eds.), *Complexity and Industrial Clusters Dynamics Models in Theory and Practice* (Physica-Verlag, Heidelberg, 2002).

Sachtjen, M. L., Carreras, B. A., and Lynch, V. E. Disturbances in a power transmission system. *Physical Review E*, 61(5), 4877-4882 (2000).

Sah, R. K., and Stiglitz, J. E. The architecture of economic systems: Hierarchies and polyarchies. *American Economic Review*, 76(4), 716-727 (1986).

Sattenspiel, L., and Simon, C. P. The spread and persistence of infectious diseases in structured populations. *Mathematical Biosciences*, 90, 341-366 (1988),

Schelling, T. C. A study of binary choices with externalities. *Journal of Conflict Resolution*,

17(3), 381-428 (1973).

——. *Micromotives and Macrobehavior* (Norton, New York, 1978).

Scott, A. *Social Network Analysis*, 2nd ed. (Sage, London, 2000).

Shiller, R. J. *Irrational Exuberance* (Princeton University Press, Princeton, NJ, 2000).

Simon, H. A. On a class of skew distribution functions: *Biometrika*, 42, 425-440 (1955).

Simon, H. A., Egidi, M., and Marris, R. L. *Economics, Bounded Rationality and the Cognitive Revolution* (Edward Elgar, Brookfield, VT, 1992).

Smith, A. *The Wealth of Nations* (University of Chicago Press, Chicago, 1976).

Solomonoff, R., and Rapoport, A. Connectivity of random nets. *Bulletin of Mathematical Biophysics*, 13, 107-117 (1951).

Sornette, D. *Critical Phenomena in Natural Sciences* (Springer, Berlin, 2000).

Sporns, O., Tononi, G., and Edelman, G. M. Theoretical neuroanatomy: Relating anatomical and functional connectivity in graphs and cortical connection matrices. *Cerebral Cortex*, 10, 127-141 (2000).

Stanley, H. E. *Introduction to Phase Transitions and Critical Phenomena* (Oxford University Press, Oxford, 1971).

Stark, D. C. Recombinant property in East European capitalism. *American Journal of Sociology*, 101(4), 993-1027 (1996).

——. Heterarchy: Distributing authority and organizing diversity. In Clippinger, J. H. (ed.), *The Biology of Business: Decoding the Natural Laws of the Enterprise* (Jossey-Bass, San Francisco, 1999), chapter 7.

Stark, D. C., and Bruszt, L. *Postsocialist Pathways: Transforming Politics and Property in East Central Europe* (Cambridge University Press, Cambridge, 1998).

Stauffer, D., and Aharony, A. *Introduction to Percolation Theory* (Taylor and Francis, London, 1992).

Stein, D. L. Disordered systems: Mostly spin systems. In Stein, D. L. (ed.), *Lectures in the Sciences of Complexity*, vol. I, Santa Fe Institute Studies in the Sciences of Complexity (Addison-Wesley, Reading, MA, 1989), pp. 301-354.

Strogatz, S. H. *Nonlinear Dynamics and Chaos with Applications to Physics, Biology, Chemistry, and Engineering* (Addison-Wesley, Reading, MA, 1994).

——. Norbert Wiener's brain waves. In Levin, S. A. (ed.), *Frontiers in Mathematical Biology, Lecture Notes in Biomathematics, 100* (Springer, New York, 1994), pp. 122-138.

——. Exploring complex networks. *Nature*, 410, 268-275 (2001).

——. *Sync: The Emerging Science of Spontaneous Order* (Hyperion, Los Angeles, 2003).

Strogatz, S. H., and Stewart, I. Coupled oscillators and biological synchronization. *Scientific American*, 269(6), 102-109 (1993).

Travers, J., and Milgram, S. An experimental study of the small world problem. *Sociometry*, 32(4), 425-443 (1969).

Valente, T. W. *Network Models of the Diffusion of Innovations* (Hampton Press, Cresskill, NJ, 1995).

Van Zandt, T. Decentralized information processing in the theory of organizations. In Sertel, M. (ed.), *Contemporary Economic Issues*, vol. 4: *Economic Design and Behavior* (Macmillan, London, 1999), chapter 7.

Wagner, A., and Fell, D. The small world inside large metabolic networks. *Proceedings of the Royal Society of London, Series B*, 268, 1803-1810 (2001).

Waldrop, M. M. *Complexity: The Emerging Science at the Edge of Order and Chaos* (Touchstone, NewYork, 1992).

Walsh, T. Search in a small world. *Proceedings of the 16th International Joint Conference on*

Artificial Intelligence (Morgan Kaufmann, San Francisco, 1999), pp. 1172-1177.

Ward, A., Liker, J. K., Cristiano, J. J., and Sobek, D. K. The second Toyota paradox: How delaying decisions can make better cars faster. *Sloan Management Review*, 36(3), 43-51 (1995).

Wasserman, S., and Faust, K. *Social Network Analysis: Methods and Applications* (Cambridge University Press, Cambridge, 1994).

Watts, D. J. Networks, dynamics and the small-world phenomenon. *American Journal of Sociology*, 105(2), 493-527 (1999).

——. *Small Worlds: The Dynamics of Networks between Order and Randomness* (Princeton University Press, Princeton, NJ, 1999).

——. A simple model of global cascades on random networks. *Proceedings of the National Academy of Sciences*, 99, 5766-5771 (2002).

Watts, D. J., Dodds, P. S., and Newman, M. E. J. Identity and search in social networks. *Science*, 296, 1302-1305 (2002).

Watts, D. J., and Strogatz, S. H. Collective dynamics of 'small-world' networks. *Nature*, 393, 440-442 (1998).

West, D. B. *Introduction to Graph Theory* (Prentice-Hall, Upper Saddle River, NJ, 1996).

White, H. C. What is the center of the small world? (paper presented at American Association for the Advancement of Science annual symposium, Washington, D.C., February 17-22, 2000).

White, H. C., Boorman, S. A., and Breiger, R. L. Social structure from multiple networks. I. Blockmodels of roles and positions. *American Journal of Sociology*, 81(4), 730-780 (1976).

Wildavsky, B. Small world, isn't it? *U. S. News and World Report*, April 1, 2002, p. 68.

Williamson, O. E. *Markets and Hierarchies* (Free Press, New York, 1975).

——. Transaction cost economics and organization theory. In Smelser, N. J., and Swedberg, R. (eds.), *The Handbook of Economic Sociology* (Princeton University Press, Princeton, NJ, 1994), pp. 77-107.

Winfree, A. T. Biological rhythms and the behavior of populations of coupled oscillators. *Journal of Theoretical Biology*, 16, 15-42 (1967).

——. *The Geometry of Biological Time* (Springer, Berlin, 1990).

WSCC Operations Committee. *Western Systems Coordinating Council Disturbance Report, August 10, 1996* (October 18, 1996). Available on-line at http://www.wscc.com/outages.htm.

Zipf, G. K. *Human Behavior and the Principle of Least Effort* (Addison-Wesley, Cambridge,

MA, 1949).

國家圖書館出版品預行編目資料

6個人的小世界／鄧肯・華茲
(Duncan J. Watts) 著；
傅士哲・謝良瑜譯.-- 初版.--
臺北市：大塊文化，2004 [民 93]
面：　　公分.--(From ; 19)
譯自： Six Degrees: The Science of a Connected Age
ISBN　986-7600-31-2(平裝)

1. 圖論　2. 網際網路

310.104　　　　　　92023009

LOCUS

LOCUS

LOCUS

LOCUS